ZEITSCHRIFT FÜR ANGEWANDTE MATHEMATIK UND MECHANIK

INGENIEURWISSENSCHAFTLICHE FORSCHUNGSARBEITEN

BAND 60 1980 HEFT 9

AUS DEM INHALT

AKADEMIE-VERLAG · BERLIN

ZAMM Bd. 60 Nr. 9 S. 357—452 Berlin, September 1980

EVP 18,— M 34115

INHALT

Hauptaufsätze

Kleine Mitteilungen

Wir bitten, **Manuskriptsendungen** zweifach (Original und eine Kopie, sprachlich einwandfrei, Formeln mit Maschine oder in Druckschrift geschrieben) an folgende Anschrift zu richten:

Zeitschrift für Angewandte Mathematik und Mechanik z. Hd. Herrn Prof. Dr. Günter Schmidt
Zentralinstitut für Mathematik und Mechanik an der Akademie der Wissenschaften der DDR
DDR-1080 Berlin, Mohrenstraße 39.

Zu den Arbeiten, die als Hauptaufsätze bestimmt sind, ist auf gesondertem Blatt eine Zusammenfassung von 5 bis 10 Zeilen in englischer und (möglichst) deutscher und russischer Sprache beizufügen. Ausführliche Hinweise für die Autoren, um deren strikte Berücksichtigung gebeten wird, finden sich im Anschluß an das Inhaltsverzeichnis des Jahrganges **59** (1979).

Die Autoren erhalten von den Hauptaufsätzen 75, von den Kleinen Mitteilungen 25 Sonderdrucke ohne Berechnung, darüber hinaus weitere Sonderdrucke gegen Berechnung.

Der Verlag behält sich für alle Beiträge das Recht der Vervielfältigung, Vorbereitung und Übersetzung vor.

Bestellungen sind zu richten

- **in der DDR** an den Postzeitungsvertrieb; an eine Buchhandlung oder an den AKADEMIE-VERLAG, DDR-1080 Berlin, Leipziger Str. 3—4
- **im sozialistischen Ausland** an eine Buchhandlung für fremdsprachige Literatur oder an den zuständigen Postzeitungsvertrieb
- **in der BRD und Westberlin** an eine Buchhandlung oder an die Auslieferungsstelle KUNST UND WISSEN, Erich Bieber, 7000 Stuttgart 1, Wilhelmstraße 4—6
- **in Österreich** an den Globus-Buchvertrieb, 1201 Wien, Höchstädtplatz 3
- **in den übrigen westeuropäischen Ländern** an eine Buchhandlung oder an die Auslieferungsstelle KUNST UND WISSEN, Erich Bieber GmbH, Ch-8008 Zürich/Schweiz, Dufourstraße 51
- **im übrigen Ausland** an den Internationalen Buch- und Zeitschriftenhandel; den Buchexport, Volkseigener Außenhandelsbetrieb der Deutschen Demokratischen Republik, DDR-7010 Leipzig, Postfach 160, oder an den AKADEMIE-VERLAG, DDR-1080 Berlin, Leipziger Straße 3—4

ZEITSCHRIFT FÜR ANGEWANDTE MATHEMATIK UND MECHANIK

Herausgeber und Chefredakteur: Prof. Dr. Günter Schmidt. Redaktion: Dr. Winfried Heinrich, Dr. Horst Weinert, Dipl.-Math. Friedhild Dudel, Helga Rühl, Zentralinstitut für Mathematik und Mechanik der Akademie der Wissenschaften der DDR. Verlag: Akademie-Verlag, DDR-1080 Berlin, Leipziger Straße 3—4; Fernruf: 2236221 oder 2236229 Telex-Nr.: 114420; Bank: Staatsbank der DDR, Berlin, Kto.-Nr.: 6836-26-20712. Anschrift der Redaktion: Zentralinstitut für Mathematik und Mechanik der Akademie der Wissenschaften, DDR-1080 Berlin, Mohrenstraße 39; Fernruf: 200561.

Veröffentlicht unter der Lizenznummer 1282 des Presseamtes beim Vorsitzenden des Ministerrates der Deutschen Demokratischen Republik. Gesamtherstellung: VEB Druckerei „Thomas Müntzer", 5820 Bad Langensalza. Erscheinungweise: Die Zeitschrift für Angewandte Mathematik und Mechanik erscheint monatlich. Die 12 Hefte eines Jahres einschließlich Tagungsheft bilden einen Band. Bezugspreis je Band 360,— M zuzüglich Versandspesen (Preis für die DDR 216,— M). Bezugspreis je Heft 30,— M (Preis für die DDR 18,— M). Bestellnummer dieses Heftes: 1009/60/9.

AN (EDV) 35937

ISSN 0044-2267

ZAMM 60, 357 – 370 (1980)

H. GAJEWSKI / K. ZACHARIAS

On a System of Diffusion-Reaction Equations

Herrn Prof. Dr. Herbert Beckert zum 60. Geburtstag gewidmet.

Es wird ein System von Diffusions-Reaktionsgleichungen zur Modellierung von Polymerisationsvorgängen betrachtet. Insbesondere wird das Verhalten der Lösung für große Zeiten untersucht. Es läßt sich zeigen, daß das System unter natürlichen Annahmen einen wohldefinierten asymptotischen Zustand besitzt, der sich durch explizite Formeln beschreiben läßt. Mit Hilfe dieser Formeln ist es möglich, ein Verfahren zur Identifikation der wesentlichen Konstanten — Diffusionskoeffizient und Reaktionskonstante — aus geeigneten experimentellen Daten anzugeben.

A system of diffusion-reaction equations modelling polymerization is considered. Especially the large time behaviour is studied. It can be shown that the system has a well-defined asymptotic state which can be described by explicit formulae. These formulae allow the identification of the essential parameters — diffusion coefficient and reaction constant — from appropriate experimental data.

Рассмотрена система дифференциальных уравнений типа диффузия — реакция, которая описывает полимеризацию. В частности, исследовано поведение при больших временах. При естественных предположениях показано, что система имеет единственное асимптотическое состояние, определенное формулами в явном виде. С помощью этих формул оказывается возможным идентификация существенных параметров — коэффициентов диффузии и реакции — из соответствующих экспериментальных данных.

1. Introduction

In recent years there has been increasing interest in equations coupling nonlinear diffusion with growth processes. (See e.g. [2], [3], [6], [8] and the literature quoted there.) Mathematically this coupling may be described by systems consisting of nonlinear parabolic equations and first order equations. We consider here a problem of this type which stems from physical chemistry, more exactly from the field of modelling polymerization processes.

Under certain physico-chemical assumptions the melt polycondensation of polyethylene terephthalate in a thin quiescent melt layer may be described — according to PELL and DAVIS [7] — by the following system of *diffusion-reaction equations*:

$$\begin{aligned} &d_\tau = D_0 d_{\xi\xi} + \frac{k}{2}\left(e^2 - \frac{4}{K}\,gd\right), \qquad d(0,\xi) = 0\,, \qquad d(\tau,0) = d_\xi(\tau,L) = 0;\\ &e_\tau = -k\left(e^2 - \frac{4}{K}\,gd\right), \qquad e(0,\xi) = e_0 = \text{const.} > 0;\\ &g = g_0 + \tfrac{1}{2}\,(e_0 - e)\,, \qquad g_0 = \text{const.} > 0\,. \end{aligned} \tag{1.1}$$

Here denotes d the glycol concentration, e the hydroxyl endgroup concentration, g the ester group concentration, D_0 the diffusion coefficient for glycol in the polyester melt, K the equilibrium constant, k the reaction constant of the polycondensation, τ the time variable, L the thickness of the melt layer, ξ the space variable within the layer, $0 \leqq \xi \leqq L$.

To characterize the state of the polycondensation the so-called *average degree of polymerization*

$$P(\tau, L) = 2L \Big/ \int_0^L e(\tau, y)\,\mathrm{d}y \tag{1.2}$$

has been introduced. This quantity may be determined by experiment. In [7], [1] this fact was used to identify the constants D_0 and k. To do so, experimental data P_{ij} of the average degree of polymerization, measured at time τ_i and for melt depth L_j, were compared with values $\tilde{P}(\tau_i, L_j, k, D_0)$ obtained from appropriate numerical approximations $(\tilde{e}, \tilde{d})$ of the initial-boundary value problem (1.1). The parameters D_0, k were manipulated so as to minimize the least square deviation between measurement and computation:

$$F = F(k, D_0) = \sum_{i,j} (P_{ij} - \tilde{P}(\tau_i, L_j, k, D_0))^2 \to \min\,.$$

In this paper we are going to justify this procedure mathematically by showing that — at least in principle — the time behaviour of the average degree of polymerization determines the constants k and D_0. The main results may be summarized as follows:

1. *Under certain* (sufficient) *conditions on the constants* e_0, g_0, K, k, D_0 (see condition (A) and Remark 3.1) *there exists*

$$p(L) = \lim_{\tau\to\infty} \frac{1}{\tau}\, P(\tau, L)$$

and it holds

$$p(L) = \frac{k^2 L^2}{D_0 u_x(0)}\,. \tag{1.3}$$

Here u denotes the solution of the boundary value problem

$$-D_0 u_{xx} = \frac{kL^2}{2}\left(\frac{1}{2} + \sqrt{\frac{1}{4} + \lambda u}\right), \qquad u(0) = u_x(1) = 0\,, \qquad \lambda = \frac{4}{K}\left(g_0 + \frac{e_0}{2}\right).$$

2. *Relation* (1.3) *implies*

$$k = \tfrac{1}{2} \lim_{L\to 0} p(L) \quad \text{and} \quad D_0 = c\lambda \lim_{L\to\infty} p(L)\, L^2 \tag{1.4}$$

where

$$c = \frac{3\,[\Gamma(\frac{1}{3})]^9}{2^8\pi^6}.$$

The function $p = p(L)$ *decreases and* $q = q(L) = p(L)\, L^2$ *increases monotonically. So we have for every finite melt depth* L *the estimates*

$$k > \frac{p(L)}{2}, \qquad D_0 > c\lambda p(L)\, L^2\,.$$

The simple formula (1.3) suggests to use the asymptotic slope p of the average degree of polymerization P for the identification of the unknown parameters.

In Section 2 of this paper we introduce several functional-analytic tools and prove the unique global solvability of the initial boundary-value problem (1.1). In Section 3 we define subsolutions and supersolutions for (1.1) and use them to prove the a priori estimates decisive for further considerations. Section 4 contains the proof of (1.3) using an appropriate LYAPUNOV function. Finally, Section 5 deals with the identification of the parameters k, D_0 from the given asymptotic slope p of the average degree of polymerization. Especially, formula (1.4) will be proved there.

Our results may be generalized in several aspects. So e.g. different initial and boundary conditions could be treated similarly. We restricted ourselves to the simple model of PELL and DAVIS to avoid undue technicalities.

The problem and the hint for [7] we owe to Dr. E. BONATZ, Dr. G. RAFLER and Prof. G. REINISCH from the Institute for Polymer Chemistry of the Academy of Sciences of the GDR at Teltow-Seehof. We are grateful to them for many useful discussions.

2. Solution of the initial boundary-value problem (1.1)

We use the notations

$$t = k\tau\,, \qquad x = \frac{\xi}{L}, \qquad D = \frac{D_0}{kL^2}, \qquad \lambda = \frac{4}{K}\left(g_0 + \frac{e_0}{2}\right)$$

and transform (1.1) into

$$d_t - Dd_{xx} - \frac{1}{2}\left(e^2 - \left(\lambda - \frac{2}{K}e\right)d\right) = 0\,, \qquad d(0, x) = 0\,, \qquad d(t, 0) = d_x(t, 1) = 0\,, \qquad t \geqq 0; \tag{2.1}$$

$$e_t + e^2 - \left(\lambda - \frac{2}{K}e\right)d = 0\,, \qquad e(0, x) = e_0\,. \tag{2.2}$$

First of all we shall prove that system (2.1), (2.2) for every finite time interval $S = [0, T]$ has a unique solution in an appropriate function space X. Let denote $L^2 = L^2(0, 1)$, $C^i = C^i[0, 1]$, $(i = 0, 1, \ldots)$, $C = C^0$, $H^k(0, 1)$ $(k = 1, 2, \ldots)$ the usual spaces of functions (see e.g. [5]) defined on $[0, 1]$ and let be $(.,.)$, $\|.\|$ the scalar product and the norm in L^2, respectively. Further let be

$$V^2 = \{u \in H^2 \mid u(0) = u_x(1) = 0\}\,, \qquad H = H^0$$

and V^1 the completion of V^2 in H^1, $(V^1)'$ the dual space of V^1. If B is a BANACH space we denote by $L^2(S; B)$ or $C^l(S; B)$ the space of quadratically (BOCHNER-) integrable B-valued functions or the space of l-times continously differentiable B-valued functions on S, respetively $(C^0(S; B) = C(S; B))$. We interprete the initial boundary-value problem (2.1), (2.2) as an operator equation in the space $L^2(S; L^2)$ (see [5]) and look for solutions belonging to the space

$$X = C(S; V^1) \cap L^2(S; V^2) \times C(S; L^2)\,.$$

Remark 2.1: Solutions in the sense just explained are regular and especially "classical" ones, i.e. they belong to the space $C^1((0, T]; C^2) \times C^1(S; C)$. Indeed, $d \in C(S; V^1)$ implies $d \in C(S; C)$ and because of (2.2) we have $e \in C(S; C)$. Our assertion now follows from well-known theorems ([4]) on linear parabolic equations with continuous right hand sides and appropriate initial values.

Next we consider instead of (2.1), (2.2) the auxiliary problem

$$d_t - Dd_{xx} - \frac{1}{2}\left(\bar{e}^2 - \left(\lambda - \frac{2}{K}\bar{e}\right)d\right) = 0\,, \qquad d(0, x) = 0; \tag{2.3}$$

$$e_t + \bar{e}^2 - \left(\lambda - \frac{2}{K}\bar{e}\right)d = 0\,, \qquad e(0, x) = e_0\,, \qquad 0 \leqq x \leqq 1\,, \qquad [d, e] \in X\,, \tag{2.4}$$

where

$$\bar{e} = \bar{e}(e) = \begin{cases} e & \text{if} \quad 0 \leqq e \leqq e_0 + 2g_0 = \beta \\ \beta & \text{if} \quad e > \beta \\ 0 & \text{if} \quad e < 0 . \end{cases}$$

Remark 2.2: It is easy to see that

$$||\bar{e}_1 - \bar{e}_2|| \leqq ||e_1 - e_2|| \quad \text{for} \quad e_1, e_2 \in L^2 .$$

Moreover, $\bar{e} \in H^1$ if $e \in H^1$ (see [9]).

Now we define an operator $A \in (X \to X)$ which acts by

$$[u, v] \to A[u, v] = [U, V]$$

where $[U, V] \in X$ is the solution of

$$U_t - DU_{xx} - \frac{1}{2}\left(\bar{v}^2 - \left(\lambda - \frac{2}{K}\bar{v}\right) U\right) = 0 , \qquad U(0, x) = 0; \tag{2.5}$$

$$V_t + \bar{V}^2 - \left(\lambda - \frac{2}{K}\bar{v}\right) U = 0 , \qquad V(0, x) = e_0 . \tag{2.6}$$

Remark 2.3: Obviously, every solution of (2.3), (2.4) is a fixed point of A (and vice versa).

Lemma 2.1: *The operator A has exactly one fixed point.*

Proof: In the first step we prove a uniform a priori estimate for the first component U of $A[u, v]$. Because of (2.5)

$$-\frac{1}{2}(||U_x||^2)_t - D||U_{xx}||^2 - \frac{1}{2}(\bar{v}^2, U_{xx}) + \frac{1}{2}\left(\left(\lambda - \frac{2}{K}\bar{v}\right) U, U_{xx}\right) = 0$$

and it holds with an appropriate constant $c(D)$

$$\frac{1}{2}(||U_x||^2)_t + \frac{D}{2}||U_{xx}||^2 \leqq \frac{\beta^4}{4D} + c(D)\,||U||^2 .$$

Using the estimates

$$\mu^2||f||^2 \leqq \mu||f_x||^2 \leqq ||f_{xx}||^2 , \qquad \mu = \frac{\pi^2}{4}, \qquad f \in V^2 , \tag{2.7}$$

it follows that (by GRONWALL's lemma)

$$||U||_{C(S;\,V^1)} + ||U||_{L^2(S;\,V^2)} \leqq c \tag{2.8}$$

with a constant c independent of v. (The letter c will be used throughout the paper to denote constants whose exact values are unimportant.)

Now we show that the operator A is contractive with respect to an appropriate norm on X. Let be given $[u_i, v_i] \in X$, $i = 1, 2$ and $[U_i, V_i] = A[u_i, v_i]$. We set $[U, V] = [U_1 - U_2, V_1 - V_2]$, $[u, v] = [u_1 - u_2, v_1 - v_2]$ and obtain by Remark 2.1 and (2.8) from (2.5)

$$\begin{aligned} 0 &= \frac{1}{2}(||U_x||^2)_t + D||U_{xx}||^2 + \frac{1}{2}\left(\bar{v}_1^2 - \bar{v}_2^2 - \lambda U + \frac{2}{K}(\bar{v}_1U_1 - \bar{v}_2U_2), U_{xx}\right) \\ &= \frac{1}{2}(||U_x||^2)_t + D||U_{xx}||^2 + \frac{1}{2}((\bar{v}_1 + \bar{v}_2)(\bar{v}_1 - \bar{v}_2) - \lambda U, U_{xx}) + \frac{1}{K}((\bar{v}_1 - \bar{v}_2) U_1 + \bar{v}_2U, U_{xx}) \\ &\geqq \frac{1}{2}\left((||U_x||^2)_t + D||U_{xx}||^2\right) - c(||v||^2 + ||U||^2) \end{aligned}$$

and from (2.6)

$$\begin{aligned} 0 &= \frac{1}{2}(||V||^2)_t + \left(\bar{V}_1^2 - \bar{V}_2^2 - \lambda U + \frac{2}{K}(\bar{v}_1U_1 - \bar{v}_2U_2), V\right) \\ &= \frac{1}{2}(||V||^2)_t + \left((\bar{V}_1 + \bar{V}_2)(\bar{V}_1 - \bar{V}_2) - \lambda U + \frac{2}{K}((\bar{v}_1 - \bar{v}_2) U_1 + \bar{v}_2U), V\right) \\ &\geqq \frac{1}{2}(||V||^2)_t - c(||v||^2 + ||U||^2 + ||V||^2) . \end{aligned}$$

Integration yields with a constant c independent of $[U_i, V_i]$, $[u_i, v_i]$

$$(||U_x||^2 + ||V||^2)(t) + D\int_0^t ||U_{xx}||^2\, ds \leqq c\int_0^t (||U||^2 + ||v||^2 + ||V||^2)\, ds . \tag{2.9}$$

Introducing for X the norm

$$\|[u, v]\|_X^2 = \sup_{t \in S} \exp(-rt) \left(\|u_x(t)\|^2 + D \int_0^t \|u_{xx}\|^2 \, ds + \|v(t)\|^2 \right), \quad r > 0, \tag{2.10}$$

we obtain from (2.9)

$$\exp(-rt) \left[(\|U_x\|^2 + \|V\|^2)(t) + D \int_0^t \|U_{xx}\|^2 \, ds \right] \leq c \exp(-rt) \int_0^t e^{rs} e^{-rs} (\|U\|^2 + \|v\|^2 + \|V\|^2) \, ds$$

$$\leq c(\|[u, v]\|_X^2 + \|[U, V]\|_X^2) \frac{1}{r} (1 - e^{-rt})$$

$$\leq \frac{c}{r} (\|[u, v]\|_X^2 + \|[U, V]\|_X^2).$$

Taking $r = 3c$ gives

$$\|[U, V]\|_X^2 \leq \tfrac{1}{3} (\|[u, v]\|_X^2 + \|[U, V]\|_X^2)$$

or

$$\|A[u_1, v_1] - A[u_2, v_2]\|_X \leq \frac{1}{\sqrt{2}} \|[u_1, v_1] - [u_2, v_2]\|_X. \tag{2.11}$$

Consequently, the operator $A \in (X \to X)$ is strictly contractive. Banach's fixed point theorem now finishes the proof of the Lemma.

Theorem 2.1: *The problem (2.1), (2.2) has exactly one solution $[d, e] \in X$ which satisfies*

$$d(t, x) \geq 0, \qquad 0 \leq e(t, x) \leq \beta, \qquad t \in S, \qquad x \in [0, 1]. \tag{2.12}$$

Proof:

Uniqueness: Let $[d_i, e_i] \in X$, $i = 1, 2$, be solutions of (2.1), (2.2). By Remark (2.1) we have

$$r = \sup_{t \in S, x \in [0,1]} \sum_{i=1}^{2} (|d_i(t, x)| + |e_i(t, x)|) < \infty.$$

We set $d = d_1 - d_2$, $e = e_1 - e_2$ and find similarly to (2.9)

$$(\|d_x\|^2 + \|e\|^2)(t) + D \int_0^t \|d_{xx}\|^2 \, ds \leq c(r) \int_0^t (\|d_x\|^2 + \|e\|^2) \, ds.$$

Gronwall's lemma implies $d = e = 0$, i.e. $d_1 = d_2$, $e_1 = e_2$.

Existence: Let $[d, e] \in X$ be the solution of (2.3), (2.4) guaranteed by Lemma 2.1 (see Remark 2.3). We shall prove that $[d, e]$ is de facto a solution of (2.1), (2.2). To do so it will be sufficient to verify (2.12). Firstly, from (2.3) follows by the maximum principle ([4]) that $d(t, x) \geq 0$. Let $e^- = \frac{1}{2}(e - |e|)$ be the negative part of e. Because of (2.4) we have ([9])

$$0 = \left(e_t + \bar{e}^2 - \left(\lambda - \frac{2}{K} \bar{e} \right) d, e^- \right) = \frac{1}{2} (\|e^-\|^2)_t - \lambda(d, e^-) \geq \frac{1}{2} (\|e^-\|^2)_t.$$

Since $e^-(0, x) = 0$ we obtain $\|e^-\|(t) \leq 0$, i.e. $e(t, x) \geq 0$. Let be $f = \beta - e$. From (2.4) it follows that

$$0 = \frac{1}{2} (\|f^-\|^2)_t + \left(\bar{e}^2 - \left(\lambda - \frac{2}{K} \bar{e} \right) d, -f^- \right) = \frac{1}{2} (\|f^-\|^2)_t - (\bar{e}^2, f^-) \geq \frac{1}{2} (\|f^-\|^2)_t.$$

Because of $f^-(0, x) = 0$ we may conclude $\|f^-\|(t) = 0$, i.e. $e(t, x) \leq \beta$. Hence Theorem 2.1 is proved.

3. Supersolutions and subsolutions

A pair of functions $[U, V] \in Y = X \cap C^1((0, \infty), C^2) \times C^1([0, \infty), C)$ is a *supersolution* of (2.1), (2.2) in $(0, \infty) \times [0, 1]$ if

$$U_t - DU_{xx} - \frac{1}{2} \left(V^2 - \left(\lambda - \frac{2}{K} V \right) U \right) \geq 0, \quad U(0, x) \geq 0, \quad U(t, 0) \geq 0, \quad U_x(t, 1) \geq 0; \tag{3.1}$$

$$V_t + V^2 - \left(\lambda - \frac{2}{K} e \right) U \geq 0, \qquad V(0, x) \geq e_0. \tag{3.2}$$

Subsolutions are defined by reversing the inequalities. The definition will be justified by the following

Theorem 3.1: *Let $[U, V]$ be a supersolution (subsolution) of (2.1), (2.2). Then for all $t \in [0, \infty)$, $x \in [0, 1]$*

$$U(t, x) \geq d(t, x) \; (\geq U(t, x)), \qquad V(t, x) \geq e(t, x) \; (\geq V(t, x)).$$

Proof: Let $[U, V]$ be a supersolution. We define an operator $B \in (Y \to Y)$ by

$$[u, v] \to B[u, v] = [U, V]$$

where $[U, V] \in Y$ is the solution of

$$U_t - DU_{xx} - \frac{1}{2}\left(v^2 - \left(\lambda - \frac{2}{K}v\right)U\right) = 0, \qquad U(0, x) = 0, \qquad U(t, 0) = U_x(t, 1) = 0;$$

$$V_t + V^2 - \left(\lambda - \frac{2}{K}e\right)u = 0, \qquad V(0, x) = e_0,$$

and consider the iteration sequence

$$[U_i, V_i] = B[U_{i-1}, V_{i-1}], \qquad i = 1, 2, \dots, \qquad U_0 = U, \qquad V_0 = \min(V, \beta). \tag{3.3}$$

From the maximum principle follows

$$U_i(t, x) \geqq 0, \qquad V_i(t, x) \geqq 0, \qquad i = 0, 1, \dots, \qquad t \in [0, \infty), \qquad x \in [0, 1]. \tag{3.4}$$

We show by induction that (pointwise in x and t) for all $i \geqq 1$

$$U_i \leqq U_{i-1} \leqq U_0 = U, \quad V_i \leqq V_{i-1} \leqq V_0 \leqq V \tag{3.5}$$

To prove the assertion for $i = 1$ set $u = U_0 - U_1 = U - U_1$, $v = V_0 - V_1$. From (3.1)–(3.4) follows

$$u_t - Du_{xx} + \frac{1}{2}\left(\lambda - \frac{2}{K}V_0\right)u \geqq 0, \qquad u(0, x) \geqq 0, \qquad u(t, 0) \geqq 0, \qquad u_x(t, 1) \geqq 0;$$

$$v_t + (V_0 + V_1)v \geqq 0, \qquad v(0, x) \geqq 0,$$

and the maximum principle (see [4]) implies $u, v \geqq 0$, i.e. $U_1 \leqq U_0$, $V_1 \leqq V_0$. Now we assume $U_{i-1} \leqq U_{i-2}$, $V_{i-1} \leqq V_{i-2}$. For $u_i = U_{i-1} - U_i$, $v_i = V_{i-1} - V_i$ we find

$$u_{it} - Du_{ixx} - \frac{1}{2}\left(V_{i-2}^2 - V_{i-1}^2 - \left(\lambda u_i - \frac{2}{K}(V_{i-2}u_i + v_{i-1}U_i)\right)\right) = 0$$

or

$$u_{it} - Du_{ixx} + \frac{1}{2}\left(\lambda - \frac{2}{K}V_{i-2}\right)u_i = \frac{1}{2}(V_{i-2}^2 - V_{i-1}^2) + \frac{1}{K}v_{i-1}U_i \geqq 0,$$

$$u_i(0, x) = 0, \qquad u_i(t, 0) = u_{ix}(t, 1) = 0.$$

From this follows that $u_i \geqq 0$, i.e. $U_i \leqq U_{i-1}$. Correspondingly, (3.4) implies

$$v_{it} + V_{i-1}^2 - V_i^2 - \left(\lambda - \frac{2}{K}e\right)u_{i-1} = 0$$

or

$$v_{it} + (V_{i-1} + V_i)v_i = \left(\lambda - \frac{2}{K}e\right)u_{i-1} \geqq 0, \qquad v_i(0, x) = 0.$$

Hence we obtain $v_i \geqq 0$ or $V_i \leqq V_{i-1}$. Obviously the solution $[d, e] \in X$ of (2.1), (2.2) is a fixed point of B. Taking into account the boundedness of V_i (see (3.4), (3.5)) one obtains, similarly to (2.11) the estimate

$$\|[d, e] - [U_i, V_i]\|_X \leqq \frac{1}{\sqrt{2}}\|[d, e] - [U_{i-1}, V_{i-1}]\|_X \leqq \dots \leqq \left(\frac{1}{\sqrt{2}}\right)^i \|[d, e] - [U, V_0]\|_X.$$

Hence we have

$$[U_i, V_i] \to [d, e] \quad \text{in } X.$$

Combining this fact with (3.5) we obtain the assertion of the Theorem concerning supersolutions. The corresponding result for subsolutions can be proved analoguously.

By the following theorems we indicate explicitly sub- and supersolutions.

Theorem 3.2: *The pair* $[0, \alpha]$, $\alpha = \alpha(t) := \dfrac{e_0}{1 + e_0 t}$ *is subsolution with respect to* $[d, e]$.

Proof: The assertion follows by simple calculations using

$$\alpha'(t) + \alpha^2(t) = 0.$$

To construct an appropriate supersolution we need the following assumption (valied up to the end of Section 4).

(A) There exists $r > 0$ such that

$$\sqrt{\frac{D}{2}}\int_0^r \frac{dy}{\sqrt{H(r) - H(y)}} \geqq 1$$

where

$$H(y) = \int_0^y h(z)\,dz, \qquad w(z) = \sqrt{\frac{1}{4} + \lambda z}, \qquad h(z) = e_0\left[\frac{1}{K}\left(w(z) - \frac{1}{2}\right) + 2\right]z + \frac{1}{2}\left(w(z) + \frac{1}{2}\right).$$

The following remark contains a condition which is sufficient for (A). This condition is fulfilled in all applications we are interested in.

Remark 3.1: *Let $p > \sqrt{q}$, where*

$$p = 2D - \frac{\lambda}{2} - 2e_0, \qquad q = \frac{2e_0\lambda}{K}.$$

Then assumption (A) *is valid for all* $r \in [r_-, r_+]$,

$$r_\pm = \frac{1}{q}\left(p \pm \sqrt{p^2 - q}\right).$$

Indeed,

$$I_0(r) = \int_0^r \frac{dy}{\sqrt{H(r) - H(y)}} \geqq \int_0^r \frac{dy}{\sqrt{h(r)\,(r - y)}} = 2\sqrt{\frac{r}{h(r)}} \geqq \sqrt{\frac{4r}{e_0\left(\frac{\lambda r}{K} + 2\right) r + \frac{1}{2}(1 + \lambda r)}}$$

and $I_0(0) = I_0(\infty) = 0$. Consequently, assumption (A) holds for all r between the roots $r_\pm$ of the quadratic equation

$$2Dr = e_0\left(\frac{\lambda r}{K} + 2\right) r + \frac{1}{2}(1 + \lambda r).$$

Now we can construct a supersolution.

Theorem 3.3: *The boundary value problem*

$$-Du_{xx} = h(u), \qquad u(0) = u_x(1) = 0, \tag{3.6}$$

has exactly one (classical) solution u satisfying

$$0 \leqq u(x) \leqq r, \qquad x \in [0, 1]. \tag{3.7}$$

Moreover, for

$$v(t, x) = \frac{1}{2} + \sqrt{\frac{1}{4} + \left(\lambda - \frac{2\alpha(t)}{K}\right) u(x)}, \qquad \alpha(t) = \frac{e_0}{1 + e_0 t}, \tag{3.8}$$

holds

$$1 \leqq v(t, x) \leqq r_1, \qquad r_1 = \tfrac{1}{2} + \sqrt{\tfrac{1}{4} + \lambda r}. \tag{3.9}$$

Finally, the pair $[U, V]$ with

$$U = u\alpha^2, \qquad V = v\alpha \tag{3.10}$$

is supersolution with respect to $[d, e]$.

Proof: As a consequence of assumption (A) the relation

$$\sqrt{\frac{D}{2}} \int_0^{u(x)} \frac{dy}{\sqrt{H(u(1)) - H(y)}} = x \tag{3.11}$$

defines a monotonically increasing function u on $[0, 1]$ which satisfies (3.7). It is easy to see that u is a solution of (3.6) and that, conversely, any smooth solution of (3.6) is represented by (3.11). The estimate (3.9) follows from

$$0 \leqq \frac{2\alpha(t)}{K} \leqq \frac{2e_0}{K} \leqq \lambda = \frac{4}{K}\left(g_0 + \frac{e_0}{2}\right)$$

and (3.7). To verify (3.1) we set

$$w(u) = \sqrt{\tfrac{1}{4} + \lambda u}$$

and obtain from

$$v^2 - v = \left(\lambda - \frac{2\alpha(t)}{K}\right) u$$

and (3.6)

$$\begin{aligned}
\frac{1}{\alpha^2}\left[U_t - DU_{xx} + \left(\frac{\lambda}{2} - \frac{V}{K}\right) U\right] &= -2u\alpha - Du_{xx} + \left(\frac{\lambda}{2} - \frac{v\alpha}{K}\right) u \\
&= -Du_{xx} + \left[\frac{\lambda}{2} - \alpha\left(\frac{v}{K} + 2\right)\right] u = -Du_{xx} - \alpha\left(\frac{1}{K}(v - 1) + 2\right) u - \frac{1}{2}(v - v^2) \\
&\geqq -Du_{xx} - e_0\left(\frac{1}{K}\left(w(u) - \frac{1}{2}\right) + 2\right) u - \frac{1}{2}\left(\frac{1}{2} + w(u) - v^2\right) \\
&= -Du_{xx} - h(u) + \frac{v^2}{2} = \frac{v^2}{2} = \frac{V^2}{2\alpha^2}.
\end{aligned}$$

Because of (3.7) this is equivalent to (3.1). On the other hand, by Theorem 3.2, we have

$$\frac{1}{\alpha^2}(V_t + V^2) = \frac{v_t}{\alpha} - v + v^2 \geqq -v + v^2 = \left(\lambda - \frac{2\alpha}{K}\right)u \geqq \left(\lambda - \frac{2}{K}e\right)u = \left(\lambda - \frac{2}{K}e\right)\frac{U}{\alpha^2}.$$

By (3.9) this is equivalent to (3.2). Hence Theorem 3.3 is proved.

4. Calculation of the asymptotic slope of the average degree of polymerization

In this section we shall prove the important formula (1.3). The proof is based on the following theorem.

Theorem 4.1: *Let $[d, e]$ be the solution of (2.1), (2.2) and*

$$u = \frac{d}{\alpha^2}, \qquad v = \frac{e}{\alpha}, \qquad \alpha = \frac{e_0}{1 + e_0 t}.$$

Then we have

$\lim_{t\to\infty} u(t, .) = u^*(.)$ in V^1 and $\lim_{t\to\infty} v(t, .) = v^*(.)$ in L^2 where u^*, v^* denotes the solution of the problem

$$-Du^*_{xx} = \frac{1}{2}v^*, \qquad u^*(0) = u^*_x(1) = 0, \qquad D = \frac{D_0}{kL^2}, \tag{4.1}$$

$$v^* = \frac{1}{2} + \sqrt{\frac{1}{4} + \lambda u^*}, \qquad \lambda = \frac{4}{K}\left(g_0 + \frac{e_0}{2}\right). \tag{4.2}$$

For the proof of this theorem we need the following lemmas.

Lemma 4.1: *The set $M = \{[u(t, .), v(t, .)] \mid t \geqq 0\}$ is compact in $V^1 \times H$.*

Proof: Setting $q = v^2 - \lambda u$ we have obviously

$$u_t - Du_{xx} - \frac{1}{2}q - \left(2\alpha + \frac{e}{K}\right)u = 0, \qquad u(0, x) = 0, \qquad u(t, 0) = u_x(t, 1) = 0; \tag{4.3}$$

$$v_t + \alpha\left(q - v + \frac{2}{K}eu\right) = 0, \qquad v(0, x) = 1. \tag{4.4}$$

By Theorem 3.3 it holds

$$0 \leqq u(t, x) \leqq r, \qquad 1 \leqq v(t, x) \leqq r_1 = \tfrac{1}{2} + \sqrt{\tfrac{1}{4} + r\lambda}. \tag{4.5}$$

We differentiate (4.3) with respect to t (see Remark 2.1) and obtain

$$\begin{aligned} u_{tt} - Du_{xxt} + \left(\frac{\lambda}{2} - \alpha\left(2 + \frac{v}{K}\right)\right)u_t &= vv_t - \left(2\alpha^2 - \frac{e_t}{K}\right)u \\ &= -\alpha v\left(q - v + \frac{2}{K}eu\right) - \alpha^2\left(2 + \frac{1}{K}\left(q + \frac{2}{K}eu\right)\right)u. \end{aligned} \tag{4.6}$$

Scalar multiplication by u_t and the use of (3.7), (3.9) gives

$$\frac{1}{2}(||u_t(t)||^2 - ||u_t(t_0)||^2) + \int_{t_0}^{t}\left\{D\,||u_{xt}||^2 + \left(\frac{\lambda}{2} - \alpha\left(2 + \frac{r_1}{K}\right)\right)||u_t||^2\right\}ds \leqq \int_{t_0}^{t}\left(\frac{\lambda}{6}||u_t||^2 + c\alpha^2\right)ds$$

and, provided that t_0 is chosen suitably large and $t \in [t_0, \infty)$

$$||u_t(t)||^2 + \int_{t_0}^{t}\left\{D\,||u_{xt}||^2 + \frac{\lambda}{6}||u_t||^2\right\}ds \leqq c(t_0).$$

This inequality implies by (4.3) and (4.5)

$$D\,||u_{xx}(t)|| \leqq c. \tag{4.7}$$

We differentiate (4.4) with respect to x and obtain

$$v_{xt} + \alpha\left(2v - 1 + \frac{2\alpha}{K}u\right)v_x = \alpha\left(\lambda - \frac{2}{K}e\right)u_x$$

from which, after scalar multiplication by v_x and taking into account

$$2v - 1 + \frac{2\alpha}{K}u \geqq 1 \quad \text{and} \quad (v_{xt}, v_x) = \frac{1}{2}(||v_x||^2)_t = ||v_x||\,||v_x||_t$$

one gets

$$||v_x||_t + \alpha||v_x|| \leqq \lambda\alpha||u_x||.$$

Because of $v_x(0, x) = 0$ it follows that

$$\|v_x(t)\| \leqq \lambda\alpha(t) \int_0^t \|u_x(s)\| \, ds \leqq c . \tag{4.8}$$

Since the imbedding of $V^1 \cap H^2 \times H^1$ into $V^1 \times H$ is compact, the assertion of Lemma 4.1 results from (4.7) and (4.8).

Lemma 4.2: *We have*

$$\lim_{t\to\infty} \left(\frac{\|v_t(t)\|}{\alpha(t)} + \|u_t(t)\| \right) = 0 .$$

Proof: We consider the LYAPUNOV-function

$$\mathcal{L}(t) = \left(\int_0^1 \left\{ q^2 + 2\lambda D u_x^2 - \frac{4}{3} v^3 + \frac{4eu}{K} q - 4\lambda\alpha u^2 \right\} dx + c\alpha \right)(t)$$

where

$$q = v^2 - \lambda u , \qquad c = 4\left[\left(\frac{2\beta r^3 \lambda}{K} + \frac{r_1^6}{2\lambda} \right) + \lambda r^2 \right], \qquad \beta = e_0 + 2g_0 .$$

Using the relations

$$q = v - \frac{v_t}{\alpha} - \frac{2}{K} eu , \qquad q = 2\left(u_t - D u_{xx} - \left(2\alpha + \frac{e}{K} \right) u \right)$$

which follow from (4.3), (4.4) we find

$$\mathcal{L}_t = 4 \int_0^1 \left\{ \frac{1}{2} q q_t - \lambda D u_{xx} u_t - v^2 v_t + \frac{eu}{K} q_t + \frac{(eu)_t}{K} q - 2\lambda\alpha u u_t + \lambda\alpha^2 u^2 \right\} dx - c\alpha^2$$

$$= 4 \int_0^1 \left\{ \left(v - \frac{v_t}{\alpha} - \frac{2eu}{K} \right) v v_t - \left(u_t - D u_{xx} - \left(2\alpha + \frac{e}{K} \right) u \right) \lambda u_t - \lambda D u_{xx} u_t - \right.$$

$$\left. - v^2 v_t + \frac{1}{K} e u q_t + \frac{1}{K} (eu)_t q - 2\lambda\alpha u u_t + \lambda\alpha^2 u^2 \right\} dx - c\alpha^2$$

$$= -4 \int_0^1 \left(\frac{1}{\alpha} v v_t^2 + \lambda u_t^2 - \frac{1}{K} (eu)_t q - \lambda\alpha^2 u^2 \right) dx - c\alpha^2 .$$

Because of $|q| \leqq r_1^2$ we have

$$(eu)_t q = (e_t u + e u_t) q = -\alpha^2 \left(q + \frac{2}{K} eu \right) u q + e u_t q \leqq$$

$$\leqq -\frac{2}{K} e u^2 q \alpha^2 + \frac{\lambda}{2} u_t^2 + \frac{e^2 q^2}{2\lambda} \leqq \alpha^2 \left(\frac{2}{K} e \lambda u^3 + \frac{v^2 q^2}{2\lambda} \right) + \frac{\lambda}{2} u_t^2 \leqq \alpha^2 \left(\frac{2}{K} \beta \lambda r^3 + \frac{r_1^6}{2\lambda} \right) + \frac{\lambda}{2} u_t^2 .$$

Consequently

$$\mathcal{L}_t \leqq -2 \int_0^1 \left(\frac{2}{\alpha} v v_t^2 + \lambda u_t^2 \right) dx .$$

From $v \geqq 1$ and (4.5), (4.7) it follows that

$$2 \int_0^t \left(\frac{2}{\alpha} \|v_t\|^2 + \lambda \|u_t\|^2 \right) ds \leqq \mathcal{L}(0) - \mathcal{L}(t) \leqq c ,$$

i.e.

$$\int_0^\infty \left(\frac{1}{\alpha} \|v_t\|^2 + \|u_t\|^2 \right) ds \leqq c . \tag{4.9}$$

By forming the scalar product of (4.6) with $u_t \alpha^{-1}$ we obtain

$$\frac{1}{2} \frac{d}{dt} \frac{1}{\alpha} \|u_t\|^2 + \frac{D}{\alpha} \|u_{xt}\|^2 + \frac{1}{2\alpha} \left(\lambda - \alpha \left(5 + \frac{2}{K} v \right) \right) \|u_t\|^2$$

$$= \frac{1}{\alpha} \left(v v_t - \alpha^2 \left(2u + \left(q + \frac{2}{K} eu \right) \frac{u}{K} \right), u_t \right) \leqq \frac{\lambda}{6\alpha} \|u_t\|^2 + \frac{c}{\alpha} (\|v_t\|^2 + \alpha^4) .$$

From this inequality we conclude, using (4.5) and choosing t_0 sufficiently large and $t \in [t_0, \infty)$, that

$$\frac{1}{\alpha} \|u_t\|^2 \Big|_{t_0}^{t} + \int_{t_0}^{t} \frac{1}{\alpha} \left(D \|u_{xt}\|^2 + \frac{\lambda}{6} \|u_t\|^2 \right) ds \leqq c \int_{t_0}^{t} \frac{1}{\alpha} (\|v_t\|^2 + \alpha^4) \, ds \leqq c \,. \tag{4.10}$$

Because of (4.4) we have

$$\|v_{tt}\| = \alpha \|v_t + 2vv_t - \lambda u_t - v_t + \frac{2}{K} (e_t u + e u_t)\| \leqq c\alpha(\|v_t\| + \|u_t\| + \alpha^2) \,. \tag{4.11}$$

Let be η a continuously differentiable function on R^1, satisfying $0 \leqq \eta(s) \leqq 1$, $\eta(s) = 0$ for $|s| \geqq 2$, $\eta(s) = 1$ for $|s| \leqq 1$. For an arbitrarily chosen sequence (t_n), $t_n \to \infty$ for $n \to \infty$, we define

$$w_n(t) = v_t(t) \, \eta\left(\frac{2t}{t_n}\right).$$

Then we get from (4.9)–(4.11)

$$\left\| \frac{v_t}{\alpha} (t_n) \right\|^2 = \frac{1}{\alpha^2(t_n)} \|v_t(t_n) - w_n(t_n)\|^2 - \frac{1}{\alpha^2(0)} \|v_t(0) - w_n(0)\|^2 = \int_0^{t_n} \frac{d}{dt} \left\{ \frac{1}{\alpha^2} \|v_t - w_n\|^2 \right\} ds$$

$$= \int_0^{t_n} \frac{2}{\alpha} \left(\|v_t - w_n\|^2 + \frac{1}{\alpha} ((v_t - w_n)_t, v_t - w_n) \right) ds$$

$$\leqq \int_0^{t_n} \frac{1}{\alpha} \left(3 \|v_t - w_n\|^2 + \frac{1}{\alpha^2} \|(v_t - w_n)_t\|^2 \right) ds$$

$$= \int_0^{t_n} \frac{1}{\alpha} \left(3 \|v_t\|^2 (1 - \eta)^2 + \frac{1}{\alpha^2} \left\| v_{tt}(1 - \eta) - \frac{2}{t_n} \eta' v_t \right\|^2 \right) ds$$

$$\leqq c \int_{t_n/2}^{t_n} \frac{1}{\alpha} \left(\|v_t\|^2 + \frac{1}{\alpha^2} \|v_{tt}\|^2 \right) ds \leqq c \int_{t_n/2}^{t_n} \frac{1}{\alpha} (\|v_t\|^2 + \|u_t\|^2 + \alpha^4) \, ds \to 0$$

for $n \to \infty$. Finally, by (4.10), we have also $\|u_t(t)\| \to 0$ as $t \to \infty$. This proves the Lemma 4.2.

Proof of Theorem 4.1: By Lemma 4.1, Lemma 4.2 there exist a sequence (t_n) with $t_n \to \infty$ $(n \to \infty)$ and elements $u^* \in V^1$, $v^* \in L^\infty$ such that

$$u_t(t_n) \to 0\,, \qquad \left(\frac{v_t}{\alpha}\right)(t_n) \to 0\,, \qquad v(t_n) \to v^* \quad \text{in } H\,,$$

$$u(t_n) \to u^* \quad \text{in } V^1\,, \qquad u_{xx}(t_n) \to u^*_{xx} \quad \text{in } (V^1)'$$

Letting $t_n \to \infty$ in (4.3), (4.4) proves that

$$-Du^*_{xx} - \tfrac{1}{2} (v^{*2} - \lambda u^*) = 0\,, \qquad v^{*2} - \lambda u^* - v^* = 0\,,$$

or, because of $v^*(x) \geqq 1$ for almost all $x \in [0, 1]$,

$$-Du^*_{xx} = \tfrac{1}{2} v^*\,, \qquad v^* = \tfrac{1}{2} + \sqrt{\tfrac{1}{4} + \lambda u^*}\,. \tag{4.12}$$

From $v^* \in H = L^2$ follows $u^* \in V^2$. The assertion of Theorem 4.1 results now from the fact that the only solution of (4.12) is given (implicitly) by

$$\sqrt{\frac{D}{2}} \int_0^{u^*(x)} \frac{dy}{\sqrt{F(u^*(1)) - F(y)}} = x\,, \qquad F(y) = \frac{1}{4} y + \frac{1}{3\lambda} \sqrt{\left(\frac{1}{4} + \lambda y\right)^3}$$

Next we shall prove formula (1.3) which allows the calculation of the asymptotic slope of the everage degree of polymerization

$$P(\tau) = \frac{2}{e_m(\tau)}\,, \qquad e_m(\tau) = \int_0^1 e(\tau, x) \, dx\,.$$

Theorem 4.2: *It holds*

$$p = \lim_{\tau \to \infty} P'(\tau) = \frac{k}{Du^*_x(0)} = \frac{k^2 L^2}{D_0 u^*_x(0)}\,, \qquad \tau = \frac{t}{k}.$$

Proof: We have

$$P'(\tau) = \frac{d}{d\tau}\frac{2}{e_m(\tau)} = \frac{d}{dt}\frac{2k}{e_m\left(\frac{t}{k}\right)} = 2k\left(\frac{1}{e_m}\right)'\left(\frac{t}{k}\right).$$

Using (4.4) we obtain

$$\left(\frac{1}{e_m}\right)' = \left(\frac{1}{v_m\alpha}\right)' = \frac{\alpha^2 v_m - \alpha v_{mt}}{\alpha^2 v_m^2} = \frac{1}{v_m^2}\left\{v_m + (v^2)_m - v_m - \left(\left(\lambda - \frac{2}{K}e\right)u\right)_m\right\} = \frac{1}{v_m^2}\left((v^2)_m - \left(\left(\lambda - \frac{2}{K}e\right)u\right)_m\right).$$

As a consequence of Theorem 4.1 it follows that

$$p = 2k \lim_{t\to\infty}\left(\frac{1}{e_m}\right)'(t) = \frac{2k}{v_m^{*2}}\left((v^{*2})_m - \lambda u_m^*\right) = \frac{2k}{v_m^{*2}}(v^{*2} - \lambda u^*)_m = 2k\frac{v_m^*}{v_m^{*2}} = \frac{2k}{v_m^*} = \frac{k}{Du_x^*(0)}.$$

Corollary 4.1: *We have*

$$p = \frac{k}{\sqrt{2D(F(y) - F(0))}}, \qquad F(z) = \frac{z}{4} + \frac{1}{3\lambda}\sqrt{\left(\frac{1}{4} + \lambda z\right)^3} \tag{4.13}$$

where $y = u^*(1)$ is the solution of the equation

$$\sqrt{\frac{D}{2}}\, I(y) = 1\,, \qquad I(y) = \int_0^y \frac{dz}{\sqrt{F(y) - F(z)}}\,, \qquad D = \frac{D_0}{kL^2}. \tag{4.14}$$

Proof: As already shown in the proof of Theorem 4.1 the function u^* satisfies

$$\sqrt{\frac{D}{2}}\int_0^{u^*(x)} \frac{dz}{\sqrt{F(y) - F(z)}}$$

By differentiating this identity we obtain

$$\sqrt{\frac{D}{2}}\, u_x^*(0) = \sqrt{F(y) - F(0)}$$

which immediately proves the assertion.

5. The identification of the constants k and D_0

The average degree of polymerization $P = P(t, L)$ and, consequently, its asymptotic slope $p = p(L)$ can be found by experiment. In this section we shall show that the constants k, D_0 may be determined by means of (4.13), (4.14) from p. To do so we need some properties of the functions F and I defined in (4.13), (4.14).

Lemma 5.1: *The function I is continuous, strictly increasing and concave on R_+^1, it holds $I(0) = 0$, $I(y) \to \infty$ for $y \to \infty$.*

Proof: From the mean value theorem follows for $0 \leqq z \leqq y$

$$F(y) - F(z) = F'(\eta)\,(y - z) \quad \text{where} \quad z \leqq \eta \leqq y\,.$$

By the monotonicity of $F' = f$ we have

$$f(0)\,(y - z) \leqq F(y) - F(z) \leqq f(y)\,(y - z)\,.$$

So we obtain

$$\frac{2\sqrt{y}}{\sqrt{f(y)}} \leqq \int_0^y \frac{dz}{\sqrt{F(y) - F(z)}} \leqq \frac{2\sqrt{y}}{\sqrt{f(0)}}$$

which shows $I(0) = 0$, $I(y) \to \infty$ as $y \to \infty$. We have

$$F(y) - F(z) = \varphi(y, z)\,(y - z)$$

where

$$\varphi(y, z) = \frac{1}{4} + \frac{\frac{1}{16} + \frac{1}{4}\lambda(y + z) + \frac{\lambda^2}{3}(y^2 + yz + z^2)}{\sqrt{\left(\frac{1}{4} + \lambda y\right)^3} + \sqrt{\left(\frac{1}{4} + \lambda z\right)^3}}.$$

Using the substitution $z = ry$ we transform the (elliptic) integral representing I into

$$I(y) = \sqrt{y}\int_0^1 \frac{dr}{\sqrt{(1 - r)\,\varphi(y, ry)}}. \tag{5.1}$$

So I is obviously continuous for $y \geqq 0$ and smooth for $y > 0$. Differentiation gives (after some computation)

$$I'(y) = \frac{1}{2\sqrt{y^3}} \int_0^1 \frac{D_1(y, ry)}{\sqrt{[(1-r)\,\varphi(y, ry)]^3}}\, dr\,, \qquad I''(y) = \frac{1}{4\sqrt{y^7}} \int_0^1 \frac{D_2(y, ry)}{\sqrt{[(1-r)\,\varphi(y, ry)]^5}}\, dr\,,$$

where

$$D_1(y, z) = 2\varphi(y, z)\,(y - z) - \big(yf(y) - zf(z)\big) = 2\big(F(y) - F(z)\big) - \big(yf(y) - zf(z)\big)\,,$$
$$D_2(y, z) = 3\big(yf(y) - zf(z)\big)^2 - 4\big(F(y) - F(z)\big)\,\big(yf(y)) - zf(z)\big) - 2\big(F(y) - F(z)\big)\,\big(y^2 f'(y) - z^2 f'(z)\big)\,.$$

It will be sufficient to prove that

$$D_1(y, z) \geqq 0\,, \qquad D_2(y, z) \leqq 0 \quad \text{for} \quad 0 \leqq z \leqq y\,.$$

Because of

$$F'(y) - yF''(y) = \tfrac{1}{4}\left(1 + \sqrt{\tfrac{1}{4} + \lambda y} + \frac{1}{4\sqrt{\tfrac{1}{4} + \lambda y}}\right) > 0$$

the function

$$h(y) = F(y) - \tfrac{1}{2}\, yF'(y)$$

is strictly increasing on $y \geqq 0$ which is equivalent with $D_1(y, z) \geqq 0$. Using the substitutions

$$w_1 = \sqrt{\tfrac{1}{4} + \lambda y}\,, \qquad w_0 = \sqrt{\tfrac{1}{4} + \lambda z}$$

we get after some computation

$$2\lambda^2 w_1 w_0 D_2(y, z)$$
$$= (w_1 - w_0)^2 \left\{(w_1^2 + w_1 w_0 + w_0^2)\left(\tfrac{1}{48} + \tfrac{1}{4}\, w_1 w_0 - \tfrac{5}{12}\, w_1 w_0 (w_1 + w_0)\right) + (w_1 + w_0)\left(\tfrac{1}{64} - \tfrac{1}{8}\, w_1 w_0\right)\right\}.$$

Because of $y \geqq z \geqq 0$ we have $w_1 \geqq w_0 \geqq \frac{1}{2}$ and, consequently,

$$\tfrac{1}{48} + \tfrac{1}{4}\, w_1 w_0 - \tfrac{5}{12}\, w_1 w_0 (w_1 + w_0) < 0 \quad \text{and} \quad \tfrac{1}{64} - \tfrac{1}{8}\, w_1 w_0 < 0\,.$$

This shows $D_2(y, z) \leqq 0$ and finishes the proof of Lemma 5.1.

Lemma 5.2: *Let be $J = I^{-1}$ the inverse function of I. Then we have for $s > 0$*

$$\lim_{y \to 0} \frac{F(J(sI(y))) - F(0)}{F(y) - F(0)} = s^2\,, \qquad \lim_{y \to \infty} \frac{F(J(sI(y)))}{F(y)} = s^6\,.$$

Proof: The existence of $J = I^{-1}$ on $[0, \infty)$ follows from Lemma 5.1. The first relation may be obtained by BERNOULLI-L'HOSPITAL's rule using (5.1), the second relation follows from the easily proved asymptotics

$$\lim_{y \to \infty} \frac{I(y)}{\sqrt[4]{y}} = \frac{\sqrt{2}}{\sqrt[4]{\lambda}}\, A \tag{5.2}$$

where A is the integral mentioned in Lemma 5.4.

Lemma 5.3: *The function*

$$a(y) = \frac{I^2(y)}{F(y) - F(0)}$$

is strictly decreasing on $y \geqq 0$ and we have

$$\lim_{y \to 0} a(y) = 16\,, \qquad \lim_{y \to \infty} a(y) = 0\,.$$

Proof: The limit relations follow immediately from the representation (5.1) and the asymptotics (5.2.). Because of

$$a'(y) = \frac{I(y)}{(F(y) - F(0))^2} \left\{2I'(y)\,\big(F(y) - F(0)\big) - I(y)\, F'(y)\right\}$$

it will be sufficient to show

$$g(y) = 2I'(y)\,\big(F(y) - F(0)\big) - I(y)\, F'(y) < 0 \quad \text{for} \quad y > 0\,.$$

Using (5.1) we find

$$g(y) = \frac{1}{\sqrt{y^3}} \int_0^1 \frac{G(y, ry)\, dr}{\sqrt{[\varphi(y, ry)\,(1 - r)]^3}}$$

where

$$G(y, z) = \big(F(y) - F(0)\big)\,[2\big(F(y) - F(z)\big) - \big(yf(y) - zf(z)\big)] - yf(y)\,\big(F(y) - F(z)\big)\,.$$

With the same substitutions as in the proof of Lemma 5.1 a somewhat lengthy computation gives

$$G(y,z) = \frac{1}{6\lambda^2}(w_1 - \tfrac{1}{2})(w_1 - w_0)\{\tfrac{1}{4}(w_1 + w_0)[2(w_1^2 + \tfrac{5}{4}w_1 + \tfrac{5}{8}) - 3(w_1 + \tfrac{1}{2})^2] +$$
$$+ \tfrac{1}{6}[2(w_1^2 + \tfrac{5}{4}w_1 + \tfrac{5}{8}) - 3(w_1 + \tfrac{1}{2})^2](w_1^2 + w_1w_0 + w_0^2) +$$
$$+ \tfrac{1}{4}(w_1^2 + \tfrac{5}{4}w_1 + \tfrac{5}{8}) - \tfrac{1}{2}(w_1 + \tfrac{1}{2})^2(w_1^2 + w_1w_0 + w_0^2)\} .$$

Because of

$$2(w_1^2 + \tfrac{5}{4}w_1 + \tfrac{5}{8}) - 3(w_1 + \tfrac{1}{2})^2 \leqq 0 ,$$
$$\tfrac{1}{4}(w_1^2 + \tfrac{5}{4}w_1 + \tfrac{5}{8}) - \tfrac{1}{2}(w_1 + \tfrac{1}{2})^2(w_1^2 + w_1w_0 + w_0^2) \leqq 0$$

it follows that $G(y, z) \leqq 0$. It is easy to see that the monotonocity of $a(y)$ is strict and so Lemma 5.3 is proved.

Lemma 5.4: *The function*

$$b(y) = \frac{I^6(y)}{F(y) - F(0)}$$

is strictly increasing on $y \geqq 0$ *and we have*

$$\lim_{y\to 0} b(y) = 0 , \qquad \lim_{y\to\infty} b(y) = \frac{24A^6}{\lambda^2}$$

where

$$A = \int_0^1 \frac{dz}{\sqrt{\left(\int_z^1 \sqrt{r}\,dr\right)}} = \frac{8\sqrt{2}\,\pi^2}{\sqrt{3}\,\sqrt[3]{4}\left(\Gamma\left(\frac{1}{3}\right)\right)^3} = 2.1124382\ldots$$

Proof: The limit relations again follow from (5.1) and the asymptotics (5.2). A calculation similar to that in the proof of Lemma 5.3 shows that the asserted behaviour of $b(y)$ results from

$$3\left(F(y) - F(0)\right)[2\left(F(y) - F(z)\right) - \left(yf(y) - zf(z)\right)] - yf(y)\left(F(y) - F(z)\right) > 0$$

for $0 < z < y$. Using once more the substitutions made in the proof of Lemma 5.1 this estimate is easy to show. The numerical value of A may be found via well-known formulae for EULER's Gamma function.

Our starting point are the relations (4.13), (4.14) which we write as

$$k = \frac{2p(L)\sqrt{F(y) - F(0)}}{I(y)}, \tag{5.3}$$

$$D_0 = \frac{2kL^2}{(I(y))^2}. \tag{5.4}$$

Theorem 5.1: *The function* $p = p(L)$ *defined by* (4.13), (4.14) *is strictly decreasing and*

$$k = \frac{p_0}{2} \quad \textit{where} \quad p_0 = \lim_{L\to 0} p(L) . \tag{5.5}$$

Proof: From (5.3) follows

$$4p^2(L) = \frac{k^2I^2(y)}{F(y) - F(0)} = k^2a(y) = k^2a\left(I^{-1}\left(\sqrt{\frac{2k}{D_0}}\,L\right)\right) = k^2\bar{a}(L) .$$

$\bar{a}$ is strictly decreasing by Lemma 5.1 and 5.3 and we have

$$\lim_{L\to 0} \bar{a}(L) = \lim_{y\to 0} a(y) = 16$$

which proves the Theorem.

Theorem 5.2: *The function* $q = q(L) = L^2p(L)$ *is bounded, strictly increasing and we have*

$$D_0 = \sqrt{\frac{2}{3}}\,\lambda A^{-3}q_\infty \quad \textit{where} \quad q_\infty = \lim_{L\to\infty} L^2p(L) . \tag{5.6}$$

Proof: From (5.3), (5.4) it follows that

$$16q^2(L) = D_0^2\frac{I^6(y)}{F(y) - F(0)} = D_0^2b\left(I^{-1}\left(\sqrt{\frac{2k}{D_0}}\,L\right)\right) = D_0^2\bar{b}(L) \tag{5.7}$$

where $\bar{b}$, by Lemma 5.1 and Lemma 5.4, increases monotonically and, moreover,

$$\lim_{L\to\infty} \bar{b}(L) = \lim_{y\to\infty} b(y) = \frac{24A^6}{\lambda^2}.$$

This proves the Theorem.

Remark 5.1: The relations (5.5) and (5.6) can be used to identify the constants k and D_0 if the asymptotic slopes of the average degree of polymerization are known for "very thin" or "very thick" melt layers, respectively. For an arbitrary thickness L the quantities

$$\frac{p(L)}{2} \quad \text{and} \quad \sqrt{\frac{2}{3}}\, \lambda A^{-3}\, p(L)\, L^2$$

are lower bounds for the reaction constant k and the diffusion coefficient D_0, respectively.

Theorem 5.3: *Let be given k and the asymptotic slope p for a melt layer of finite thickness L, $0 < p < 2k$. Then D_0 is uniquely determined by* (5.3), (5.4).

Proof: By assumption we have $0 < 4p^2k^{-2} < 16$. Because of Lemma 5.3 there exists one and only one solution y of the equation $a(y) = 4p^2k^{-2}$. The constant D_0 follows then from (5.4).

Theorem 5.4: *Let be given D_0 and the asymptotic slope p for a melt layer of finite thickness L, $0 < pL^2 < \sqrt{3}\,(\sqrt{2}\,\lambda)^{-1} A^3D_0$. Then k is determined uniquely by* (5.3), (5.4).

Proof: By assumption we have $0 < 16q^2D_0^{-2} < 24\lambda^{-2}A^6$. Because of Lemma 5.4 there is exactly one solution y of the equation $b(y) = 16q^2D_0^{-2}$ and, consequently, only one solution of the equation (5.4). Hence the constant k is uniquely determined by (5.3).

Remark 5.2: To identify the constants k and D_0 it is sufficient, according to Theorems 5.1—5.4, to know one of the limites p_0 or q_∞ and the asymptotic slope p for one melt layer of finite thickness L.

Now we consider the problem to find k, D_0 from (5.3), (5.4) knowing the two asymptotic slopes corresponding to melt layers of different (finite) thickness.

Theorem 5.5: *Let be given L_1, L_2 and the corresponding asymptotic slopes p_1, p_2, where $0 < L_1 < L_2 < \infty$, $p_1, p_2 > 0$. The conditions*

$$p_1 > p_2 \quad \text{and} \quad p_1L_1^2 < p_2L_2^2 \tag{5.8}$$

are necessary and sufficient for the existence of constants k, D_0, y_i $(i = 1, 2)$ satisfying

$$k = \frac{2p_i\sqrt{F(y_i) - F(0)}}{I_i(y)}, \qquad D_0 = \frac{2kL_i^2}{(I(y_i))^2}. \tag{5.9}$$

Proof:

Necessity: Let the constants k, D_0 satisfy (5.9) and let be p the function defined by (4.13), (4.14) and $q = q(L) = L^2p(L)$. Obviously, $p_i = p(L_i)$. By Theorem 5.1 the function p decreases monotonically, and by Theorem 5.2 q increases, hence (5.8) holds.

Sufficiency: Elimination of k and D_0 gives the system

$$\frac{F(y_1) - F(0)}{F(y_2) - F(0)} = s^2\frac{p_2^2}{p_1^2}, \qquad I(y_1) = sI(y_2)\,, \qquad s = \frac{L_1}{L_2} < 1\,,$$

which is obviously equivalent to (5.9). By Lemma 5.1 the second equation may be solved for y_1. So we obtain another equation equivalent to (5.9):

$$G(y_2) = r \tag{5.10}$$

with

$$G(y) = \frac{F\big(I^{-1}(sI(y))\big) - F(0)}{F(y) - F(0)}, \qquad r = s^2\frac{p_2^2}{p_1^2}.$$

However, because of (5.8) and Lemma 5.2 we have

$$\lim_{y\to 0} G(y) = s^2 > r > s^6 = \lim_{y\to\infty} G(y)\,.$$

It follows that (5.10) and, consequently, (5.9) has a solution.

Remark 5.3: Unfortunately, we have no rigorous proof of the monotonicity of the function G. However, our numerics shows that under the conditions of Theorem 5.5 G is indeed strictly decreasing. So we are sure that equation (5.10) and hence (5.9) are uniquely solvable.

References

1 Bonatz, E.; Rafler, G.; Reinisch, G.; Gajewski, H.; Zacharias, K., Reaktion und Diffusion bei der Schmelzepolykondensation von Polyethylenterephthalat, Acta Polymerica **30**, 253—258 (1979).

2 Fife, P. C., Asymptotic states for equations of reaction and diffusion. Bull. Amer. Math. Soc. **84**, 693—726 (1978).

3 Fitzgibbon, W. E.; Walker, H. F. (eds.), Nonlinear Diffusion, Res. Notes in Mathematics **14**, London, Pitman 1977.

4 Friedman, A., Partial Differential Equations of Parabolic Type, Englewood Cliffs, N.J., Prentice-Hall 1964.

5 Gajewski, H.; Gröger, K.; Zacharias, K., Nichtlineare Operatorgleichungen und Operatordifferentialgleichungen, Berlin, Akademie-Verlag 1974.

6 De Mottoni, P., Qualitative Analysis for Some Quasilinear Systems, Polish Acad. Sci., Inst. of Math., Preprint no. **171**, 1979.
7 Pell, T. M.; Davis, T. G., Diffusion and reaction in polyester melts, J. Polym. Science **11**, 1671 1682 (1973).
8 Rauch, J.; Smoller, J., Qualitative theory of the Fitz Hugh-Nagumo equations, Advances in Math. **27**, 12—44 (1978).
9 Tartar, L., Topics in Nonlinear Analysis, Publications math. d'Orsay, Univ. Paris-Sud, Dept. de Math. 1978.

Eingereicht am 11. 2. 1980

Anschrift: Prof. Dr. H. Gajewski; Dr. K. Zacharias, Zentralinstitut für Mathematik und Mechanik der AdW der DDR, Mohrenstraße 39, DDR-108 Berlin

ZAMM 60, 371 – 382 (1980)

B. MARX / J. VOGEL

Analytizitätseigenschaften der Lösungen nichtlinearer Operatorgleichungen vom Hammerstein-Typ und rekursive Bestimmung ihrer Lösung

In dieser Arbeit wird für den Verzweigungsfall bei Hammersteinschen Operatorgleichungen eine Variante zur Gewinnung eines der Ausgangsgleichung äquivalenten Gleichungssystems dargelegt. Zwei Sätze über die Auflösung der zum System gehörenden Operatorgleichung werden bewiesen, die unter Analytizitätsvoraussetzungen an den nichtlinearen Operator in der Ausgangsgleichung Analytizität der Lösung bringen. Außerdem wird eine Rekursionsformel für die Koeffizienten der Lösung der lokal eindeutig auflösbaren Operatorgleichung entwickelt. Diese Rekursion wird auf die Koeffizientenfunktionen des Systems der Verzweigungsgleichungen unter Berücksichtigung der Eigenschaften des nichtlinearen Operators übertragen.

In this paper a certain method is presented to find a system of equations equivalent to a given original operator equation of Hammerstein's type in the case of bifurcation. Two theorems on the solution of the operator equation belonging to the system are proved, which guarantee, under certain analyticity assumptions concerning the nonlinear operator of the original equation, the analyticity of the solution. For the locally unique solution of the operator equation a power series representation is given whose coefficients are determined by a recursive formula. This formula is applied to the coefficient functions of the bifurcation equation.

В настоящей работе излагается для случая разветвления у операторных уравнений Хаммерштейна вариант для получения эквивалентной исходному уравнению системы уравнений. Доказаны две теоремы о разрешении принадлежащего к системе операторного уравнения, обеспечивающие аналитичность решения в предположении аналитичности нелинейного оператора в исходном уравнении. Далее выписана рекуррентная формула для коэффициентов решения локально однозначно разрешимого операторного уравнения. Рекуррентное соотношение перенесено на функцию коэффициентов системы уравнений вствления, учитывая при этом свойства нелинейного оператора.

1. X und Y sind komplexe BANACH-Räume. Im Raum X wird die Gleichung

$$x - \lambda KFx = \theta\,, \qquad x \in X\,, \tag{1}$$

untersucht. F ist ein nichtlinearer Operator mit $F(X) \subset Y$. K gehört dem Raum der linearen beschränkten Operatoren $[Y \to X]$ an, und λ ist ein komplexer Parameter. Gleichungen dieser Art führen die Bezeichnung HAMMERSTEINsche Operatorgleichungen [H1].

Falls x_0 Lösung von (1) zum Parameterwert $\lambda_0 \neq 0$ ist, wird, um die Fortsetzbarkeit dieser Lösung in eine Umgebung des Punktes λ_0 zu untersuchen, in der Gleichung (1) eine Substitution von der Form

$$\lambda = \lambda_0 + \mu\,, \qquad x = x_0 + y$$

durchgeführt und mit Hilfe von

$$x_0 - \lambda_0 KFx_0 = \theta \tag{2}$$

für y die Gleichung

$$y - K[(\lambda_0 + \mu)\, F(x_0 + y) - \lambda_0 Fx_0] = \theta \tag{3}$$

gewonnen.

Definition:

1. (λ_0, x_0) heißt *Verzweigungspunkt* (*Bifurkationspunkt*) der Gleichung (1) genau dann, wenn die folgenden Bedingungen erfüllt sind:
   a) (λ_0, x_0) genügt der Gleichung (1), d. h. es gilt (2).
   b) Es existiert ein $\delta > 0$, so daß für alle μ mit $|\mu| < \delta$ gilt: es gibt verschiedene (mindestens zwei) Lösungen $y_\alpha(\mu)$ ($\alpha \in A$, A mindestens zweielementig) der Gleichung (3), die die Eigenschaft $\lim\limits_{\mu \to 0} y_\alpha(\mu) = \theta$ besitzen.
2. Die Verzweigungslösungen von x_0 heißen dann $x_\alpha = x_0 + y_\alpha(\mu)$.

U. KOSEL [K2] und E. ZEIDLER [Z1] benutzen etwas andere Definitionen der Lösungsverzweigung, die der dort verwendeten Abbildungsgradmethode besser angepaßt sind.

Zur Konstruktion der Verzweigungslösungen ist die Gleichung (3) zu untersuchen, wobei Verzweigungslösungen nur auftreten können, wenn die Bedingungen des Satzes über implizite Funktionen (Auflösungssatz) an der Stelle $(0, \theta)$ nicht erfüllt sind. Das prinzipielle Vorgehen ist dann so, daß die Gleichung (3) durch ein äquivalentes System ersetzt wird, das aus einer (lokal) eindeutig lösbaren Operatorgleichung und den sogenannten Verzweigungsgleichungen besteht (vgl. z. B. [S3], [H1], [W1], [V2], [S1], [S2], [S5], [R1], [L1], [D1], [D2], [W2], [W3]). Das Ziel der Arbeit besteht in Folgendem:

1. Die in [V2], [V3] vorgelegte Variante der SCHMIDTschen Kernzerlegungsmethode für die Gewinnung des äquivalenten Gleichungssystems wird für eine beliebige Lösung x_0 und für den Fall des abstrakten Raumes X mit Beweisen ausgeführt. (In [V2] erfolgte dieses für $X = C_D$ und $x_0 = \theta$.) Im Ergebnis entstehen unter den getroffenen Voraussetzungen Analytizitätseigenschaften der Lösung der Operatorgleichung und der Funktionen, mit denen die Verzweigungsgleichungen gebildet werden. Die Lösung der Operatorgleichung und die Verzweigungsgleichungen ergeben sich als n-fache Potenzreihen in den n Verzweigungsparametern. (Dabei ist $n = \dim N(T_{\lambda_0})$, vgl. (5), die

Dimension des Verzweigungsfalles.) Ihre Koeffizienten sind analytische Abbildungen einer Kreisscheibe in den Raum X (für die Lösung der Operatorgleichung) bzw. in den R (komplexer R^1; für die Verzweigungsgleichungen). In der Literatur wurden dazu in der Regel $(n + 1)$-fache Reihen benutzt.

2. Für die genannten Koeffizienten der Potenzreihen bringt die Arbeit vollständige Rekursionen, die eine Verallgemeinerung der Ergebnisse aus [V2] auf BANACH-Räume und auf den Fall einer beliebigen Lösung x_0 darstellen. Mit Hilfe der Rekursionsformel wurden für die Koeffizienten der Verzweigungsgleichungen für die Diskussion letzterer notwendige Aussagen hergeleitet.

3. In [V1], [V3] wurde die Frage der Existenz von unendlich vielen Verzweigungslösungen für den eindimensionalen Verzweigungsfall behandelt. Ist $x_0 = \theta$ die auf Verzweigung zu untersuchende Lösung, so konnte gezeigt werden, daß unter einfachen Voraussetzungen an K und bei analytischem F der in der Literatur (vgl. insbes. [W1], [K3]) diskutierte Fall unendlich vieler Verzweigungslösungen nicht vorkommt. Mit Hilfe der unter 1. und 2. genannten Ergebnisse werden in [M2] Verallgemeinerungen der Betrachtungen zur Verzweigungsstruktur aus [V1], [V3] bezüglich des Raumes (X beliebiger BANACH-Raum) und der auf Verzweigung zu untersuchenden Lösung x_0 (nicht notwendig $x_0 = \theta$) durchgeführt, die die entsprechenden Voraussetzungen an K und F benutzen.

4. Bei der praktischen Lösung von Verzweigungsproblemen (genäherte Berechnung von Verzweigungslösungen) erscheinen die n-fachen Potenzreihen günstiger. Wenn die Lösung der Operatorgleichung durch ein Polynom endlichen Grades, der vom Rechnervermögen und der Güte der Konvergenz (Regulierung durch die α_i möglich) abhängt, und die Verzweigungsgleichungen durch entsprechende algebraische Gleichungen ersetzt werden, deren Koeffizienten durch die Rekursion (nach numerischer Auswertung) bekannt sind, können sich praktisch verwendbare Resultate ergeben (vgl. [V4]). Ein weiteres Beispiel, bei dem durch ein Majorantenkriterium noch Mindestkonvergenzradien für die Potenzreihen zahlenmäßig ermittelt werden, befindet sich in Vorbereitung.

Bemerkenswerte Ergebnisse über Lösungsverzweigung bei Operatorgleichungen mit allgemeinerer (analytischer) Parameterabhängigkeit erzielte H. ARKER [A1].

Über Sekundärverzweigung bei der KARMANschen Plattengleichung berichtet L. RECKE [R2]. (Vgl. zu dieser Fragestellung auch G. H. J. PIMBLEY [P1].) Es besteht die Möglichkeit, die „analytische Methode" auch bei diesen Problemen zum Einsatz zu bringen. Da sich die Ergebnisse dieser Arbeit auf beliebige Paare (λ_0, x_0) $(\lambda_0 \neq 0)$ beziehen, ist die Untersuchung von Sekundärverzweigung für HAMMERSTEINsche Gleichungen prinzipiell möglich. Falls (λ_0, x_0) Bifurkationspunkt ist, besitzt der Operator (5) unter den im folgenden getroffenen Voraussetzungen einen nichttrivialen (endlichdimensionalen) Nullraum. Um eine Verzweigung einer Verzweigungslösung $x_\alpha = x_0 + y_\alpha(\mu)$ zu finden, ist der Nullraum des Operators

$$I - (\lambda_0 + \mu)\, KF'(x_0 + y_\alpha(\mu)) \in [X \to X]$$

zu untersuchen. Darin liegt eine besondere Schwierigkeit, da der Nullraum von $I - \lambda_0 KF'(x_0)$ zwar bekannt ist, der obige Operator aus diesem jedoch durch eine nichtlineare Störung hervorgeht. (Vgl. hierzu auch [S6].) An dieser Stelle besteht die Aufgabe, Aussagen über eventuell auftretende Sekundärverzweigungen zu gewinnen.

2. Folgende generellen Voraussetzungen werden getroffen:

I) F sei an jedem Punkt der Kugel $S(x_0, r) \subset X$, $r > 0$, FRÉCHET-differenzierbar:

$$F(x + h) - F(x) = F'(x)\, h + \Phi(x; h)\,, \qquad x \in S(x_0, r)\,,$$

$$F'(x) \in [X \to Y]\,, \quad \frac{\|\Phi\|}{\|h\|} \to 0\,, \quad \text{falls } h \to \theta\,. \tag{4}$$

II) Der nach der Vorschrift

$$T_\lambda := I - \lambda KF'(x_0) \in [X \to X] \tag{5}$$

mit $\lambda = \lambda_0$ gebildete Operator T_{λ_0} sei FREDHOLM-Operator mit $+\infty > \dim\big(N(T_{\lambda_0})\big) := n > 0$ (n-dimensionaler Verzweigungsfall).

Für einen Verzweigungspunkt (λ_0, x_0) ist unter den getroffenen Voraussetzungen die folgende Bedingung notwendig: *Die Gleichung*

$$T_{\lambda_0}\varphi = \theta$$

besitzt nichttriviale Lösungen.

Nullraum $N(T_{\lambda_0})$ und *Defektraum* $N^*(T_{\lambda_0})$ des Operators T_{λ_0} können wie folgt beschrieben werden:

$$N(T_{\lambda_0}) := \{\varphi_1, \dots, \varphi_n\} \subset X\,, \text{ [1]}$$

$$N^*(T_{\lambda_0}) := \{q_1, \dots, q_n\} \subset X^*$$

Nach bekannten Sätzen (z. B. [K1]) gibt es Systeme $\{p_1, \dots, p_n\} \subset X^*$ und $\{\xi_1, \dots, \xi_n\} \subset X$ (linear unabhängiger Elemente) derart, daß die Biorthogonalitätsrelationen

$$\langle \varphi_i, p_j \rangle = \delta_{ij}\,, \qquad \langle \xi_k, q_l \rangle = \delta_{kl}\,, \qquad i, j, k, l = 1, \dots, n\,, \tag{6}$$

gelten. Mit Hilfe des verallgemeinerten Lemmas von ERHARD SCHMIDT [W1] kann der Operator T_{λ_0} in einen linear invertierbaren Operator $\widetilde{T}_{\lambda_0}$ und in einen Operator zerlegt werden, der in den von $\{\xi_1, \dots, \xi_n\}$ aufgespannten n-dimensionalen Teilraum des Raumes X abbildet. Diese Zerlegung erlaubt die Schreibweise:

$$T_{\lambda_0} = \widetilde{T}_{\lambda_0} - \sum_{i=1}^{n} \alpha_i \langle \cdot, p_i \rangle\, \xi_i\,. \tag{7}$$

[1]) D. h. $N(T_{\lambda_0})$ ist der von den n linear unabhängigen Nullstellen $\varphi_1, \dots, \varphi_n$ des Operators T_{λ_0} aufgespannte Teilraum von X, $q_1, \dots, q_n$ sind linear unabhängige Elemente des X^*, die den Defektraum von T_{λ_0} (und den Nullraum von $T^*_{\lambda_0}$) aufspannen.

Dabei sind die α_i beliebig fixierte komplexe Zahlen, verschieden von Null. (Bei praktisch vorliegenden Aufgaben, z. B. im L^2, können p_i und ξ_i bei bekanntem Null- und Defektraum bestimmt werden. Durch geeignete Wahl der Parameter α_i ist es möglich, daß die Norm des Operators $\tilde{T}_{\lambda_0}$ für eine numerische Behandlung des Problems in dem Sinn günstig ausfällt, daß die die Lösungen approximierenden Reihen gut konvergieren. Auf die theoretische Untersuchung und die Art des Verzweigungsproblems üben die α_i keinen Einfluß aus.)

Die übliche Vorgehensweise ist die, daß (3) in der Form

$$T_{\lambda_0}y = \mu KFx_0 + \mu KF'(x_0)\, y + (\lambda_0 + \mu)\, K\Phi(x_0; y) \tag{3'}$$

dargestellt und T_{λ_0} durch $\tilde{T}_{\lambda_0}$ aus (7) ersetzt wird. Es entstehen eine lokal eindeutig lösbare Operatorgleichung und die Verzweigungsgleichungen. Bei analytischem Operator F können dann die Lösung der Operatorgleichung und die Verzweigungsgleichungen in Form von $(n + 1)$-fachen Potenzreihen in den n Verzweigungsparametern und μ dargestellt werden.

Die hier vorgeschlagene Variante besteht darin, die Gleichung (3) in der Form

$$T_{\lambda_0+\mu}y := y - (\lambda_0 + \mu)\, KF'(x_0)\, y = \mu KFx_0 + (\lambda_0 + \mu)\, K\Phi(x_0; y) \tag{3''}$$

zu benutzen, und $T_{\lambda_0+\mu}$, der für $\mu = 0$ keine Inverse besitzt, durch

$$\tilde{T}_{\lambda_0+\mu} = T_{\lambda_0+\mu} + (1 + \mu\lambda_0^{-1}) \sum_{i=1}^{n} \alpha_i\langle\cdot, p_i\rangle\, \xi_i \tag{8}$$

zu ersetzen. Damit ergeben sich eine n-fache Potenzreihe in den n Verzweigungsparametern mit in μ analytischen Koeffizienten (analytische Abbildungen einer Kreisscheibe um $\mu = 0$ in den Raum X) für die Lösung der Operatorgleichung und n-fache Potenzreihen mit in μ im klassischen Sinn analytischen Koeffizienten für die Verzweigungsgleichungen.

3. In (3″) wird $T_{\lambda_0+\mu}$ durch $\tilde{T}_{\lambda_0+\mu}$ ersetzt (nach (8)), und es werden die Verzweigungsparameter $z_i = (1 + \mu\lambda_0^{-1})\, \langle y, p_i\rangle$, $i = 1, \dots, n$, eingeführt. Es entsteht das System

$$\tilde{T}_{\lambda_0+\mu}y = \mu KFx_0 + \sum_{i=1}^{n} \alpha_i z_i \xi_i + (\lambda_0 + \mu)\, K\Phi(x_0; y)\,, \tag{9'}$$

$$z_j = (1 + \mu\lambda_0^{-1})\, \langle y, p_j\rangle\,, \qquad j = 1, \dots, n\,. \tag{9''}$$

Lemma 1: *Das System* (9′), (9″) *ist der Gleichung* (3) *äquivalent.*

Der Beweis des Lemmas ist in beiden Richtungen offensichtlich.

Über die Auflösbarkeit der Gleichung (9′) besteht der folgende

Satz 1: (1) *F sei analytisch*[2]) *in der Kugel* $S(x_0, r) \subset X$, $r > 0$.
(2) *Voraussetzung* II) *sei erfüllt.*

Dann existieren Zahlen $\varrho_0 > 0$ *und* $r_i(\mu) > 0$, $i = 1, \dots, n$, *derart, daß die Gleichung* (9′) *für jedes* μ *mit* $|\mu| < \varrho_0$ *und für jedes* z *mit* $|z_i| < r_i(\mu)$, $i = 1, \dots, n$, *genau eine Lösung besitzt. Diese Lösung ist im Polyzylindergebiet* $|z_i| < r_i(\mu)$ *analytisch*[3]) *und somit in einer absolut konvergenten Potenzreihe darstellbar:*

$$y(\mu; z_1, \dots, z_n) = \sum_{\sum_{i=1}^{n} k_i \geqq 0} B_{k_1\dots k_n}(\mu)\, z_1^{k_1} \dots z_n^{k_n}\,. \tag{10}$$

Die $B_{k_1\dots k_n}(\mu)$ *sind Operatoren, die die Kreisscheibe* $|\mu| < \varrho_0$ *in den Raum* X *abbilden.*

---

[2]) Siehe WAINBERG, TRENOGIN [W1]; HILLE, PHILLIPS [H2]; DIEUDONNÉ [D3] und SPARING [S4]. Folgende Definitionen der *Analytizität eines Operators* mit einem abstrakten Argument an einem Punkt einer offenen Menge des Definitionsbereiches sind äquivalent:

1. F ist in einer Umgebung des Punktes in eine absolut konvergente F-Potenzreihe (FRÉCHET-Polynome) entwickelbar:

$$F(x_0 + h) = F(x_0) + \sum_{k=1}^{\infty} F_k(x_0)\, h^k\,, \qquad ||h|| < \alpha\,, \qquad \alpha > 0\,.$$

2. F ist im Punkt beliebig oft FRÉCHET-differenzierbar und in einer Umgebung des Punktes in eine gleichmäßig konvergente F-Potenzreihe entwickelbar (TAYLOR-Reihe).

3. F ist in einer Umgebung des Punktes einmal FRÉCHET-differenzierbar, falls X und Y komplexe BANACH-Räume sind.

Die Verwendung von komplexen BANACH-Räumen und die Voraussetzung I) bedeuten somit die Analytizität des Operators F in jedem Punkt der Kugel $S(x_0, r)$, d. h. in $S(x_0, r)$.

[3]) Die Analytizität eines Operators $f(x_1, \dots, x_r)$ mit mehreren abstrakten Argumenten an einem Punkt $(x_1^0, \dots, x_r^0) \in \Omega_1 \times \dots \times \Omega_r$, Ω_i offene Menge im BANACH-Raum X_i, $f\colon \Omega_1 \times \dots \times \Omega_r \to Y$, Y B-Raum, bedeutet, die Reihe

$$f((x_1^0, \dots, x_r^0) + (h_1, \dots, h_r)) = \sum_{i_1=0}^{\infty} \dots \sum_{i_r=0}^{\infty} \varphi_{i_1\dots i_r}(h_1, \dots, h_r)$$

ist absolut konvergent für $||(h_1, \dots, h_r)|| < \beta$, $\beta > 0$. Dabei sind die $\varphi_{i_1\dots i_r}$ homogene Polynomoperatoren in $(h_1, \dots, h_r)$ vom Grad i_1 in $h_1, \dots, i_r$ in h_r. Die Reihe kann auch in umgeordneter Form

$$f((x_1^0, \dots, x_r^0) + (h_1, \dots, h_r)) = \sum_{\sum i_k \geqq 0} \varphi_{i_1\dots i_r}(h_1, \dots, h_r)$$

geschrieben werden und ist auch gleichmäßig konvergent. Analytizität in einem Gebiet $\Omega_1 \times \dots \times \Omega_r$ bedeutet Analytizität in jedem Punkt des Gebietes.

Zum Beweis wird der folgende Satz (vgl. MICHAL, CLIFFORD [M3]; WAINBERG, TRENOGIN [W1]; SPARING [S4]) herangezogen.

Satz A: *$\mathfrak{X}$, $\mathfrak{Y}$, $\mathfrak{Z}$ seien komplexe Banach-Räume. $P(x, y)$ sei ein Operator, der $\mathfrak{X} \times \mathfrak{Y}$ in $\mathfrak{Z}$ abbildet. Gesucht ist ein Operator $y = f(x)$ $(\mathfrak{X} \to \mathfrak{Y})$ derart, daß er die Gleichung $P(x, y) = \theta$ löst, d. h. es gilt $P(x, f(x)) \equiv \theta$.*
Unter den Voraussetzungen
1. *$P(x, y)$ sei in $S(x_0, D_1) \times S(y_0, D_2) \subset \mathfrak{X} \times \mathfrak{Y}$ analytisch, $D_1 > 0$, $D_2 > \theta$,*
2. *$P(x_0, y_0) = \theta$,*
3. *$P_y(x_0, y_0)$ besitze eine lineare (beschränkte) Inverse*

$$P_y^{-1}(x_0, y_0) \in [\mathfrak{Z} \to \mathfrak{Y}]\,,$$

gelten die Aussagen: Es existieren $d_1 > 0$, $d_2 > 0$ $(D_j \geqq d_j,\ j = 1, 2)$, so daß in $S(x_0, d_1)$ genau ein Operator $f(x)$ definiert ist, der in $S(y_0, d_2)$ abbildet und folgende Eigenschaften hat:
a) *$f(x)$ löst die Gleichung $P(x, y) = \theta$, d. h. es gilt*

$$P(x, f(x)) = \theta \quad \text{für alle} \quad x \in S(x_0, d_1);$$

b) *$f(x)$ ist analytisch in $S(x_0, d_1)$ und $f(x_0) = y_0$.*

Die Auflösung der Gleichung (9′) erfolgt in zwei Schritten.

Lemma 2: *$B_0(\mu)$ sei Lösung der Gleichung*

$$E(\mu; B_0) := \widetilde{T}_{\lambda_0+\mu}B_0 - \mu KFx_0 - (\lambda_0 + \mu)\, K\Phi(x_0; B_0) = \theta\,. \tag{11}$$

Löst $h(z, \mu)$ die Gleichung

$$H(\mu, z; h) := \widetilde{T}_{\lambda_0+\mu}h - \sum_{i=1}^{n} \alpha_i z_i \xi_i - (\lambda_0 + \mu)\, K[\Phi(x_0; B_0 + h) - \Phi(x_0; B_0)] = \theta\,, \tag{12}$$

so ist $y = B_0 + h$ Lösung der Gleichung

$$G(\mu, z; y) := \widetilde{T}_{\lambda_0+\mu}y - \sum_{i=1}^{n} \alpha_i z_i \xi_i - \mu KFx_0 - (\lambda_0 + \mu)\, K\Phi(x_0; y) = \theta\,. \tag{9'}$$

Löst y die Gleichung (9′), dann $h = y - B_0$ die Gleichung (12).

Der Beweis erfolgt durch Umrechnung der Gleichungen.

Lemma 3: *$B_0(\mu)$ sei aus (11) für $|\mu| < \varrho_0$ eindeutig bestimmt und desgleichen $h(z, \mu)$ aus (12) für $|\mu| < \varrho_0$ und $|z_i| < r_i(\mu)$, $i = 1, \ldots, n$. Dann gibt es genau eine Lösung $y(z, \mu)$ der Gleichung (9′) für $|\mu| < \varrho_0$ und $|z_i| < r_i(\mu)$.*

Beweis: Es seien $y, \bar{y}$ zwei verschiedene Lösungen von (9′). B_0 ist die eindeutig bestimmte Lösung von (11). Nach Lemma 2 sind dann $h = y - B_0$ und $\bar{h} = \bar{y} - B_0$ Lösungen von (12). Wegen der Einzigkeit der Lösung der Gleichung (12) gilt $h = \bar{h}$, woraus $y = \bar{y}$ folgt.

Es wird nun gezeigt: Die Gleichungen (11) und (12) besitzen genau eine Lösung B_0 für $|\mu| < \varrho_0$ bzw. h für $|\mu| < \varrho_0$ und $|z_i| < r_i(\mu)$; diese sind in den genannten Bereichen analytisch. Mit Hilfe der Lemmata 2 und 3 ergibt sich dann die Behauptung des Satzes 1.

4. Für die Untersuchung der Gleichung (11) mit Hilfe des Satzes A werden $\mathfrak{X} = \mathbb{R}$, $\mathfrak{Y} = X$, $\mathfrak{Z} = X$ (E entspricht P und (μ, B_0) dem (x, y)) gesetzt. Aus (11) folgt für $\nu \in \mathbb{R}$ und $g \in X$ mit hinreichend kleinem $||g||$

$$E(\mu + \nu, y + g) = \widetilde{T}_{\lambda_0+\mu+\nu}(y + g) - (\mu + \nu)\, KFx_0 - (\lambda_0 + \mu + \nu)\, K\Phi(x_0; y + g)\,.$$

Aufgrund der Analytizität von F in $S(x_0, r)$ gibt es ein r_0, $0 < r_0 \leqq r$, derart, daß die Reihe für $\Phi(x_0; y + g)$ für $||y + g|| < r_0 \leqq r$ absolut konvergiert. Wird (μ, y) aus $S_{\mathbb{R}}(0, D_1) \times S_X(\theta, r_0)$ beliebig fixiert, dann konvergiert die Reihe $\Phi(x_0; y + g)$ für alle g mit $||g|| < \frac{1}{2}(r_0 - ||y||)$. Die Differenz

$$\begin{aligned} E(\mu + \nu, y + g) - E(\mu, y) = {} & \Big[-KFx_0 - KF'(x_0)\, y + \lambda_0^{-1} \sum_{i=1}^{n} \alpha_i \langle y, p_i\rangle\, \xi_i - K\Phi(x_0; y)\Big]\nu + T_{\lambda_0+\mu}g - \\ & - \nu KF'(x_0)\, g + \nu\lambda_0^{-1} \sum_{i=1}^{n} \alpha_i \langle g, p_i\rangle\, \xi_i - (\lambda_0 + \mu + \nu)\, K[\Phi(x_0; y + g) - \Phi(x_0; y)] \end{aligned} \tag{13}$$

wird mit Hilfe von

$$\Phi(x_0; y + g) - \Phi(x_0; y) = [F'(x_0 + y) - F'(x_0)]\, g + \Phi(x_0 + y; g)\,, \tag{14}$$

welches aus den Differenzierbarkeitseigenschaften von F in $S(x_0, r)$ für beliebiges y mit $||y|| < r_0$ und für g mit $||g|| < \frac{1}{2}(r_0 - ||y||)$ gewonnen werden kann, wie folgt weiter umgeformt:

$$\begin{aligned} E(\mu + \nu, y + g) - E(\mu, y) = {} & \Big[-KFx_0 - KF'(x_0)\, y + \lambda_0^{-1} \sum_{i=1}^{n} \alpha_i \langle y, p_i\rangle\, \xi_i - K\Phi(x_0; y)\Big]\nu + \\ & + \widetilde{T}_{\lambda_0+\mu}g - (\lambda_0 + \mu)\, K[F'(x_0 + y) - F'(x_0)\,]\, g + \\ & + \nu\lambda_0^{-1} \sum_{i=1}^{n} \alpha_i \langle g, p_i\rangle\, \xi_i - \nu KF'(x_0 + y)\, g - (\lambda_0 + \mu + \nu)\, K\Phi(x_0 + y; g)\,. \end{aligned} \tag{15}$$

Diese Darstellung ist nach den linearen Gliedern in v und g, den bilinearen in v und g und den entsprechenden nichtlinearen Termen geordnet. $\Phi(x_0 + y; g)$ ist eine nach g-Potenzen fortschreitende Reihe, die wegen der Analytizität von F an der Stelle $x_0 + y \in S(x_0, r)$ für hinreichend kleines $||g||$ absolut konvergent ist. (15) ist somit die Entwicklung von $E(\mu + v, y + g)$ in eine absolut konvergente Potenzreihe nach (v, g)-Potenzen. Die Entwicklungsstelle (μ, y) war in $S_{\mathbb{R}}(0, D_1) \times S_X(\theta, r_0)$ $(D_1 > 0)$ beliebig) gewählt worden. Dieses bedeutet die Analytizität von $E(\mu, y)$ in $S_{\mathbb{R}}(0, D_1) \times S_X(\theta, r_0)$. Damit erfüllt $E(\mu, y)$ die Voraussetzung 1) des Satzes A an der Stelle $(0, \theta)$.

Am Punkt $(0, \theta)$ gilt auch $E(0, \theta) = \theta$, d. h. Voraussetzung 2) des Satzes A.

Aus (15) ergibt sich für die partielle Ableitung $E_y(\mu, y)$ mit $(\mu, y) \in S_{\mathbb{R}}(0, D_1) \times S_X(\theta, r_0)$

$$E_y(\mu, y) = \widetilde{T}_{\lambda_0+\mu} - (\lambda_0 + \mu) K[F'(x_0 + y) - F'(x_0)] . \tag{16}$$

Wird in (16) $(\mu, y) = (0, \theta)$ speziell gewählt, so entsteht wegen der Stetigkeit von $\widetilde{T}_{\lambda_0+\mu}$ in μ (vgl. (5) und (8)) und der Normstetigkeit von $F'(x)$ bei x_0:

$$E_y(0, \theta) = \widetilde{T}_{\lambda_0} . \tag{17}$$

Dieser Operator besitzt nach dem Lemma von E. Schmidt einen linearen (beschränkten) Inversen. Mit (17) ist auch die Voraussetzung 3) des Satzes A verifiziert.

Damit ist Satz A auf die Gleichung (11) anwendbar. Es entsteht das Resultat: Es existiert d_1, $0 < d_1 \leqq D_1$, und (11) besitzt für alle $\mu \in S_{\mathbb{R}}(0, d_1)$ genau eine Lösung. Diese ist analytisch: es besteht die absolut konvergente Potenzreihenentwicklung

$$B_0(\mu) = \sum_{k=1}^{\infty} b_k \mu^k , \qquad b_k \in X , \qquad |\mu| < d_1 \leqq D_1 . \tag{18}$$

Da nach dem Auflösungssatz

$$B_0(0) = \theta \tag{19}$$

gilt, hat die Reihe das Absolutglied $b_0 = \theta$.

Lemma 4: *Im Spezialfall $x_0 = \theta$ gilt $B_0(\mu) \equiv \theta$.*

Beweis: Die Gleichung (11) reduziert sich wegen $KFx_0 = \theta$ (dieses gilt, weil $x_0 = \theta$ jetzt die Gleichung (2) erfüllt) auf

$$\widetilde{T}_{\lambda_0+\mu} B_0 = (\lambda_0 + \mu) K\Phi(\theta; B_0) . \tag{11'}$$

Diese Gleichung erlaubt nach der obigen Überlegung ebenfalls die Anwendung des Auflösungssatzes, d. h. die für alle μ vorliegende Lösung $B_0(\mu) = \theta$ ist für $\mu \in S_{\mathbb{R}}(0, d_1)$ die einzige.

Der Spezialfall der Verzweigung der trivialen Lösung $x_0 = \theta$ fügt sich in den Auflösungsvorgang insofern ein, daß $y = h$ gilt.

5. Der Satz A wird nun auf die Gleichung (12) in dem Sinn angewendet, daß sie für beliebig fixierten Parameter $\mu \in S_{\mathbb{R}}(0, \varrho_0)$, $0 < \varrho_0 \leqq d_1$, ϱ_0 ist noch näher zu beschreiben, bei bekanntem $B_0(\mu)$ nach h aufgelöst wird. Dabei werden identifiziert: $\mathfrak{X} = \mathbb{R}^n$ (komplex), $\mathfrak{Y} = \mathfrak{Z} = X$.

Die zweite Voraussetzung des Auflösungssatzes ist an der Stelle $(z, h) = (\theta, \theta)$ erfüllt (für alle μ).

Um die erste Voraussetzung zu verifizieren, ist für $\mu \in S_R(0, \varrho_0)$ die Analytizität in $(z, h) \in S_{R^n}(\theta, \Delta_1) \times S_X(\theta, \Delta_2)$, $\Delta_1, \Delta_2 > 0$, zu beweisen. Δ_1, Δ_2 sind noch anzugeben. Es gilt

$$H(\mu; z + v, h + k) - H(\mu; z, h) =$$
$$= \widetilde{T}_{\lambda_0+\mu} k - \sum_{i=1}^{n} \alpha_i v_i \xi_i - (\lambda_0 + \mu) K[\Phi(x_0; B_0 + h + k) - \Phi(x_0; B_0 + h)] . \tag{20}$$

$\Phi(x_0; B_0 + h + k)$ und $\Phi(x_0; B_0 + h)$ sind absolut konvergente Potenzreihen in $B_0 + h + k$ bzw. $B_0 + h$, falls $||B_0 + h + k|| < r_0$ bzw. $||B_0 + h|| < r_0$ gelten. Es wird $||h|| < \frac{1}{2} r_0 = \Delta_2$ gewählt und $||B_0(\mu)|| < \frac{1}{2} r_0$ gefordert. Letzteres ist wegen der Darstellung (18) von B_0 für alle μ mit $|\mu| < \varrho_1 \leqq d_1$ realisierbar. (μ ist jetzt aus $S_{\mathbb{R}}(0, \varrho_1)$ beliebig fixiert.) Es gelten dann $||B_0 + h|| < r_0$ und mit $||k|| < \frac{1}{2} (r_0 - ||B_0 + h||)$ auch $||B_0 + h + k|| < r_0$. Für $\Delta_1 > 0$ beliebig fest wird $(z, h) \in S_{\mathbb{R}^n}(\theta, \Delta_1) \times S_X(\theta, \frac{1}{2} r_0)$ gewählt.

Die Relation (14) lautet für $y = B_0 + h$ und $g = k$

$$\Phi(x_0; B_0 + h + k) - \Phi(x_0; B_0 + h) = [F'(x_0 + B_0 + h) - F'(x_0)] k + \Phi(x_0 + B_0 + h; k) , \tag{21}$$

und sie ist mit den oben getroffenen Abschätzungen sinnvoll.

Aus (20) entsteht unter Verwendung von (21):

$$H(\mu; z + v, h + k) - H(\mu; z, h) = \widetilde{T}_{\lambda_0+\mu} k - (\lambda_0 + \mu) K[F'(x_0 + B_0 + h) - F'(x_0)] k -$$
$$- \sum_{i=1}^{n} \alpha_i v_i \xi_i - (\lambda_0 + \mu) K\Phi(x_0 + B_0 + h; k) . \tag{22}$$

Das ist eine Potenzreihe mit der Entwicklungsstelle (z, h) nach (v, k)-Polynomen. Sie ist absolut konvergent für beliebiges $v \in \mathbb{R}^n$ (daher Δ_1 beliebig wählbar) und k mit hinreichend kleinem $||k||$. Damit ist $H(\mu; z, h)$ für jedes $\mu \in S_{\mathbb{R}}(0, \varrho_1)$ analytisch in jedem Punkt $(z, h) \in S_{\mathbb{R}^n}(\theta, \Delta_1) \times S_X(\theta, \frac{1}{2} r_0)$.

Um die dritte Voraussetzung des Satzes A zu verifizieren, wird aus (22) abgelesen:

$$H_h(\mu; \theta, \theta) = \widetilde{T}_{\lambda_0+\mu} - (\lambda_0 + \mu) K[F'(x_0 + B_0) - F'(x_0)] \in [X \to X] . \tag{22A}$$

Es kann nun die Abschätzung

$$\|H_h(\mu;\theta,\theta)-\tilde{T}_{\lambda_0}\|_{[X\to X]}\leqq\|\tilde{T}_{\lambda_0}^{-1}\|^{-1}\quad\text{für alle } \mu \text{ mit }\quad |\mu|<\varrho_2\,,\qquad \varrho_2>0\,,$$

bewiesen werden. (Es entstehen ein mit $|\mu|$ als Faktor versehener Term, der mit $|\mu| < \varrho_2$ beschränkt bleibt, und ein weiterer, der wegen $\lim\limits_{\mu\to 0} B_0(\mu) = \theta$ für $\mu \to 0$ gegen Null strebt.) Nach einer Verallgemeinerung eines Satzes von Banach über den inversen Operator ([K1]) besitzt dann $H_h(\mu;\theta,\theta)$ wegen der Existenz von $\tilde{T}_{\lambda_0}^{-1}$ ebenfalls einen linearen (beschränkten) Inversen für alle μ mit $|\mu| < \varrho_2$.

Damit sind die Voraussetzungen des Satzes A für alle μ mit $|\mu| < \varrho_0 = \min(\varrho_1, \varrho_2)$ erfüllt. (d_1 muß in die Minimierung nicht mit einbezogen werden, da $\varrho_1 \leqq d_1$ gilt.) Die Anwendung des Satzes ergibt: *Es existiert zu jedem* $\mu \in S_{\mathbb{R}}(0, \varrho_0)$ *ein* $r(\mu) > 0$, *so daß*

$$h(\mu;z)=\sum_{\sum_{i=1}^{n}k_i\geq 1}B_{k_1\ldots k_n}(\mu)\,z_1^{k_1}\ldots z_n^{k_n}\,,\qquad h(\mu;\theta)=\theta\,,$$

in $S_{\mathbb{R}^n}(\theta, r(\mu))$ *die einzige Lösung von* (12) *und analytisch in* z *ist, d. h. die Reihe konvergiert absolut in* $\|z\| < r(\mu) \leqq \Delta_1$. Mit $\|z\| = \left[\sum\limits_{i=1}^{n} |z_i|^2\right]^{1/2}$ ist die Forderung $\|z\| < r(\mu)$ durch $|z_i| < r(\mu)/\sqrt{n} := r_i(\mu)$ realisierbar.

Die Lösung der Ausgangsgleichung ergibt sich jetzt nach Lemmata 2 und 3 als

$$y(\mu;z)=B_0(\mu)+h(\mu;z)=\sum_{k=1}^{\infty}b_k\mu^k+\sum_{\sum_{i=1}^{n}k_i\geq 1}B_{k_1\ldots k_n}(\mu)\,z_1^{k_1}\ldots z_n^{k_n}\,,\tag{23}$$

und sie besitzt die im Satz 1 genannten Eigenschaften, womit dieser bewiesen ist.

6. Im folgenden Satz wird gezeigt, daß das Konvergenzgebiet von (23) bezüglich z auch unabhängig von μ konstruiert werden kann (bei einer eventuellen weiteren Einschränkung des $|\mu|$). Dabei ergibt sich, daß die Lösung (23) auch in μ analytisch ist.

Satz 2: *Unter den Voraussetzungen* (1), (2) *des Satzes* 1 *gilt: Es existieren* $\varrho^* > 0$, $R > 0$, *so daß* $y(\mu; z)$ *analytisch im Polyzylindergebiet* $|\mu| < \varrho^*$, $|z_i| < R$, $i = 1, \ldots, n$, *ist. Insbesondere sind die* $B_{k_1\ldots k_n}(\mu)$ *analytische Abbildungen der Kugel* $S_{\mathbb{R}}(0; \varrho^*)$ *in den Raum* X.

Beweis: Gleichung (9') wird jetzt in der Form

$$U(\bar z,\bar y):=\tilde{T}_{\lambda_0+\mu}\bar y-\mu KFx_0-\sum_{i=1}^{n}\alpha_i z_i\xi_i-(\lambda_0+\mu)\,K\Phi(x_0;\bar y)=\theta\tag{24}$$

geschrieben, wobei U eine Abbildung des $\mathbb{R}^{n+1} \times X$ in den Raum X darstellt. (Um das zu Satz 1 unterschiedliche Vorgehen hervorzuheben, wird y durch die veränderte Bezeichnung $\bar y$ ersetzt). Gesucht ist $\bar y(\bar z)$, $\bar z = (\mu; z_1, \ldots, z_n) \in \mathbb{R}^{n+1}$, in der Umgebung des Punktes $\bar z = 0$. Zur Anwendung des Satzes A werden gesetzt: $\mathfrak{X} = \mathbb{R}^{n+1}$, $\mathfrak{Y} = \mathfrak{Z} = X$. Die zweite Voraussetzung des Satzes A ist an der Stelle $(\bar z, \bar y) = (\theta, \theta)$ erfüllt.

Die Analytizität des Operators U ist in einem Gebiet $S_{\mathbb{R}^{n+1}}(\theta, R_1) \times S_X(\theta, R_2)$, $R_1, R_2 > 0$, zu verifizieren. Es gilt:

$$U(\bar z,\bar y)=E(\mu,\bar y)-\sum_{i=1}^{n}\alpha_i z_i\xi_i\,.$$

Mit $\bar v = (\nu; v_1, \ldots, v_n)$ entsteht

$$U(\bar z+\bar v,\bar y+g)-U(\bar z,\bar y)=E(\mu+\nu,\bar y+g)-E(\mu,\bar y)-\sum_{i=1}^{n}\alpha_i v_i\xi_i\,.\tag{25}$$

Unter Berücksichtigung von (15) stellt (25) die Potenzreihenentwicklung von U nach $(\bar v, g)$-Potenzen an der Entwicklungsstelle $(\bar z, \bar y) \in S_{\mathbb{R}^{n+1}}(\theta, R_1) \times S_X(\theta, r_0)$ mit $R_1 > 0$ beliebig fixiert dar. Die Reihe ist in $\bar v$ und $g \in X$ mit hinreichend kleinem $\|g\|$ absolut konvergent. U ist also in dem oben genannten Gebiet mit $R_2 = r_0$ analytisch.

Aus (17) und der obigen Beziehung zwischen U und E folgt

$$U_{\bar y}(\theta,\theta)=\tilde{T}_{\lambda_0}\,,$$

d. h. es existiert $U_{\bar y}(\theta, \theta)^{-1}$ und ist linear und beschränkt.

Damit sind alle Voraussetzungen zur Anwendung des Satzes A erfüllt. Es existieren also R_1', R_2', $0 < R_1' \leqq R_1$, $0 < R_2' \leqq r_0$, so daß

$$\bar y(\mu;z_1,\ldots,z_n)=\sum_{\sum_{i=0}^{n}k_i\geq 0}B_{k_0k_1\ldots k_n}\mu^{k_0}z_1^{k_1}\ldots z_n^{k_n}\tag{26}$$

für $\bar z \in S_{\mathbb{R}^{n+1}}(\theta, R_1')$ die einzige Lösung der Gleichung (24) ist. Die Reihe konvergiert für $\|\bar z\| < R_1'$ absolut. $\bar y(\bar z)$ ist in der Kugel $S_{\mathbb{R}^{n+1}}(\theta, R_1')$ analytisch. Es gelten $\|\bar y\| < R_2'$ und $B_{0\ldots 0} = \theta$.

Die absolute Konvergenz der Reihe (26) ist gesichert, falls $|\mu| < R_1'/\sqrt{n+1}$ und $||z|| < R_1' \sqrt{n}/\sqrt{n+1}$ gewählt werden. Insbesondere konvergiert dann jede in der iterierten Reihe

$$\bar{y}(\bar{z}) = \sum_{\sum_{i=1}^{n} k_i \geq 0} \left(\sum_{k_0=0}^{\infty} B_{k_0 k_1 \dots k_n} \mu^{k_0} \right) z_1^{k_1} \dots z_n^{k_n} \tag{27}$$

enthaltene Reihe

$$\bar{B}_{k_1 \dots k_n}(\mu) = \sum_{k_0=0}^{\infty} B_{k_0 k_1 \dots k_n} \mu^{k_0}, \qquad \sum_{i=1}^{n} k_i \geq 0 \tag{28}$$

absolut für $|\mu| < R_1'/\sqrt{n+1}$ (vgl. [D3]). Wegen der eindeutigen Bestimmtheit der Lösungen der Gleichungen (9') bzw. (24) stimmen für $|\mu| < \varrho^* = \min(\varrho_0, R_1'/\sqrt{n+1})$ die beiden Lösungen (23) und (27) überein. Nach dem Identitätssatz für Potenzreihen (vgl. [D3]) gelten dann für die Koeffizienten der Reihe (23)

$$\begin{aligned} B_{k_1 \dots k_n}(\mu) &= \bar{B}_{k_1 \dots k_n}(\mu), \qquad \sum_{i=1}^{n} k_i \geq 1, \\ B_0(\mu) &= \bar{B}_{k_1 \dots k_n}(\mu), \qquad k_1 = \quad = k_n = 0. \end{aligned} \tag{29}$$

Da die Reihe (27) jedoch für $||z|| < R_1' \sqrt{n}/\sqrt{n+1}$ absolut konvergiert, ist dieses wegen (29) auch bei der Reihe (23) der Fall. Damit ist bezüglich z für diese Reihe ein Konvergenzgebiet angegeben, das von μ unabhängig ist. Es kann $R = R_1'/\sqrt{n+1}$ gesetzt werden. (29) und (28) sichern auch die Analytizität der $B_{k_1 \dots k_n}(\mu)$ in $S_{\mathbb{R}}(0, \varrho^*)$. $B_0(\mu)$ ergab sich bereits unter 4. als analytisch.

7. Mit Lemma 1 ergibt sich für eine beliebige Lösung y_α von (3) mit $\lim_{\mu \to 0} y_\alpha(\mu) = \theta$: die Verzweigungsgleichungen (9'') besitzen dazu eine Lösung $z_\alpha((\mu) = (z_{1\alpha}(\mu), \dots, z_{n\alpha}(\mu))$ mit $\lim_{\mu \to 0} z_\alpha(\mu) = \theta$. (Dabei werden die Gestalt dieser Gleichungen und die Stetigkeit der Funktionale p_j benutzt.) Umgekehrt ergibt jedes Lösungstupel $z_\alpha(\mu)$ von (9'') mit $\lim_{\mu \to 0} z_\alpha(\mu) = \theta$ genau eine Lösung y_α mit $\lim_{\mu \to 0} y_\alpha(\mu) = \theta$. Für die Bestimmung der $y_\alpha(\mu)$ aus System (9) sind also die „kleinen" Wurzeln von (9'') erforderlich.

Es werden eingeführt:

$$V^{(j)}(z, \mu) := (1 + \mu\lambda_0^{-1}) \langle y, p_j \rangle - z_j, \qquad j = 1, \dots, n. \tag{30}$$

Die $V^{(j)}(z, \mu)$ heißen *Verzweigungsfunktionen*. Unter Beachtung von (10) können sie in der Form

$$V^{(j)}(z, \mu) = \sum_{\sum_{i=1}^{n} k_i \geq 0} L_{k_1 \dots k_n}^{(j)}(\mu) \, z_1^{k_1} \dots z_n^{k_n}, \qquad j = 1, \dots, n, \tag{31}$$

mit

$$L_{k_1 \dots k_n}^{(j)}(\mu) = (1 + \mu\lambda_0^{-1}) \begin{cases} \langle B_{k_1 \dots k_n}(\mu), p_j \rangle - \delta_{ij}, & \text{falls } \sum_{r=1}^{n} k_r = 1: \\ k_i = 1, k_r = 0 & \text{für alle } r \neq i, \quad i = 1, \dots, n, \\ \langle B_{k_1 \dots k_n}(\mu), p_j \rangle, & \text{falls } \sum_{r=1}^{n} k_r = 0, \quad \sum_{r=1}^{n} k_r > 1; \quad j = 1, \dots, n, \end{cases} \tag{32}$$

geschrieben werden.

Aus dieser Darstellung, Satz 2 und der Stetigkeit der p_j folgt

Satz 3: *Unter den Voraussetzungen* 1), 2) *aus Satz* 1 *sind die* $V^{(j)}(z, \mu)$ *im Polyzylindergebiet* $|\mu| < \varrho^*$, $|z_i| < R$ *analytisch. Insbesondere sind die Koeffizienten* $L_{k_1 \dots k_n}^{(j)}(\mu)$ *analytische Abbildung der Kugel* $S_{\mathbb{R}}(0, \varrho^*)$ *in den* $\mathbb{R}$.

Diese Eigenschaften und die Kenntnis der $L_{k_1 \dots k_n}^{(j)}(\mu)$ und $B_{k_1 \dots k_n}(\mu)$ sind für die Konstruktion der Wurzeln $z_\alpha(\mu)$ und der Lösung $y_\alpha(\mu)$ erforderlich, daher erfolgt die Herleitung von Rekursionen.

Eine weitere wichtige Aufgabe wird darin bestehen, Konvergenzgebiete der Reihen für $y(\mu; z)$ (10) und $V^{(j)}(z, \mu)$ durch den Einsatz von Majorantenmethoden explizit mit Hilfe der Voraussetzungen aus Satz 1 anzugeben. Für die numerische Auswertung der Rekursion ist dieses von Bedeutung.

8. Die Herleitung der Rekursionsformel für die Koeffizienten der Reihe (10) bzw. (23) erfolgt in zwei Schritten. Unter der Annahme $B_0(\mu) = B_{0 \dots 0}(\mu)$ sei aus (11) bestimmt, wird aus der Gleichung (12) eine Rekursion für die $B_{k_1 \dots k_n}(\mu)$, $\sum_{r=1}^{n} k_r \geq 1$, d. h. für die Koeffizienten von $h(\mu; z)$ gewonnen, in die $B_0(\mu)$ eingeht. Mit der beschriebenen Verfahrensweise kann ebenso eine Rekursion für die b_k (18) konstruiert werden (vgl. [M1]), so daß die Annahme über $B_0(\mu)$ gerechtfertigt ist.

Die Relation (14) wird mit $y = B_0$ und $g = h$ zur Umformung von (12) benutzt. Mit der Bezeichnung (vgl. (22A))

$$V_{\lambda_0+\mu}[x_0, B_0] := H_n(\mu; \theta, \theta) = \tilde{T}_{\lambda_0+\mu} - (\lambda_0 + \mu) K[F'(x_0 + B_0) - F'(x_0)] \tag{33}$$

entsteht aus (12)

$$V_{\lambda_0+\mu}[x_0, B_0]\, h = \sum_{i=1}^{n} \alpha_i z_i \xi_i + (\lambda_0 + \mu) K\Phi(x_0 + B_0; h). \tag{34}$$

Wegen der Analytizität von F in $S(x_0, r)$ gilt

$$\Phi(x_0 + B_0; h) = \sum_{k=2}^{\infty} F_k(x_0 + B_0)\, h^k, \tag{35}$$

$F_k(x_0 + B_0)\, h^k$ Potenzoperator vom Grad k (Fréchet-Polynom).

Die Gleichung (34) besitzt nach dem Beweis von Satz 1 genau eine Lösung. Sie ist durch eine absolut konvergente Potenzreihe, $|z_i| < R$, gegeben (Satz 2). Diese darf nach homogenen Polynomen in den z_i umgeordnet werden ([D3]) und lautet:

$$h(\mu; z) = \sum_{k=1}^{\infty} Q_k(\mu; z), \tag{36}$$

mit

$$Q_k(\mu; z) = \sum_{\sum_{r=1}^{n} k_r = k} B_{k_1 \dots k_n}(\mu)\, z_1^{k_1} \dots z_n^{k_n}, \qquad k = 1, 2, \dots \tag{37}$$

Es werden zur Abkürzung die Größen

$$R_p = \sum_{j=1}^{p} Q_j, \qquad p = 1, 2, \dots, \quad \text{und} \quad T_q = \sum_{j=q}^{\infty} Q_j, \qquad q = 1, 2, \dots,$$

eingeführt. Um das Polynom Q_1 zu bestimmen, genügt es, den Ansatz

$$h = R_1 + T_2 = Q_1 + \sum_{j=2}^{\infty} Q_j$$

in die Gleichung (34) einzusetzen. Durch Vergleich der linearen Glieder in z_i ergibt sich zur Bestimmung von Q_1 die folgende lineare Operatorgleichung:

$$V_{\lambda_0+\mu}[x_0, B_0]\, Q_1(\mu; z) = \sum_{i=1}^{n} \alpha_i z_i \xi_i,$$

oder, da $V_{\lambda_0+\mu}$ für $|\mu| < \varrho^*$ eine lineare beschränkte Inverse besitzt:

$$Q_1(\mu; z) = \sum_{i=1}^{n} \alpha_i z_i V_{\lambda_0+\mu}^{-1}[x_0, B_0]\, \xi_i. \tag{38}$$

Durch den Vergleich der Koeffizienten in z_i ergibt sich aus (38)

$$B_{\underset{(i)}{0\dots 010\dots 0}}(\mu) := B_i(\mu) = \alpha_i V_{\lambda_0+\mu}^{-1}[x_0, B_0]\, \xi_i, \qquad i = 1, \dots, n. \tag{39}$$

Nun wird angenommen, daß die Koeffizienten der Polynome $Q_1, \dots, Q_{k-1}$, $k \geqq 2$, bereits bekannt sind. Um Q_k zu bestimmen,

$$h(\mu; z) = R_{k-1}(\mu; z_i) + Q_k(\mu; z) + T_{k+1}(\mu; z)$$

in die Gleichung (34) eingesetzt. Es entsteht:

$$\begin{aligned} &V_{\lambda_0+\mu}[x_0, B_0]\,(R_{k-1} + Q_k + T_{k+1}) = \\ &= \sum_{i=1}^{n} \alpha_i z_i \xi_i + (\lambda_0 + \mu) K[F_2(x_0 + B_0)(R_{k-1} + Q_k + T_{k+1})^2 + \dots + F_k(x_0 + B_0)(R_{k-1} + Q_k + T_{k+1})^k \dots]. \end{aligned} \tag{40}$$

Hier sind jetzt die homogenen Anteile vom Grad k auf der linken und rechten Seite zu vergleichen. R_{k-1} enthält nur Polynome höchstens vom Grad $k - 1$ und T_{k+1} nur Polynome mindestens vom Grad $k + 1$ in z_i.

Auf der linken Seite der Gleichung (40) sind durch $V_{\lambda_0+\mu}[x_0, B_0]\, Q_k$ alle Terme k-ten Grades in den z_i gegeben. Auf der rechten Seite der Gleichung (40) sind unter dem Operator K die entsprechenden Terme k-ten Grades in z_i aufzusammeln.

Jeder der unter K auftretenden Potenzoperatoren kann mit Hilfe des binomischen Satzes (vgl. [K3], [H2] oder [L2] in der Form

$$\begin{aligned} &F_h(R_{k-1} + T_k)^h = \\ &= F_h R_{k-1}^h + \binom{h}{1} F_h(R_{k-1}^{h-1}, T_k) + \dots + \binom{h}{l} F_h(R_{k-1}^{h-l}, T_k^l) + \dots + \binom{h}{h-1} F_h(R_{k-1}, T_k^{h-1}) + F_h T_k^h \end{aligned}$$

geschrieben werden.

Durch eine Abschätzung ergibt sich für $h \geqq 2$ und $l \geqq 1$, daß der Potenzoperator $F_h(R_{k-1}^{h-l}, T_k^l)$ den Mindestgrad größer als in den z_i besitzt. Damit braucht nur noch $F_h(R_{k-1}^{h-l}, T_k^l)^h$ für $l = 0$ betrachtet zu werden, d. h. die Terme $F_h R_{k-1}^h$, $h \geqq 2$. Für $h > k$ enthalten sie aber nur Terme vom Mindestgrad größer als k. Es können also nur die Terme $F_h R_{k-1}^h$ mit $h = 2, \dots, k$ in Frage kommen. In ihnen sind alle Ausdrücke vom Grad k in den z_i enthalten. Die Anwendung des polynomischen Satzes (vgl. hierzu wieder K[3], [H2], [L2]) liefert:

$$F_h(Q_1 + \dots + Q_{k-1})^h = \sum_{\nu_1 + \dots + \nu_{k-1} = h} \frac{h!}{\prod_{\varrho=1}^{k-1} (\nu_\varrho!)} F_h\left(\prod_{\varrho=1}^{k-1} Q_\varrho^{\nu_\varrho}\right). \tag{41}$$

Für das Symbol $F_h\left(\prod_{\varrho=1}^{k-1} Q_\varrho^{\nu_\varrho}\right)$ gilt die Vereinbarung:

$$F_h\left(\prod_{\varrho=1}^{k-1} Q_\varrho^{\nu_\varrho}\right) = F_h(\underbrace{Q_1, \dots, Q_1}_{\nu_1\text{-mal}}, \dots, \underbrace{Q_{k-1}, \dots, Q_{k-1}}_{\nu_{k-1}\text{-mal}}).$$

Der h-lineare, beschränkte, symmetrische Operator $F_h\left(\prod_{\varrho=1}^{k-1} Q_\varrho^{\nu_\varrho}\right)$ ist immer homogen vom Grad $\sum_{\varrho=1}^{k-1} \varrho\nu_\varrho$ in den z_i. Falls etwa ein Q_ϱ, $\varrho = 2, \ldots, k-1$, verschwindet, dann ist $F_h\left(\prod_{\varrho=1}^{k-1} Q_\varrho^{\nu_\varrho}\right) = 0$ und liefert beim Koeffizientenvergleich keinen Beitrag.

Genügen die nichtnegativen ganzen Zahlen $\nu_1, \ldots, \nu_{k-1}$ für festes h dem Diophantischen Gleichungssystem

$$\sum_{\varrho=1}^{k-1} \nu_\varrho = h\,, \qquad \sum_{\varrho=1}^{k-1} \varrho\nu_\varrho = k \tag{42}$$

bzw. dem zu (42) äquivalenten System

$$\sum_{\varrho=1}^{k-1} \nu_\varrho = h\,, \qquad \sum_{\varrho=2}^{k-1} (\varrho - 1)\,\nu_\varrho = k - h\,, \tag{43}$$

dann ergeben diese $(k-1)$-Tupel in den $F_h(Q_1 + \ldots + Q_{k-1})^h$, $h = 2, \ldots, k$, genau die Terme vom Grad k in den z_i.

Der Ausdruck

$$\Omega_k(x_0 + B_0; \mu; z) = \sum_{h=2}^{k} \sum_{S_h^{(k)}} \frac{h!}{\prod_{\varrho=1}^{k-1} (\nu_\varrho!)} F_h(x_0 + B_0)\left(\prod_{\varrho=1}^{k-1} Q_\varrho^{S_\varrho}\right), \tag{44}$$

$$\Omega_k \in Y \qquad k = 2, 3, \ldots$$

enthält alle Glieder und nur Glieder vom Grad k in z_i unter dem Operator K aus (40), wenn die Summationsvorschrift $S_h^{(k)}$: Es ist über alle $(k-1)$-Tupel nichtnegativer ganzer Zahlen (ν_ϱ) zu summieren, die dem Diophantischen Gleichungssystem (42) bzw. (43) genügen, eingehalten wird. Somit ergibt sich aus (40) unter Berücksichtigung von (44) für die Q_k die lineare Operatorgleichung

$$V_{\lambda_0+\mu}[x_0, B_0]\, Q_k(\mu; z) = (\lambda_0 + \mu)\, K\Omega_k(x_0 + B_0; \mu; z)\,, \qquad k = 2, 3, \ldots$$

und nach Auflösung der Gleichung nach Q_k

$$Q_k(\mu; z) = (\lambda_0 + \mu)\, V_{\lambda_0+\mu}^{-1}[x_0, B_0]\, K\Omega_k(x_0 + B_0; \mu; z)\,, \qquad k = 2, 3, \ldots \tag{45}$$

Für die Berechnung von Ω_k werden nur die Koeffizienten der Polynome $Q_1, \ldots, Q_{k-1}$ verwendet. Ein Koeffizientenvergleich zur Berechnung der Koeffizienten $B_{k_1\ldots k_n}(\mu)$ ist so durchzuführen, daß man jeden Koeffizienten $B_{k_1\ldots k_n}(\mu)$ aus Q_k mit den Koeffizienten der entsprechenden z_i-Potenzen der rechten Seite von (45) vergleicht. Damit ist für die Lösung der Gleichung (34) eine Rekursionsformel hergeleitet.

9. Die Rekursionsformel (45) läßt sich auf Grund der Beziehungen (32) zwischen $L_{k_1\ldots k_n}^{(j)}(\mu)$ und $B_{k_1\ldots k_n}(\mu)$ auf die $L_{k_1\ldots k_n}^{(j)}(\mu)$ übertragen.

Für $L_{0\ldots \underset{(i)}{1} \ldots 0}^{(j)}(\mu) := L_{ji}(\mu)$ ergibt sich bei Benutzung von (32) und (39) der Ausdruck

$$L_{ji}(\mu) = (1 + \mu\lambda_0^{-1})\, \alpha_i \langle V_{\lambda_0+\mu}^{-1}[x_0, B_0]\, \xi_i, p_j\rangle - \delta_{ij}\,, \qquad i, j = 1, \ldots, n\,. \tag{46}$$

Zur Berechnung der Koeffizienten $L_{k_1\ldots k_n}^{(j)}(\mu)$, $\sum_{i=1}^{n} k_i \geqq 2$, wird jede der Verzweigungsfunktionen $V^{(j)}(z, \mu)$ nach homogenen Polynomen in den z_i umgeordnet:

$$V^{(j)}(z, \mu) = \sum_{\sum_{i=1}^{n} k_i \geqq 0} L_{k_1\ldots k_n}^{(j)}(\mu)\, z_1^{k_1} \ldots z_n^{k_n} = \sum_{k=0}^{\infty} L_k^{(j)}(\mu; z)\,. \tag{47}$$

mit

$$L_k^{(j)}(\mu; z) = \sum_{\sum_{r=1}^{n} k_r = k} L_{k_1\ldots k_n}^{(j)}(\mu)\, z_1^{k_1} \ldots z_n^{k_n}\,, \qquad k = 0, 1, \ldots$$

Diese Umordnung ist wegen der absoluten Konvergenz der Reihen (31) möglich. Der Zusammenhang zwischen den Q_k und den $L_k^{(j)}$, $k = 2, 3, \ldots$, entsteht durch (32):

$$L_k^{(j)}(\mu; z) = \lambda_0^{-1}(\lambda_0 + \mu)\, \langle Q_k(\mu; z), p_j\rangle\,, \qquad j = 1, \ldots, n; \qquad k = 2, 3, \ldots \tag{48}$$

Aus (48) und (45) folgt die Berechnungsvorschrift für die $L_k^{(j)}(\mu; z)$ aus den $Q_1, \ldots, Q_{k-1}$:

$$L_k^{(j)}(\mu; z) = \lambda_0^{-1}(\lambda_0 + \mu)^2\, \langle V_{\lambda_0+\mu}^{-1}[x_0, B_0]\, K\Omega_k(x_0 + B_0; \mu; z), p_j\rangle\,, \qquad j = 1, \ldots, n; \qquad k = 2, 3, \ldots \tag{49}$$

Die $L_{k_1\ldots k_n}(\mu)$, $\sum_{r=1}^{n} k_r = k$, werden aus (49) durch Vergleich sich entsprechender Terme, wie bei den $B_{k_1\ldots k_n}(\mu)$ beschrieben, gewonnen. Mit (49) können somit bei Kenntnis der Koeffizienten der Polynome $Q_1, \ldots, Q_{k-1}$ alle Koeffizienten des Polynoms $L_k^{(j)}$ berechnet werden.

Bemerkung: Da — wie oben erwähnt — die b_k (vgl. (18)) auch rekursiv berechnet werden können, ist es möglich, über die Umformung

$$L_{0\ldots 0}^{(j)}(\mu) = (1 + \mu\lambda_0^{-1})\, \langle B_{0\ldots 0}(\mu), p_j\rangle = (1 + \mu\lambda_0^{-1})\, \langle \sum_{k=1}^{\infty} b_k\mu^k, p_j\rangle = \sum_{k=1}^{\infty} l_k^{(j)}\mu^k\,, \qquad j = 1, \ldots, n\,, \tag{50}$$

mit

$$l_1^{(j)} = \langle b_1, p_j \rangle\,,$$
$$l_k^{(j)} = \lambda_0^{-1}\langle b_{k-1}, p_j\rangle + \langle b_k, p_j\rangle\,, \qquad k = 2, 3, \ldots\,, \qquad j = 1, 2, \ldots, n\,, \tag{51}$$

die $l_k^{(j)}$ über (51) zu berechnen und damit $L_{0\ldots0}^{(j)}(\mu)$ zu bestimmen.

10. Bei der Herleitung einiger Folgerungen aus der Rekursionsformel wird noch die Voraussetzung

$$F_2(x_0) = \ldots = F_{r-1}(x_0) = \theta\,, \qquad F_r(x_0) \neq \theta\,, \qquad r \geqq 2\,, \tag{52}$$

an den Operator F gestellt und zwischen $x_0 = \theta$ und $x_0 \neq \theta$ unterschieden:

1. $x_0 = \theta$

Zunächst sei erinnert, daß im Fall der trivialen Lösung $x_0 = \theta$ der Koeffizient $B_0(\mu)$ (Lemma 4) und wegen (50) auch die $L_{0\ldots0}^{(j)}(\mu)$ identisch verschwinden. Für $x_0 = \theta$ vereinfacht sich der Operator (33) wegen $B_0 = \theta$ zu $\widetilde{T}_{\lambda_0+\mu}$. Damit erhält (38) die Form

$$Q_1(\mu; z) = \sum_{i=1}^{n} \alpha_i z_i \widetilde{T}_{\lambda_0+\mu}^{-1} \xi_i\,. \tag{53}$$

Für die Q_k, $k \geqq 2$, läßt sich der folgende Satz beweisen, der eine Verallgemeinerung des Satzes 1 aus [V2] auf den Fall abstrakter Räume darstellt.

Satz 4: *Für die Koeffizienten der Lösung* (36) *der Gleichung* (34) *gelten unter der Voraussetzung* (52):

(1) $Q_2(\mu; z) = \ldots = Q_{r-1}(\mu; z) = \theta$.

(2) $Q_k(\mu; z) = (\lambda_0 + \mu)\, \widetilde{T}_{\lambda_0+\mu}^{-1} K F_k(\theta)\, Q_1^k(\mu; z)\,, \qquad k = r, \ldots, 2r-2.$

(3) *Zur Bestimmung von Q_k für $k > 2r-2$ wird von den Koeffizienten $Q_1, \ldots, Q_{k-1}$ nicht nur Q_1 benötigt.*

Die Aussagen des Satzes 4 lassen sich sofort auf die in (49) angegebenen Polynome $L_k^{(j)}(\mu; z)$ übertragen.

Satz 5: *Für die Polynome $L_k^{(j)}(\mu; z)$ in den Verzweigungsfunktionen* (47) *gilt unter der Voraussetzung* (52):

(1) $L_2^{(j)}(\mu; z) = \quad = L_{r-1}^{(j)}(\mu; z) = 0\,, \qquad j = 1, \ldots, n.$

(2) $L_k^{(j)}(\mu; z) = \lambda_0^{-1}(\lambda_0 + \mu)^2 \langle \widetilde{T}_{\lambda_0+\mu}^{-1} K F_k(\theta)\, Q_1^k(\mu; z), p_j\rangle\,, \qquad k = r, \ldots, 2r-2; \qquad j = 1, \ldots, n\,.$

(3) *Zur Bestimmung von $L_k^{(j)}(\mu; z)$ für $k > 2r-2$ reicht die Kenntnis von Q_1 i. a. nicht aus.*

Der Beweis ergibt sich aus (48) und Satz 4.

Das System der Verzweigungsgleichungen, das i. a. ein System transzendenter Gleichungen darstellt, ist bei weiterer Diskussion auf kleine Wurzeln in einer Umgebung von $\mu = 0$ zu untersuchen. Deshalb interessiert das Verhalten der Koeffizienten $L_{k_1\ldots k_n}^{(j)}(\mu)$ an der Stelle $\mu = 0$.

Satz 6: *Für die homogenen Polynome $L_k^{(j)}(\mu; z)$ gilt an der Stelle $\mu = 0$:*

(1) $L_{ji}(0) = 0\,, \quad i, j = 1, \ldots, n\,.$

(2) $L_k^{(j)}(0; z) = \lambda_0 \alpha_j^{-1} \langle K \Omega_k(\theta; 0; z), q_j\rangle\,, \qquad k = 2, 3, \ldots, j = 1, \ldots, n\,.$

(3) *Insbesondere gilt für $k = r, \ldots, 2r-2$ unter der Voraussetzung* (3.1)

$$L_k^{(j)}(0; z_i) = \lambda_0 \alpha_j^{-1} \langle K F_k(\theta)\, [z_1\varphi_1 + \quad + z_n\varphi_n]^k, q_j\rangle\,, \qquad j = 1, \ldots, n\,.$$

Beweis:

(1) folgt aus (46) und der sich mit Hilfe von (7) sofort ergebenden Formel

$$\alpha_j^{-1}\varphi_j = \widetilde{T}_\lambda^{-1}\, \xi_j\,, \qquad j = 1, \ldots, n\,. \tag{54}$$

(2) Nach (49) gilt

$$L_k^{(j)}(0; z) = \lambda_0 \langle V_{\lambda_0}^{-}\, K \Omega_k(\theta; 0; z), p_j\rangle \tag{55}$$

und für $\mu = 0$ ist $V_{\lambda_0} = \widetilde{T}_{\lambda_0}$ (x_0 beliebig).

Wird in der Gleichung (7) zum adjungierten Operator $\widetilde{T}_{\lambda_0}^{*}$ übergegangen und $\widetilde{T}_{\lambda_0}^{*} q_i = \theta$, $i = 1, \ldots, n$, beachtet, dann lauten die Transformationsformeln:

$$\bar{\alpha}_j^{-1} q_j = (\widetilde{T}_{\lambda_0}^{-1})^{*}\, p_j\,, \qquad j = 1, \ldots, n\,. \tag{56}$$

Mit diesen Umformungen ergibt sich aus (55) das gewünschte Resultat.

(3). Nach Satz 5 (2) ergibt sich zunächst

$$L_k^{(j)}(0; z) = \lambda_0 \langle \widetilde{T}_{\lambda_0}^{-1} K F_k(\theta)\, Q_1^k(0; z), p_j\rangle\,, \qquad j = 1, \ldots, n\,, \qquad k = r, \ldots, 2r-2\,. \tag{57}$$

(57) kann mit (56) zu

$$L_k^{(j)}(0, ; z) = \alpha_j^{-1}\lambda_0 \langle K F_k(\theta)\, Q_1^k(0; z), q_j\rangle\,, \qquad j = 1, \ldots, n; \quad k = r, \ldots, 2r-2\,, \tag{58}$$

umgeformt werden.

Aus (53) leitet sich für $Q_1(0; z)$ unter Berücksichtigung von (54) der Ausdruck

$$Q_1(0; z) = \sum_{i=1}^{n} z_i \varphi_i \tag{59}$$

her. (59) liefert mit (58) die Behauptung.

2. $x_0 \neq \theta$

Eine Übertragung der Ergebnisse der Sätze 4 und 5 gelingt hier nicht, da F im Verzweigungsfall einer nichttrivialen Lösung an der Stelle $x_0 + B_0$ betrachtet werden muß. Jedoch ist bei der Diskussion der Anzahl der Nullstellen der Verzweigungsfunktionen wieder das Verhalten der Koeffizienten $L^{(j)}_{k_1 \ldots k_n}(\mu)$ an der Stelle $\mu = 0$ interessant. Die beiden nachfolgenden Sätze geben darüber Auskunft.

Satz 7: *Für die Ausdrücke $Q_k(\mu; z)$, $k \geqq 1$, gilt für die Lösung $x_0 \neq \theta$ an der Stelle $\mu = 0$:*

(1) $Q_1(0; z) = \sum_{i=1}^{n} z_i \varphi_i$.

Unter der Voraussetzung (52) *gilt:*

(2) $Q_2(0; z) = \ldots = Q_{r-1}(0; z) = \theta$.

(3) $Q_k(0; z) = \lambda_0 \tilde{T}^{-1}_{\lambda_0} K F_k(x_0)\, Q_1^k(0; z)\,, \qquad k = r, \ldots, 2r-2$.

(4) *Zur Bestimmung von $Q_k(0; z)$ mit $k > 2r - 2$ wird von den Koeffizienten $Q_1(0; z), \ldots, Q_{k-1}(0; z)$ i. a. nicht nur $Q_1(0, z)$ benötigt.*

Beweis:

(1). Siehe (38) in Verbindung mit (33) und (54).

(2). Die $Q_k(0; z)$ können aus (45) für $\mu = 0$ berechnet werden. Wegen der Voraussetzung (52) verschwinden in Ω_k in (45) (vgl. (44)) alle Summanden für $k = 2, \ldots, r-1$.

(3) und (4). Es ist der Beweis aus Satz 4 zu übertragen.

Die im Satz 7 gewonnenen Aussagen werden auf die Koeffizientenfunktionen der Verzweigungsgleichungen an der Stelle $\mu = 0$ übertragen.

Satz 8: *An der Stelle $\mu = 0$ gilt für die Polynome $L_k^{(j)}(\mu; z)$:*

(1) $L^{(j)}_{0\ldots0}(0) = 0\,, \qquad L_{ji}(0) = 0\,, \qquad i, j = 1, \ldots, n$.

(2) $L_k^{(j)}(0; z) = \alpha_j^{-1} \lambda_0 \langle K \Omega_k(x_0; 0; z_i), q_j \rangle\,, \qquad k = 2, 3, \ldots, \qquad j = 1, \ldots, n$.

Die Aussagen

(3) $L_2^{(j)}(0; z) = \ldots = L^{(j)}_{r-1}(0; z) = 0\,, \qquad j = 1, \ldots, n$ *und*

(4) $L_k^j(0; z) = \alpha_j^{-1} \lambda_0 \langle K F_k(x_0)\, Q_1^k(0; z), q_j \rangle, k = r, \ldots, 2r-2\,,$

gelten nur unter der Voraussetzung (52).

Beweis:

(1) Ersteres folgt aus Formel (50). Für $L_{ji}(0) = 0$ werden (46) und (54) herangezogen.

(2) folgt sofort aus (49) für $\mu = 0$ und (56).

(3) und (4) folgen aus Satz 7 (2) und (3) in Verbindung mit (48) und (56).

Damit sind im Verzweigungsfall einer nichttrivialen Lösung ebenfalls Aussagen über das Verhalten der Funktionen $L^{(j)}_{k_1 \ldots k_n}(\mu)$ an der Stelle $\mu = 0$ erfolgt.

Literatur

A1 ARKER, H., Zur Verzweigung bei Operatorgleichungen mit analytischer Parameterabhängigkeit, Diss., Kassel 1978.

D1 DANCER, E. N., Bifurcation theory in real BANACH space, Proc. London Math. Soc. **23**, 699–734 (1971).

D2 DANCER, E. N., Bifurcation theory for analytic operators, Proc. London Math. Soc. **26**, 359–384 (1973).

D3 DIEUDONNÉ, J., Grundzüge der modernen Analysis. Bd. I, Berlin 1971.

H1 HAMMERSTEIN, A., Nichtlineare Integralgleichungen nebst Anwendungen, Acta Math. **54**, 117–176 (1930).

H2 HILLE, E.; PHILLIPS, R. S., Functional Analysis and Semi-Groups, New York 1957.

K1 KANTOROWITSCH, L. W.; AKILOW, G. P., Funktionalanalysis in normierten Räumen, Berlin 1978 (Übersetzung aus dem Russischen).

K2 KOSEL, U., Lösungen und Verzweigungen der Lösungen nichtlinearer Gleichungen mit HADAMARD-Integralen, Diss. (B), Halle 1976.

K3 KRASNOSELSKI, M. A., u. a., Näherungsverfahren zur Lösung von Operatorgleichungen, Berlin 1973 (Übersetzung aus dem Russischen).

L1 LICHTENSTEIN, L., Vorlesungen über einige Klassen nichtlinearer Integralgleichungen und Integro-Differentialgleichungen, Springer, Berlin 1931.

L2 LJUSTERNIK, L. A.; SOBOLEW, W. I., Elemente der Funktionalanalysis, Akademie-Verlag, Berlin 1976.

M1 MARX, B., Über Eigenschaften der Verzweigungsgleichungen im ein- und mehrdimensionalen Verzweigungsfall einer beliebigen Lösung bei HAMMERSTEINschen Operatorgleichungen, Diss. (A), Ilmenau 1978.

M2 MARX, B.; VOGEL, J., Eigenschaften der Verzweigungsgleichungen im ein- und mehrdimensionalen Verzweigungsfall bei HAMMERSTEINschen Operatorgleichungen, Wiss. Z. TH Ilmenau (1981).

M3 MICHAL, A.; CLIFFORD, M., Fonctions analytiques implicites dans les espaces vectoriels abstraits, C. R. Acad. Sci., Paris **11**, 735–737 (1933).

P1 PIMBLEY, G. H. J., Superlinear HAMMERSTEIN operators and the nonoccurence of secondary bifurcation, SIAM J. Appl. Math. **33**, 298–322 (1977).

R1 RABINOWITZ, P. H., Some aspects of nonlinear eigenvalue problems, Rocky Mountain J. Math. **3**, 161–202 (1973).

R2 RECKE, L., Sekundärbifurcation der Lösungen der KARMANschen Gleichungen für eine querbelastete elastische Rechteckplatte, Z. TMP, Karl-Marx-Stadt 1979.

S1 SATHER, D., Branching of solutions of nonlinear equations, Math. Z. **123**, 105–112 (1971).

S2 SATHER, D., Branching of solutions of nonlinear equations, Rocky Mountain J. Math. **3**, 203–250 (1973).

S3 SCHMIDT, E., Zur Theorie der linearen und nichtlinearen Integralgleichungen. III. Teil über die Auflösungen der nichtlinearen Integralgleichungen und die Verzweigung ihrer Lösungen, Math. Ann. **65**, 370–399 (1908).

S4 SPARING, H.-D., Analytische Operatoren vektorieller Veränderlicher in komplexen und reellen BANACH-Räumen (I), Wiss. Z. TH Ilmenau **24** (1978), 4, 27–46, (II), Wiss. Z. TH Ilmenau **26** (1980), 1, 53–78, (III), Wiss. Z. TH Ilmenau **26** (1980), 2, 67–82.

S5 STAKGOLD, I., Branching of solutions of nonlinear equations, SIAM Rev. **13**, 289–332 (1971).

S6 SHEARER, M., On the null spaces of linear FREDHOLM operators depending on several parameters, Math. Proc. Cambridge Philos. Soc. 84–131 (1978).

V1 VOGEL, J., Über Eigenschaften der Verzweigungsgleichung im Verzweigungsfall der trivialen Lösung bei HAMMERSTEINschen Integralgleichungen, Beiträge zur Analysis **1**, 129–136 (1968).

V2 VOGEL, J., Untersuchungen über die Anzahl der Verzweigungslösungen bei HAMMERSTEINschen Integralgleichungen im zweidimensionalen Verzweigungsfall der trivialen Lösung, Nova Acta Leopoldina, Neue Folge, Nr. **203**, Bd. 36, Leipzig 1971.

V3 VOGEL, J., Eigenschaften der Lösungsverzweigung bei HAMMERSTEINschen Operatorgleichungen, Beiträge zur Analysis, 141–144 (1976).

V4 VOGEL, J., Über eine Verzweigung der identisch verschwindenden Lösung einer Klasse nichtlinearer Integralgleichungen vom HAMMERSTEIN-Typ, ZAMM **47**, 83–90 (1967).

W1 WAINBERG, M. M.; TRENOGIN, W. A., Theorie der Lösungsverzweigung bei nichtlinearen Gleichungen, Berlin 1976 (Übersetzung aus dem Russischen).

W2 WESTREICH, D., BANACH space bifurcation theory, Trans. Amer. Math. Soc. **171**, 135–156 (1972).

W3 WESTREICH, D., Bifurcation at eigenvalues of odd multiplicity, Proc. Amer. Math. Soc. **41**, 609–614 (1973).

Z1 ZEIDLER, E., Vorlesungen über nichtlineare Funktionalanalysis. I: Fixpunktsätze, Teubner Verlagsgesellschaft, Leipzig 1976.

Eingereicht am 24. 7. 1979, korrigierte Fassung am 4. 12. 1979

Anschrift: Dr. BERND MARX, Prof. Dr. JOHANNES VOGEL, Technische Hochschule Ilmenau, Sektion Mathematik, Rechentechnik und ökonomische Kybernetik, DDR-63 Ilmenau, Am Ehrenberg, Geb. G.

ZAMM 60, 383 – 391 (1980)

W. STARK / R. WOJCIESZYNSKI

Zur Verallgemeinerung zweistufiger Differenzenverfahren für nichtlineare hyperbolische Differentialgleichungssysteme

Ausgehend von der von Lerat und Peyret entwickelten Klasse zweistufiger Differenzenverfahren zur Lösung hyperbolischer Differentialgleichungssysteme werden Berechnungsverfahren entwickelt, die aus dieser Klasse die problemorientiert-optimalen Verfahren auswählen. Die Herleitung dieser Bestimmungsgleichungen erfolgt unter Ausnutzung der Theorie der einfachen Wellen und der Charakteristiken hyperbolischer Differentialgleichungssysteme.

This paper deals with a class of two-step difference-schemes for the solution of hyperbolic differential equations introduced by Lerat and Peyret. A computing-method is developed how to choose a difference-scheme out of this class that is best for the problem. The equations for the choice of the scheme are developed by making use of the theory of simple waves and the theory of characteristics of hyperbolic differential equations.

Рассматривается предложенный Лера и Пэйрет класс двухслойных разностных схем решения гиперболических систем уравнений. Развивается численный метод выбора из класса наилучщей схемы для данной проблемы. Выбор усуществляется уравнениями, полученными с помощью теории простых волн и характеристик гиперболических уравнений.

1. Problemstellung

Gegeben sei das quasilineare partielle Differentialgleichungssystem 1. Ordnung

$$w_t + f_x(w) = 0 \qquad (x \in \mathbb{R}, t > 0) \tag{1}$$

mit Anfangswert $w(x, 0) = w^0(x)$, $x \in \mathbb{R}$. Hierbei sei

$$w := w(x, t) \in \mathbb{R}^n\,, \qquad n > 0$$

$$f := f(w) := \big(f_1(w), \dots, f_n(w)\big) \in C^1(\mathbb{R}^n, \mathbb{R}^n)$$

$$w_0 := (w_1^0, \dots, w_n^0) \in \mathbb{R}^n \text{ lokal integrierbar}\,.$$

Das System (1) sei *hyperbolisch*, das heißt, es gilt:

$$f_x(w) = \frac{\partial f(w)}{\partial x} = \frac{\partial f}{\partial w} \cdot \frac{\partial w}{\partial x} =: A(w) \cdot w_x \tag{2}$$

und die JACOBI-Matrix A von f hat genau n verschiedene, reelle Eigenwerte

$$\lambda^{(1)}(w) < \lambda^{(2)}(w) < \dots < \lambda^{(n)}(w) \quad \text{für alle} \quad w \in \mathbb{R}^n\,. \tag{3}$$

LERAT und PEYRET haben in [1] und [2] gezeigt, daß (1) sich durch eine Klasse von zweistufigen Differenzenverfahren annähern läßt, die von zwei Parametern α und β abhängig sind und die (1) mit einer Genauigkeit von 2. Ordnung (also $O(\Delta x^2 + \Delta t^2)$) berechnen. Diese Klasse, $\mathcal{S}_\beta^\alpha$ genannt, hat die allgemeine Form:

$$w_i^* = (1 - \beta) \cdot w_i^n + \beta w_{i+1}^n - \alpha\sigma(f_{i+1}^n - f_i^n)\,, \tag{4a}$$

$$w_i^{n+1} = w_i^n - \frac{\sigma}{2\alpha}\big((\alpha - \beta) f_{i+1}^n + (2\beta - 1) f_i^n + (1 - \alpha - \beta) f_{i-1}^n + f_i^* - f_{i-1}^*\big) \tag{4b}$$

mit $\alpha, \beta \in \mathbb{R}, \alpha \neq 0$ und den Definitionen (siehe Bild 1):

$$x_i := i \cdot \Delta x\,, \quad i \in \mathbb{Z}\,, \quad \Delta x > 0\,, \quad t_n := n \cdot \Delta t\,, \quad n \in \mathbb{N}\,, \quad \Delta t > 0\,, \quad \sigma := \frac{\Delta t}{\Delta x}\,;$$

w_i^n ist eine Näherung des Knotenwertes $w(x_i, t_n)$, und $f_i^n := (f w_i^n)$, $f_i^* := f(w_i^*)$.

Als Stabilitätskriterium für die Schemata $\mathcal{S}_\beta^\alpha$ gilt die Bedingung von COURANT-FRIEDRICHS-LEWY (vergleiche [3]):

$$\sigma\Lambda \leqq 1 \quad \text{mit} \quad \Lambda := \max_{1 \leqq k \leqq n} \{|\lambda^{(k)}|\}\,. \tag{5}$$

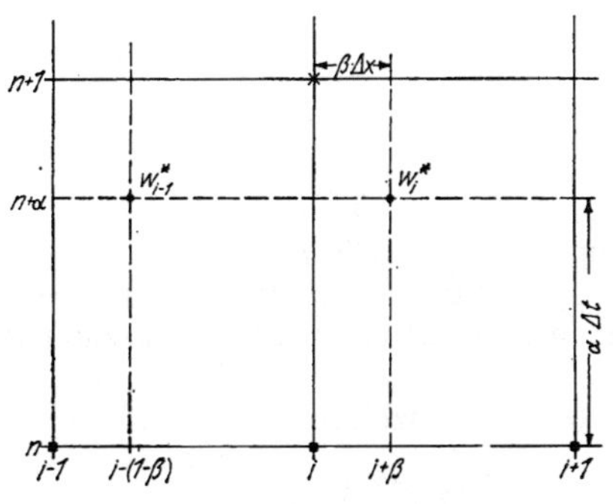

Bild 1

In $\mathcal{S}_\beta^\alpha$ sind beispielsweise die folgenden, bereits publizierten Verfahren enthalten:

$\alpha = \beta = 1/2$ von Lax und Wendroff [4];
α beliebig, $\beta = 1$ oder $\beta = 0$ von Warming, Kutler und Lomax [5];
α beliebig, $\beta = 1/2$ von Gourlay und Morris [6].

Im folgenden wollen wir nun Berechnungsverfahren entwickeln, die aus $\mathcal{S}_\beta^\alpha$ das zur Lösung des gegebenen Problems optimale Differenzenverfahren auswählen.

2. Das mit 3. Ordnung äquivalente System

Das Schema $\mathcal{S}_\beta^\alpha$ ist so konstruiert, daß es das Problem (1) mit einer Genauigkeit von 2. Ordnung diskretisiert. Lerat und Peyret [1] haben nun untersucht, welche Form ein System hat, das durch die Klasse $\mathcal{S}_\beta^\alpha$ mit einer Genauigkeit von 3. Ordnung berechnet wird:

Unter den Zusatzvoraussetzungen

$$w\colon\ \mathbb{R} \times \mathbb{R}_+ \to \mathbb{R}^n \quad \text{und} \quad w(x, t) \in C^4; \qquad f\colon\ \mathbb{R}^n \to \mathbb{R}^n \quad \text{und} \quad f(w) \in C^4$$

(jeweils lokal, also in einer Umgebung von (x, t)) können wir das System (1) in einer Umgebung der Diskretisierungspunkte (x_i, t_n) in eine Taylor-Reihe mit einem Diskretisierungsfehler der Ordnung $O(\Delta x^4 + \Delta t^4)$ entwickeln. Nach einigen rechnerischen Umformungen leiten Lerat und Peyret daraus das „mit 3. Ordnung äquivalente System" ab, das heißt, das System, das durch $\mathcal{S}_\beta^\alpha$ mit einer Genauigkeit von 3. Ordnung berechnet wird:

$$w_t + f_x = \frac{\Delta x^2}{6}\left(A\,(\sigma^2 A^2 - I)\,w_x\right)_{xx} + \sigma^2\left(f''(w)\cdot(f_x, f_x) - f''(w)\cdot(Af_x, w_x)\right)_x + \frac{3}{2\alpha}\left(f''(w)\cdot(\varphi_x^0, \varphi_x^0)\right)_x \tag{6}$$

mit $\varphi^0 := (1-\beta)\,w + \alpha\sigma f(w)$, $\varphi^1 := \beta w - \alpha\sigma f(w)$, I Einheitsmatrix im $\mathbb{R}^n$. $f''(w)$ ist hier die zur bilinearen, symmetrischen 2. Ableitung von f gehörige Hessesche Matrix, und A ist die Jacobi-Matrix von f.

Unter Ausnutzung der Symmetrie- und Bilinearitätseigenschaften der 2. Ableitung:

$$f''(w)\cdot(\varphi_x^0, \varphi_x^1) = f''(w)\cdot(\varphi_x^1, \varphi_x^0),$$

$$f''(w)\cdot(\varphi_x^0, \varphi_x^1) = \left(\frac{\partial}{\partial w} f'(w)\cdot\varphi_x^0\right)\cdot\varphi_x^1 =: B(\varphi_x^0)\cdot\varphi_x^1$$

können wir (6) nach Ausführung der Differentiation in den Klammerausdrücken umschreiben in

$$\begin{aligned} w_t + f_x = \Delta x^2 \Bigg\{ & \frac{1}{6} A(\sigma^2 A^2 - I)\,w_{xxx} + \Bigg[\frac{\sigma^2}{6}\Big(B(w_x)\,A^2 + 2\cdot AB(w_x)\,A + AB(Aw_x) + \\ & + 3A^2 B(w_x) + (2-3\alpha)\,B(Aw_x)\,A\Big) + \frac{\sigma}{4}(2\beta-1)\left(B(w_x)\,A + B(Aw_x)\right) + \\ & + \frac{1}{2}\left(\beta\frac{1-\beta}{\alpha} - 1\right)B(w_x)\Bigg]\,w_{xx} + \\ & + \Bigg[\frac{\sigma^2}{6}\left(B^2(w_x)\,A + 2AB^2(w_x) + B(w_x)\,AB(w_x) + (2-3\alpha)\,B(Aw_x)\,B(w_x)\right) + \\ & + \frac{\sigma}{4}(2\beta-1)\,B^2(w_x) + \frac{\sigma^2}{6}\left(AB_x(w_x)\,A + A^2 B_x(w_x) + \frac{2-3\alpha}{2} B_x(Aw_x)\,A\right) + \\ & + \frac{\sigma}{4}(2\beta-1)\,B_x(w_x)\,A + \frac{1}{2}\left(\beta\frac{1-\beta}{2\alpha} - \frac{1}{3}\right)B_x(w_x)\Bigg]\,w_x\Bigg\}. \end{aligned} \tag{7}$$

Die Koeffizientenfunktionen von w_{xxx} und w_{xx} stimmen mit den in [1] hergeleiteten Funktionen $\mathcal{E}_1$ und $\mathcal{E}_2$ überein, die zu w_x gehörige Koeffizientenfunktion $\mathcal{E}_3$ ist dort nicht angegeben.

Im Fall der skalaren, nichtlinearen Burger-Gleichung

$$w_t + \left(\frac{w^2}{2}\right)_x = 0 \tag{8}$$

stimmen die (nun ebenfalls skalaren) Koeffizientenfunktionen von $\partial^i/\partial x^i\, w$, $1 \leq i \leq 3$, mit den in [1] entwickelten überein.

3. Charakteristiken und einfache Wellen

Ziel unserer Betrachtungen ist es, durch einen Vergleich des äquivalenten Systems (7) mit dem System (1) Kriterien für den Fehler zu erhalten, der bei Benutzung eines Verfahrens aus $\mathcal{S}_\beta^\alpha$ entsteht. Zur Vorbereitung wollen wir zunächst einige Aussagen über Charakteristiken und einfache Wellen in Erinnerung rufen (vergleiche dazu [3] und [7]).

Unter Ausnutzung der Matrixschreibweise können wir das System (1) schreiben als

$$I\cdot w_t + A(w)\cdot w_x = 0\,. \tag{1'}$$

Sei nun $w(x, t)$ eine in einem Gebiet der (x, t)-Ebene stetig differenzierbare Lösung von (1'), und K sei eine in dem Gebiet G glatte Kurve ohne mehrfache Punkte. K sei definiert durch $t = k(x)$ mit $k\colon \mathbb{R} \to \mathbb{R}_+$ bijektiv und stetig.

Betrachten wir die Ableitungen, die $w(x, t) = w(x, k(x))$ entlang K annimmt, so erhalten wir unter Ausnutzung von

$$\frac{\mathrm{d}}{\mathrm{d}x} k(x) = \frac{\mathrm{d}t}{\mathrm{d}x}, \qquad w_t = \frac{\mathrm{d}w}{\mathrm{d}t} - s w_x \quad \text{mit} \quad s := \frac{\mathrm{d}x}{\mathrm{d}t}$$

das Gleichungssystem

$$(A - sI) \cdot w_x = -I \cdot \frac{\mathrm{d}w}{\mathrm{d}t}.$$

Da (1) hyperbolisch ist, hat die Determinantengleichung

$$\det (A - sI) = 0 \tag{9}$$

genau n verschiedene, reelle Lösungen in s. Über die Definition von s erhalten wir n (gewöhnliche) Differentialgleichungen

$$\mathrm{d}x = s^k(x, t) \cdot \mathrm{d}t\,; \qquad 1 \leqq k \leqq n\,, \tag{10}$$

und daraus die

Definition 1: Für $1 \leqq k \leqq n$ definiert die (gewöhnliche) Differentialgleichung (10) die *k-te Charakteristik* oder *charakteristische Kurve von* (1).

Auf Grund von (10) sind die Eigenwerte $\lambda^{(k)}(w)$ von A die Bilder der charakteristischen Kurven $s^{(k)}(x, t)$ im $\mathbb{R}^n$ $(1 \leqq k \leqq n)$. Fordern wir nun zusätzlich, daß w einfache Welle sei, so können wir noch folgende Eigenschaft der Charakteristiken notieren (vergleiche [1]): *In einer k-einfachen Welle ist w_x proportional zum rechten Eigenvektor $r^{(k)}$ von $\lambda^{(k)}$, das heißt, es existiert eine skalare Funktion $g = g(w)$ mit $w_x = g \cdot r^{(k)}$, $1 \leqq k \leqq n$.*

Unter Ausnutzung der Symmetrie und Bilinearität der 2. Ableitung können wir nun durch wiederholte Differentiation der Eigenwertgleichung $Ar^{(k)} = \lambda^{(k)} r^{(k)}$ nach x bzw. w die folgenden Gleichungen herleiten:

Satz 2: *w sei einfache Welle, und $l^{(k)}$ bzw. $r^{(k)}$ sei ein linker bzw. rechter Eigenvektor zum Eigenwert $\lambda^{(k)}$ von A. Dann gilt:*

a) $Aw_x = Ag(w)\, r^{(k)} = \lambda^{(k)} w_x$ (vergleiche oben);

b) $l^{(k)} B(w_x) = l^{(k)} A_x = l^{(k)} \dfrac{\partial}{\partial w} A \cdot w_x = l^{(k)} \lambda_x^{(k)}$;

c) $l^{(k)} B(Aw_x) = l^{(k)} B(\lambda^{(k)} w_x) = l^{(k)} \lambda^{(k)} \lambda_x^{(k)}$;

d) $l^{(k)} B_x(w_x)\, w_x = l^{(k)} \left(\dfrac{\partial}{\partial w} \lambda^{(k)}\right)_x w_x w_x = l^{(k)} \lambda_{xx}^{(k)} w_x - l^{(k)} \lambda_x^{(k)} w_{xx}$;

e) $l^{(k)} B_x(Aw_x)\, w_x = l^{(k)} \left(\dfrac{\partial}{\partial w} \lambda^{(k)}\right)_x \lambda^{(k)} w_x w_x = l^{(k)} \lambda_{xx}^{(k)} \lambda^{(k)} w_x - l^{(k)} \lambda_x^{(k)} \lambda^{(k)} w_{xx}$.

4. Dispersive und dissipative Eigenschaften des äquivalenten Systems

Im folgenden sei die Lösung $w(x, t)$ des äquivalenten Systems (7) eine k-einfache Welle, $1 \leqq k \leqq n$. Wir wollen dieses System weiter untersuchen, indem wir $w(x, t)$ entlang der charakteristischen Kurve $\mathrm{d}x/\mathrm{d}t = \lambda^{(k)}$ betrachten. Für dieses k seien $l^{(k)}(w)$ bzw. $r^{(k)}(w)$ die zum Eigenwert $\lambda^{(k)}(w)$ gehörigen linken bzw. rechten Eigenvektoren; sie seien ohne Beschränkung der Allgemeinheit zu $l^{(k)} \cdot r^{(k)} = 1$ normiert.

Multiplizieren wir das äquivalente System (7) mit $l^{(k)}$, so können wir (7) mittels Satz 2 in eine Gleichung mit skalaren Koeffizientenfunktionen umschreiben:

$$\begin{aligned} l^{(k)}(w_t + f_x) = \Delta x^2 \Bigg\{ & \frac{1}{6} \lambda^{(k)} \left((\sigma\lambda^{(k)})^2 - 1\right) l^{(k)} w_{xxx} + \\ & + \frac{1}{2} \left[(3 - \alpha)(\sigma\lambda^{(k)})^2 + (2\beta - 1)(\sigma\lambda^{(k)}) + \beta \frac{1-\beta}{\alpha} - 1\right] \lambda_x^{(k)} l^{(k)} w_{xx} + \\ & + \frac{\sigma}{4} [2(2-\alpha)(\sigma\lambda^{(k)}) + 2\beta - 1] (\lambda_x^{(k)})^2 l^{(k)} w_x + \\ & + \frac{1}{4} \left[(2-\alpha)(\sigma\lambda^{(k)})^2 + (2\beta - 1)(\sigma\lambda^{(k)}) + \left(\beta \frac{1-\beta}{\alpha} - \frac{2}{3}\right)\right] (\lambda_{xx}^{(k)} l^{(k)} w_x - \lambda_x^{(k)} l^{(k)} w_{xx}) \Bigg\} = \\ = \Delta x^2 [& E_1(\eta)\, l^{(k)} w_{xxx} + E_2(\eta)\, \lambda_x^{(k)} l^{(k)} w_{xx} + E_3(\eta, \lambda_x^{(k)}, \lambda_{xx}^{(k)})\, l^{(k)} w_x] \end{aligned} \tag{11}$$

mit $\eta := \eta^{(k)} := \sigma\lambda^{(k)}$ und

$$E_1(\eta) := \frac{1}{6\sigma}\eta(\eta^2 - 1), \tag{12a}$$

$$E_2(\eta) := \frac{1}{4}\left[(4 - \alpha)\eta^2 + (2\beta - 1)\eta + \beta\frac{1-\beta}{\alpha} - \frac{4}{3}\right], \tag{12b}$$

$$E_3(\eta, \lambda_x^{(k)}, \lambda_{xx}^{(k)}) := \frac{\sigma}{4}[2(2-\alpha)\eta + 2\beta - 1](\lambda_x^{(k)})^2 + \frac{1}{4}\left[(2-\alpha)\eta^2 + (2\beta - 1)\eta + \beta\frac{1-\beta}{\alpha} - \frac{2}{3}\right]\lambda_{xx}^{(k)}. \tag{12c}$$

Auf Grund der Stabilitätsforderung (5) gilt für die neu definierte Variable $\eta = \eta^{(k)}$:

$$-1 \leqq \eta^{(k)} \leqq 1 \quad \text{für} \quad 1 \leqq k \leqq n. \tag{13}$$

Da wir $w(x, t)$ ausschließlich auf der Charakteristik $\lambda^{(k)}(w) = dx/dt$ betrachten, sind die E_i, $1 \leqq i \leqq 3$, skalare Funktionen in η. Damit sind aber auch $w(x, t)$ und $\eta = \eta^{(k)}(w)$ konstant, denn in einer k-einfachen Welle sind die k-ten Charakteristiken Geraden, entlang denen die Lösung $w(x, t)$ von (1) bzw. (7) konstant ist (siehe [3]). Daraus folgt

Satz 3: *Die Koeffizientenfunktionen* (12) *des in Gleichung* (11) *umgewandelten äquivalenten Systems sind konstante, skalare Funktionen in* η.

Damit haben wir die Voraussetzungen erfüllt, unter denen der FOURIER-Sinus-Ansatz zur Lösung von (1) und (7) benutzt werden darf. Durch Vergleich dieser exakten Lösung des Ausgangssystems (1) mit der exakten Lösung des äquivalenten Systems (7) können wir nun den Fehler ermitteln, der bei Benutzung der Differenzenschemata $\mathcal{S}_\beta^\alpha$ in Amplitude (dissipativer Fehler) und Phase (dispersiver Fehler) auftritt (vergleiche [1]).

Definition 4: Die skalaren Ausdrücke

$$E_1(\eta)\, l^{(k)} r^{(k)} = E_1(\eta) \quad \text{und} \quad E_3(\eta, \lambda_x^{(k)}, \lambda_{xx}^{(k)})\, l^{(k)} r^{(k)} = E_3(\eta, \lambda_x^{(k)}, \lambda_{xx}^{(k)})$$

heißen *Koeffizienten der k-Dispersion 2. Ordnung*;

$$E_2(\eta)\, \lambda_x^{(k)} l^{(k)} r^{(k)} = E_2(\eta)\, \lambda_x^{(k)}$$

heißt *Koeffizient der k-Dissipation 2. Ordnung.*

Definition 5: Die (skalare) Eigenwertgleichung (11) heißt *in den Punkten der Charakteristik* $dx/dt = \lambda^{(k)}$ (von 2. Ordnung) *dispersiv*, in denen gilt: der dispersive Koeffizient ist ungleich 0.

Die Gleichung heißt *in den Punkten der Charakteristik* $dx/dt = \lambda^{(k)}$ (von 2. Ordnung) *dissipativ*, in denen gilt: der dissipative Koeffizient ist ungleich 0.

Ist der dissipative Koeffizient gleich 0, so heißt (11) *Null-(k-) dissipativ*.

Wir wollen nun in dem Sinne optimale Parameter α und β für die Klasse $\mathcal{S}_\beta^\alpha$ bestimmen, daß das zugehörige Differenzenschema in Phase und Amplitude möglichst genaue Ergebnisse liefert.

Im Hinblick auf den dispersiven Koeffizienten ist $\mathcal{S}_\beta^\alpha$ gut gewählt, falls dieser gleich 0 ist (keine Phasenverschiebung):

Satz 6: *α und β sind so zu bestimmen, daß für $c > 0$ gilt:*

$$|E_1(\eta) + cE_3(\eta, \lambda_x^{(k)}, \lambda_{xx}^{(k)}; \alpha, \beta)| \quad \text{minimal}.$$

Nun ist $E_1(\eta) = 1/(6\sigma)\,(\eta^3 - \eta)$ unabhängig vom speziellen Schema aus $\mathcal{S}_\beta^\alpha$; wir wollen daher den dispersiven Einfluß von E_1 als „verfahrensbedingt" akzeptieren und nur E_3 zur Bestimmung von α und β auswerten. $E_3(\eta, \lambda_x^{(k)}, \lambda_{xx}^{(k)}; \alpha, \beta)$ hängt außer von α und β noch von $\lambda_x^{(k)}$ und $\lambda_{xx}^{(k)}$ ab. Der erste Term in E_3

$$T_1 = \frac{\sigma}{4}\left(2(2-\alpha)\eta + 2\beta - 1\right)(\lambda_x^{(k)})^2 \tag{14}$$

ist in η, α und β linear; die Steigung der so definierten Geraden wird durch $2 - \alpha$ bestimmt.

Beim zweiten, quadratischen Term von E_3

$$T_2 = \frac{1}{4}\left((2-\alpha)\eta^2 + (2\beta - 1)\eta + \beta\frac{1-\beta}{\alpha} - \frac{2}{3}\right)\lambda_{xx}^{(k)} \tag{15}$$

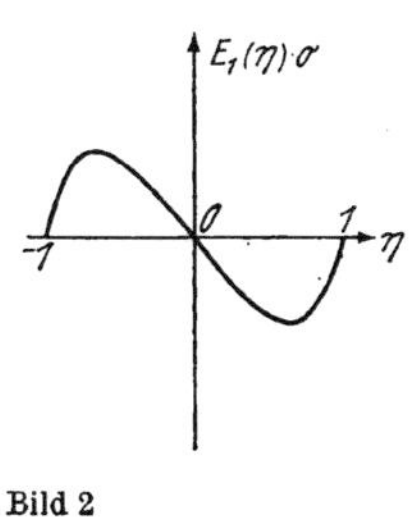

Bild 2

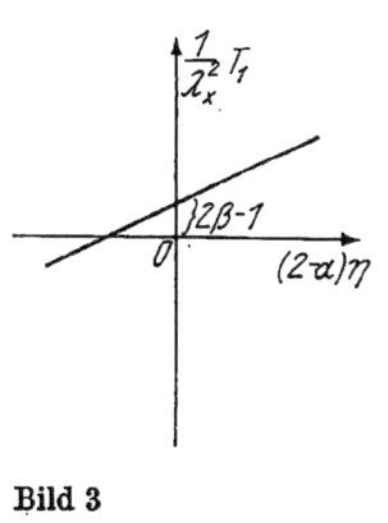

Bild 3

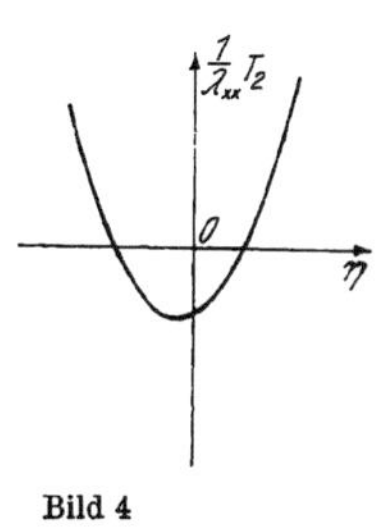

Bild 4

geht zusätzlich zu η, α und β auch das Vorzeichen von $\lambda_{xx}^{(k)}$ in den Verlauf der zugehörigen Kurve ein; $2 - \alpha$ bestimmt hier den Einfluß des quadratischen Gliedes.

Damit erhalten wir ein vereinfachtes Dispersivitätskriterium:

Satz 7: *α und β sind in Abhängigkeit von E_3 so zu bestimmen, daß gilt:*

$$|E_3(\eta, \lambda_x^{(k)}, \lambda_{xx}^{(k)}; \alpha, \beta)| \quad \textit{minimal für alle } \eta \in [-1, 1]\,.$$

Im folgenden heißt ein Verfahren bezüglich des dispersiven Koeffizienten *gut gewählt,* falls Satz 7 erfüllt ist.

Im Hinblick auf den dissipativen Koeffizienten soll ein Schema aus $\mathcal{S}_\beta^\alpha$ *gut gewählt heißen, falls das folgende Kriterium erfüllt* ist:

Satz 8: *α und β sind in Abhängigkeit von E_2 so zu bestimmen, daß gilt:*

$$E_2(\eta; \alpha, \beta)\,\lambda_x^{(k)} > 0 \quad \textit{für alle} \quad \eta \in [-1, 1] \quad \textit{und für} \quad \lambda_x^{(k)} \neq 0\,.$$

Zur Bestimmung der Parameter α und β müssen wir also eine Optimierung zwischen den aus Dispersivitäts- und Dissipativitätsforderungen entstandenen Sätzen 7 und 8 durchführen. Ein Schema aus $\mathcal{S}_\beta^\alpha$ nennen wir dann *gut gewählt, wenn es beiden Kriterien im Sinne dieser Optimierung genügt.* Über den Wertebereich der Parameter können wir schon vorweg sagen (vergleiche Bild 1):

$0 \leqq \beta \leqq 1$, sonst entsteht w^* aus einer Extrapolation, das heißt, wir erhalten durch die hierdurch bedingte Einbeziehung der benachbarten Gitterpunkte ein Mehrpunkteschema;

α unterliegt keinen Einschränkungen.

5. Lösungsmethoden für α und β

Im folgenden wollen wir berücksichtigen, daß η nur Werte aus einem Intervall $[\eta_1, \eta_2] \subset [-1, 1]$ anzunehmen braucht, und für dieses Teilintervall wollen wir die Kriterien von Satz 7 und 8 auswerten.

5.1 β_0 konstant, α variabel

Für den dissipativen Koeffizienten können wir unter den in Abschnitt 4 gemachten Voraussetzungen nun zeigen, daß zu vorgegebenem $\beta_0 \in [0, 1]$ und zu einem Teilintervall $[\eta_1, \eta_2] \subset [-1, 1]$ stets mindestens ein α existiert mit:

$$\begin{aligned} &E_2(\eta_i; \alpha, \beta_0) = 0 \quad \text{für} \quad i = 1, 2\,,\\ &E_2(\eta; \alpha, \beta_0) < 0 \quad \text{für alle} \quad \eta \in (\eta_1, \eta_2)\,,\\ &E_2(\eta; \alpha, \beta_0) > 0 \quad \text{für alle} \quad \eta \notin [\eta_1, \eta_2]\,. \end{aligned} \tag{16}$$

Diese Eigenschaften von E_2 folgen daraus, daß wir (12b) als Polynom 2. Grades in η in die Normalform einer allgemeinen Parabel

$$E_2(\eta) - E_2(\eta_s) = \frac{1}{2p}(\eta - \eta_s)^2$$

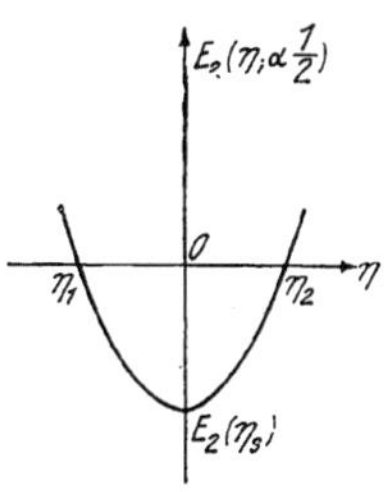

Bild 5

umschreiben können mit dem Scheitelpunkt

$$(\eta_s, E_2(\eta_s)) = \left(\frac{1 - 2\beta_0}{2(4 - \alpha)}, \frac{48(\beta_0 - \beta_0^2) - 61\alpha + 16\alpha^2}{48(4 - \alpha)\,\alpha}\right)$$

und der Sperrung $1/p = (4 - \alpha)/2$.

Zusätzlich können wir durch einfaches Einsetzen in (12b) beweisen:

$$0 < \alpha < \bar{\alpha} \Rightarrow E_2(\eta_0; \alpha, \beta_0) > E_2(\eta_0; \bar{\alpha}, \beta_0) \tag{17}$$

für beliebiges $\eta_0 \in [-1, 1]$.

Durch direktes Einsetzen von η_1, η_2 und β_0 in E_2 erhalten wir nun die speziellen Lösungen für α:

Satz 9: *Aus Satz 8 errechnen sich folgende Lösungen für α, wenn $\beta_0 \in [0, 1]$ und $[\eta_1, \eta_2] \subset [-1, 1]$ vorgegeben sind:*

a) $\eta_1 + \eta_2 \neq 0$ *und* $\beta_0 \neq \frac{1}{2} \Rightarrow \alpha = \dfrac{2\beta_0 - 1}{\eta_1 + \eta_2} + 4$;

b) $\eta_1 + \eta_2 = 0\ (\eta_i \neq 0)$ *und* $\beta_0 = \frac{1}{2} \Rightarrow \alpha_{1,2} = \dfrac{6\eta_i^2 - 2}{3\eta_i^2} \pm \dfrac{1}{6\eta_i^2} \cdot \sqrt{144\eta_i^4 - 87\eta_i^2 + 16}$, $\quad i = 1, 2$;

c) $\eta_1 = \eta_2 = 0$, $\quad \beta_0 = \frac{1}{2} \Rightarrow \alpha = \dfrac{3}{16}$.

Beweis von Satz 9:

Im Fall a folgt die Lösung aus $0 = E_2(\eta_1; \alpha, \beta_0) - E_2(\eta_2; \alpha, \beta_0)$.

Bei b stellt E_2 eine Parabel dar, deren Symmetrieachse parallel zur Ordinate verläuft, das heißt, der Scheitelpunkt muß auf der Ordinate liegen. Daraus folgt:

$$\eta_1 + \eta_2 = 0 \Leftrightarrow \beta_0 = \tfrac{1}{2}.$$

α erhalten wir nun aus $E_2(\eta_1; \alpha, 1/2) = E_2(\eta_2; \alpha, 1/2)$. Wegen $144\eta^4 - 87\eta^2 + 16 > (12\eta^2 - 4)^2 \geqq 0$ kann die Wurzel in der Auflösung nie negativ werden, das heißt, α besitzt stets reelle Lösungen.

Im Fall c folgt wie bei b aus $\eta_1 = \eta_2 = 0$ auch $\beta_0 = 1/2$. Die Lösung erhalten wir dann direkt aus $E_2(0; \alpha, 1/2) = 0$.

Mit den Ergebnissen von Satz 9 können wir E_2 nun gemäß Satz 8 auf seine dissipativen Eigenschaften hin untersuchen.

Sei zunächst $\lambda_x^{(k)} < 0$. Falls $[\eta_1, \eta_2] \subset [-1, 1]$ nicht symmetrisch um den Nullpunkt liegt, können wir α nach Satz 9a eindeutig aus β_0, η_1 und η_2 bestimmen, so daß das Dissipativitätskriterium erfüllt ist. Ziehen wir hingegen das Dispersivitätskriterium (Satz 7) zur Bestimmung eines $\bar{\alpha}$ heran, so muß der folgende Term für alle $\eta \in [\eta_1, \eta_2]$ minimal sein:

$$\frac{\sigma}{4}\left[(2-\bar{\alpha})\,\eta + 2\beta_0 - 1\right]\cdot(\lambda_x^{(k)})^2 + \frac{1}{4}\left[2(2-\bar{\alpha})\,\eta^2 + (2\beta_0 - 1)\,\eta + \beta_0\,\frac{1-\beta_0}{\bar{\alpha}} - \frac{2}{3}\right]\cdot\lambda_{xx}^{(k)}.$$

Da wir keine Aussage über die Größe und die Beziehung von $\lambda_x^{(k)}$ und $\lambda_{xx}^{(k)}$ aufstellen können, erhalten wir nur dann eine für die weiteren Überlegungen brauchbare Aussage über $\bar{\alpha}$, wenn wir fordern:

1) $(2-\bar{\alpha})\,\eta + 2\beta_0 - 1$ minimal, das heißt $\bar{\alpha} = \dfrac{2\beta_0 - 1}{\eta} + 2$ und $(2-\bar{\alpha})$ minimal, denn dies ist die Steigung der Geraden (14).

2) $2(2-\bar{\alpha})\,\eta^2 + (2\beta_0 - 1)\,\eta + \beta_0\dfrac{1-\beta_0}{\bar{\alpha}} - \dfrac{2}{3}$ minimal, das heißt $2 - \bar{\alpha}$ minimal, denn dies ist der Streckungsfaktor für das quadratische Glied, und $2\beta_0 - 1$ minimal (Steigung des linearen Gliedes, siehe auch (15)).

Aus beiden Forderungen folgt: $\bar{\alpha} \approx 2$ stets und $\bar{\alpha} = 2$ für $\beta_0 = 1/2$.

Für das nach Satz 9 berechnete α gelte nun $\alpha > \bar{\alpha}$; nach (17) folgt dann: $E_2(\eta; \alpha, \beta_0) < E_2(\eta; \bar{\alpha}, \beta_0)$ für alle $\eta \in [\eta_1, \eta_2]$, das heißt: $E_2(\eta_i; \bar{\alpha}, \beta_0) > 0$ für $i = 1, 2$. Damit ist das Dissipativitätskriterium verletzt. Als Resultat erhalten wir:

Satz 10: *Sei $\lambda_x^{(k)} < 0$ und $[\eta_1, \eta_2] \subset [-1, 1]$ mit $\eta_1 + \eta_2 \neq 0$. Dann darf ein nach Satz 9 berechnetes α bei vorgegebenem $\beta_0 \in [0, 1]$ nur im Fall $\alpha < 2$ zu $\alpha := 2$ verbessert werden; in allen anderen Fällen ist es bereits optimal gewählt.*

Im Fall $\eta_1 + \eta_2 = 0$ und $\beta_0 = 1/2$ existieren nach Satz 9b zwei Lösungen für α. Mit Hilfe von Satz 7 können wir daraus die bessere auswählen. Eine Auswahl von α nur nach dem Dispersivitätskriterium (das heißt $\alpha = 2$) kann analog zum eben betrachteten Fall wieder zu einer Verletzung der Dissipativitätsforderung führen. Wir erhalten:

Satz 11: *Sei $\lambda_x^{(k)} < 0$, $\beta_0 \in [0, 1]$ und $[\eta_1, \eta_2] \subset [-1, 1]$ mit $\eta_1 + \eta_2 = 0$. Aus den nach Satz 9b berechneten α läßt sich mit Hilfe von Satz 7 das günstigere auswählen; dieses kann nur noch im Fall $\alpha < 2$ zu $\alpha := 2$ optimiert werden.*

Im Sonderfall $[\eta_1, \eta_2] = [-1, 1]$ erhalten wir aus Satz 9b: $\alpha_{1,2} = \frac{4}{3} \pm \frac{1}{6}\sqrt{73}$. In diesem Fall ergibt die Auswertung von E_3:

$$E_3(\eta; \lambda_x^{(k)}, \lambda_{xx}^{(k)}; \tfrac{4}{3} - \tfrac{1}{6}\sqrt{73}, \tfrac{1}{2}) \approx 1.05\sigma\eta(\lambda_x^{(k)})^2 + (0.523\eta^2 - 0.856)\,\lambda_{xx}^{(k)},$$

$$E_3(\eta; \lambda_x^{(k)}, \lambda_{xx}^{(k)}; \tfrac{4}{3} + \tfrac{1}{6}\sqrt{73}, \tfrac{1}{2}) \approx -.38\sigma\eta(\lambda_x^{(k)})^2 - (0.189\eta^2 + 0.144)\,\lambda_{xx}^{(k)},$$

das heißt:

$$\alpha = \tfrac{4}{3} + \tfrac{1}{6}\cdot\sqrt{73} = 2.7573\ldots \tag{18}$$

ist der optimale Parameter.

Für $\lambda_x^{(k)} > 0$ können wir wie oben zeigen, daß

$$\alpha = \tfrac{3}{16} \quad \text{und} \quad \beta_0 = \tfrac{1}{2} \tag{19}$$

die optimalen Parameter sind.

Im Fall $\lambda_x^{(k)} = 0$ sind α und β von den Sätzen 7 und 8 her redundant.

Bisher haben wir $\beta_0 \in [0, 1]$ stets beliebig, aber fest vorgegeben. WARMING, KUTLER und LOMAX haben in [5] für eine lineare, skalare Differentialgleichung ein Kriterium für diese Vorgabe angegeben, das sich mit den hier getroffenen Vereinfachungen der einfachen Wellen auch auf unser Problem anwenden läßt. Danach ist β_0 wie folgt zu wählen (vergleiche auch Bild 1):

$$\begin{aligned} &\beta_0 < \tfrac{1}{2}, \quad \text{falls} \quad \lambda^{(k)} > 0, \\ &\beta_0 = \tfrac{1}{2}, \quad \text{falls} \quad \lambda^{(k)} = 0, \\ &\beta_0 > \tfrac{1}{2}, \quad \text{falls} \quad \lambda^{(k)} < 0. \end{aligned} \tag{20}$$

5.2 α und β variabel

Im folgenden wollen wir auch β in Abhängigkeit von Satz 7 und 8 für ein Teilintervall $[\eta_1, \eta_2] \subset [-1, 1]$ optimal bestimmen.

Für den Fall $\lambda_x^{(k)} \geqq 0$ haben wir bereits festgestellt, daß eine Beschränkung der Dissipativitätsforderung auf ein Teilintervall von $[-1, 1]$ keine Optimierungskriterien unterstützt und daß hier immer $\alpha = \frac{3}{16}$ und $\beta = \frac{1}{2}$ gewählt werden kann.

Im Fall $\lambda_x^{(k)} < 0$ dagegen können wir die Sätze 7 und 8 auswerten; die Gleichung $0 = E_2(\eta_1; \alpha, \beta) - E_2(\eta_2; \alpha, \beta)$ können wir auflösen zu

$$\beta = \frac{1}{2} - \frac{1}{2}(4 - \alpha)(\eta_1 + \eta_2). \tag{21}$$

Ersetzen wir damit β in der Gleichung

$$E_2(\eta_i; \alpha, \beta) = 0 \qquad (i = 1, 2), \tag{22}$$

so erhalten wir nach einigen algebraischen Umformungen:

$$-3(\eta_1 - \eta_2)^2 \alpha^2 + \left(24(\eta_1^2 + \eta_2^2) - 16\right)\alpha - 48(\eta_1 + \eta_2)^2 + 3 = 0.$$

Falls $\eta_1 \neq \eta_2$ ist (der andere Fall wird bereits durch die Betrachtungen für $\beta_0 = \text{const}$ abgedeckt), erhalten wir hieraus:

$$\alpha_{1,2} = \frac{12(\eta_1^2 + \eta_2^2) - 8}{3(\eta_1 - \eta_2)^2} \pm \sqrt{\left(\frac{12(\eta_1^2 + \eta_2^2) - 8}{3(\eta_1 - \eta_2)^2}\right)^2 + \frac{1 - 16(\eta_1 + \eta_2)^2}{(\eta_1 - \eta_2)^2}}. \tag{23}$$

Diese Bestimmungsgleichung besitzt nicht für alle Paare η_1, η_2 eine reelle Lösung. Daß dies keine wesentliche Einschränkung ist, können wir durch folgende Überlegung zeigen:

Lösen wir (22) ohne Ersetzung von β durch (21) nach α auf, so erhalten wir für $i = 1, 2$ und $\eta_i \neq 0$:

$$\alpha_{1,2} = \frac{12\eta_i^2 + 3(2\beta - 1)\eta_i - 4}{6\eta_i^2} \pm \sqrt{\left(\frac{12\eta_i^2 + 3(2\beta - 1)\eta_i - 4}{6\eta_i^2}\right)^2 + \frac{\beta}{\eta_i^2}(1 - \beta)}.$$

Beide Bestimmungsgleichungen für α sind äquivalent, wenn β vorgegeben wird. Die zweite besitzt jedoch nur dann keine reelle Lösung, wenn $\beta \notin [0, 1]$ (nur dann kann unter der Wurzel ein negativer Summand auftreten). Da laut Vorüberlegung (20) β stets aus $[0, 1]$ sein soll, kann dieser Fall nicht eintreten.

Haben wir nun $\alpha_{1,2}$ aus (22) berechnet, so folgen die zugehörigen β aus (21). Für diese Paare (α_i, β_i), $i = 1, 2$, ist das Dissipativitätskriterium erfüllt, wenn die Sperrung der Parabel E_2 positiv ist. Das ist wiederum der Fall, wenn $\alpha_{1,2} < 4$ ist. Wie sich durch einfaches Nachrechnen zeigen läßt, ist diese Bedingung stets erfüllt.

Da für α im allgemeinen zwei verschiedene reelle Lösungen existieren, müssen wir noch Satz 7 auswerten, um das optimale Paar (α, β) zu ermitteln:

Satz 12: *Sei* $\lambda_x^{(k)} < 0$ *und* $[\eta_1, \eta_2] \subset [-1, 1]$, $\eta_1 - \eta_2 \neq 0$. *Dann erhalten wir aus den Gleichungen* (23) *und* (21) *mit Hilfe von Satz* 7 *günstige Parameter* α *und* β *im Intervall* $[\eta_1, \eta_2]$. *Diese Parameter lassen sich nur noch im Fall* $\alpha < 2$ *zu* $\alpha := 2$ *optimieren.*

Aus (21) folgt, daß die nach Satz 12 berechneten Parameter genau die Auswahlkriterien (20) erfüllen ($\eta := \sigma\lambda^{(k)}$).

6. Anwendungen

Die in Abschnitt 5 hergeleiteten Bestimmungsgleichungen für α und β wurden im Rahmen eines an der Ruhr-Universität Bochum entwickelten Programmpaketes auf die Gleichungen der eindimensionalen, instationären Fadenströmung

$$W_t + F_x = 0 \quad \text{mit} \quad W := \begin{bmatrix} \varrho \\ \varrho u \\ \varepsilon \end{bmatrix} \quad \text{und} \quad F := \begin{bmatrix} \varrho u \\ \varrho u^2 + p \\ u(\varepsilon + p) \end{bmatrix}$$

angewandt (siehe [8] und [9]). Die Versuchsanordnung bestand aus dem System
Rohrende 1 — Rohr 1 — Blende — Rohr 2 — Rohrende 2
mit den Anfangsbelegungen:

	Länge [m]	Druck [Bar]	Temperatur [K]
Rohr 1	1	3.065	289
Rohr 2	2	1.0	289

und den Meßstellen MS1 und MS2 im Rohr 2 bei 1.0 m bzw. 1.5 m. Die Rechnungen wurden mit den Konstanten $\varkappa = 1.4$, $\Delta x = 0.02$ m und $\Delta t = 3.7 \cdot 10^{-5}$ s durchgeführt; die Rohrenden waren geschlossen und die Blende blieb stets geöffnet.

Im Fall eines geöffneten Rohrendes 2 treten keine Überschwingungen an den Stoßfronten auf, wenn α und β nach Satz 12 berechnet werden.

Im Fall eines Stoßwellensystems mit geschlossenem Rohrende 2 wird die aus Rohr 1 kommende Druckwelle am Rohrende 2 reflektiert und zurück ins Rohr 1 gedrängt. In diesem Fall herrschen im Rohr zwei gleichwertige Strömungen: eine in Richtung Rohrende 2, und die andere (reflektierte) in Richtung Blende. Das Programmsystem kann daher keine Strömungsrichtung als dominierend erkennen und somit auch nicht die Parameter α und β optimal für die jeweilige Strömungsrichtung wählen. Als Folge treten bei der reflektierten Druckwelle Überschwingungen auf, die jedoch gegenüber gebräuchlichen Verfahren stark gedämpft sind und die sich weiter abbauen, sobald wieder eine eindeutige Strömungsrichtung im Rohr vorherrscht. Als Vergleichsrechnungen sind in den Bildern angeführt:

$\mathcal{S}^{\alpha}_{\beta}$ nach Satz 12 berechnet: Bild 6, 7;

$\mathcal{S}^{\alpha}_{.5}$ nach GOURLAY und MORRIS [6] und α nach Satz 11: Bild 8, 9;

$\mathcal{S}^{.5}_{.5}$ nach LAX und WENDROFF [4]: Bild 10, 11;

$\mathcal{S}^{\alpha}_{0}$ nach WARMING, KUTLER und LOMAX [5] und α nach Satz 10 berechnet: Bild 12, 13.

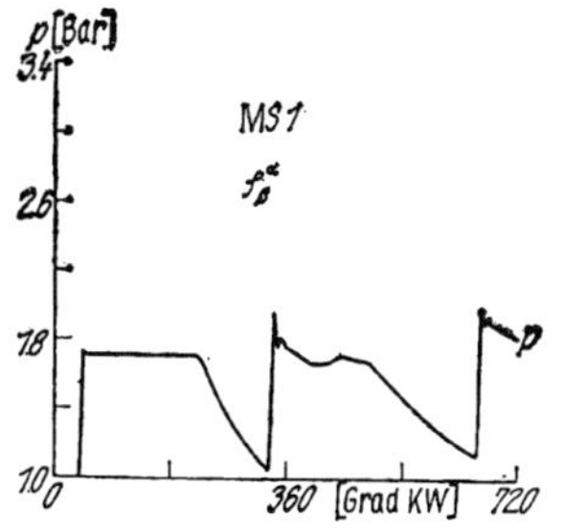

Bild 6

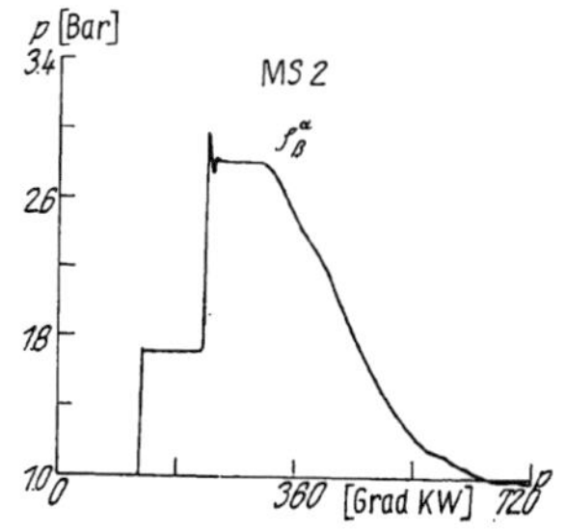

Bild 7

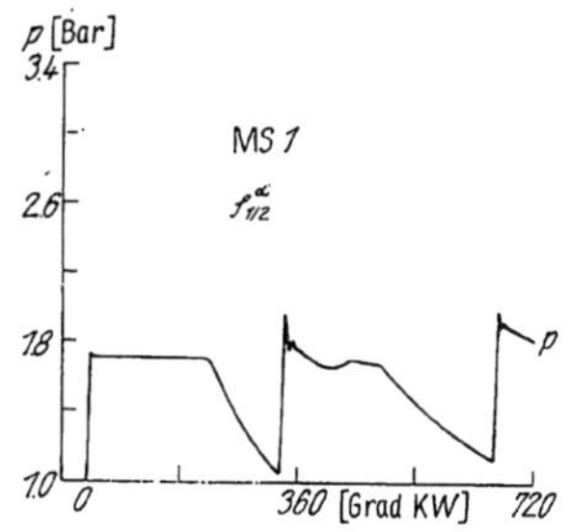

Bild 8

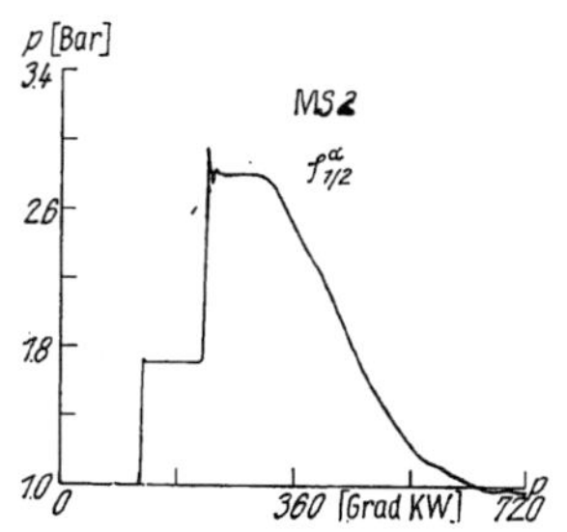

Bild 9

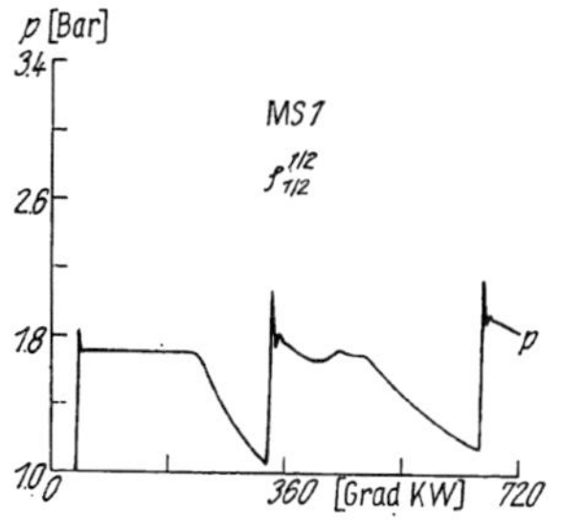

Bild 10

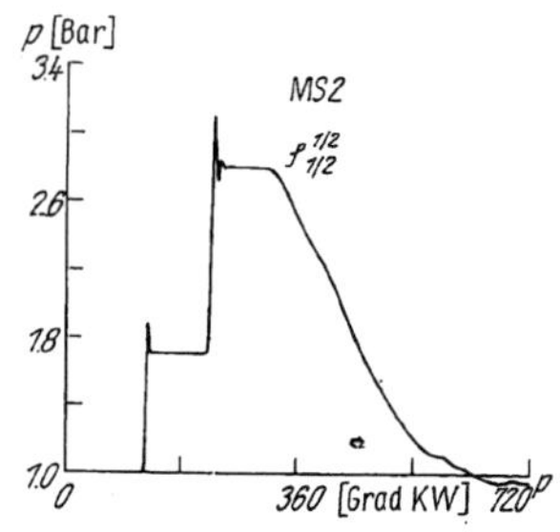

Bild 11

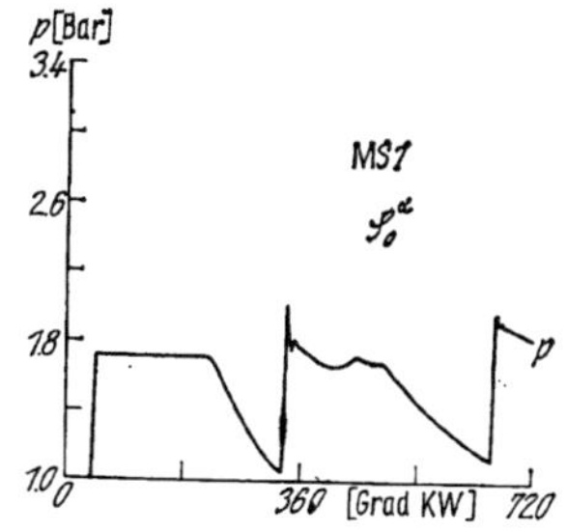

Bild 12

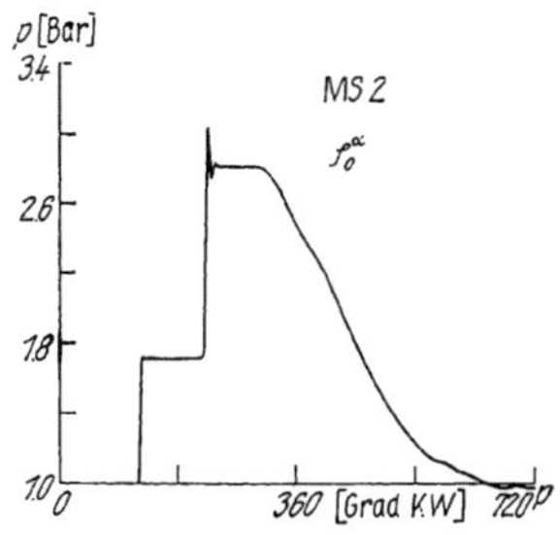

Bild 13

7. Zusammenfassung

Die Anwendungen zeigen, daß eine problemorientierte Berechnung der Parameter α und β bei der Lösung von hyperbolischen Differentialgleichungssystemen mit Differenzenschemata bei geringem Programmieraufwand eine Verbesserung der Ergebnisse verspricht. Probleme treten allein in den Fällen auf, in denen mehrere gleichwertige Strömungen in einem Rohr vorherrschen. Hier wird zu untersuchen sein, inwieweit es mathematisch vertretbar ist, ein Rohr abhängig von der Strömung logisch zu unterteilen und für jedes Teilrohr eine separate Berechnung von α und β durchzuführen.

Literatur

1 Lerat, A.; Peyret, R., Propriétés dispersives et dissipatives d'une classe de schémas aux différences pour les systèmes hyperboliques non linéaires, La Recherche Aérospatiale **2**, 61—79 (1975).
2 Peyret, R., Résolution numérique des systèmes hyperboliques. Application à la dynamique des gaz, ONERA publ. 1977-5.
3 Courant, R.; Friedrichs, C. O., Supersonic Flow and Shock Waves, Springer Verlag, New York-Heidelberg-Berlin 1948.
4 Richtmyer, R. D.; Morton, K. W., Difference Methods for Initial Value Problems, Interscience Publ., New York 1967.
5 Warming, R. F.; Kutler, P.; Lomax, H., Second and third order noncentered difference schemes for nonlinear hyperbolic equations, AIAA Journal **11**, 189—196 (1973).
6 Gourlay, A. R.; Morris, J. L., Finite difference methods for nonlinear hyperbolic systems, Math. Comput. **22**, 28—39 (1968).
7 Berezin, I. S.; Zhidkov, N. P., Computing Methods II, Pergamon Press, Oxford 1965.
8 Ehlich, H.; Kruse, F.; Stark, W., Verfahren zur Berechnung der instationären Rohrströmung, Arbeitsbericht Nr. 7802 des Rechenzentrums, Bochum 1978 .
9 Ehlich, H.; Stark, W.; Wojcieszynski, R., Verfahren zur Berechnung der Rohrströmung durch eine Drosselstelle ohne Speicherwirkung (2. Auflage), Arbeitsbericht Nr. 7715 des Rechenzentrums, Bochum 1977.

Eingereicht am 2. 7. 1979, korrigierte und erweiterte Fassung am 24. 1. 1980

Anschrift: Dipl.-Math. Wulf Stark, Dipl.-Math. Rainer Wojcieszynski, Ruhr-Universität Bochum, Rechenzentrum, D-4630 Bochum, BRD

ZAMM 60, 393 – 408 (1980)

D. SCHADE

Topologische Matrizen in den Gleichungen diskreter, ebener, dehnsteifer Schwinger

Beim automatisierten Aufstellen von Schwingungsgleichungen in vier verschiedenen Einflußzahlen muß der topologische Zusammenhang des Netzes des Schwingers beschrieben werden. In die Gleichungen mit Krafteinflußzahlen (Weggrößenverfahren) und mit Dehnungseinflußzahlen gehen Knotenmatrizen ein. Die Verschiebungseinflußzahlen (Kraftgrößenverfahren) enthalten Baum- und Maschenmatrizen. Die Gleichungen mit Schnittkrafteinflußzahlen sind Summengleichungen und lassen sich nur im Sonderfall mit Baum- und Maschenmatrix deuten.

Formulating equations of a vibrating system automatically in four different influence coefficients the topological net must be described. Equations with force influence coefficients (stiffness coefficients) and with strain influence coefficients use incidence matrices, displacements influence coefficients (flexibility coefficients) contain tree and mesh matrices. Equations with influence coefficients for internal forces appear in the form of sums and can be explained with tree and mesh matrices only for a special system.

При построении уравнений колебаний автоматически в четырёх различных коэффициентах влияния должна быть описана топологическая связь сети колебателя. В уравнения с коэффициентами влияния силы (коэффициенты жёсткости) и с коэффициентами влияния растяжения входят узловые матрицы, коэффициенты влияния перещения (коэффициенты гибкости) содержат матрицы в виде дерева (без петель) и матрицы в виде петель. Уравнения с коэффициентами влияния внутренних сил являются уравнениями сумм и могут быть представлены матрицами в виде дерева и в виде петель только в частном случае.

1. Ziel der Arbeit

Schwingungsgleichungen für diskrete, linear elastische Systeme kann man, wie WOERNLE [1] zeigt, auf den auch KLOTTERs Darstellung der synthetischen Methoden zum Aufstellen von Schwingungsgleichungen [2] zurückgeht, in verschiedenen Variablen formulieren. WOERNLE unterscheidet je nach dem Eliminationsverfahren Schwingungsgleichungen mit Übertragungsmatrizen und vier verschiedenen Arten von Einflußmatrizen. Übertragungsmatrizen sind topologisch an einfache oder verzweigte Ketten gebunden, da die Zustandsvektoren, d. h. die Zwischenunbekannten, längs der Kette fortschreitend eliminiert werden, so daß sich das Eigenwertproblem aus den Randbedingungen am Anfang und Ende der Schwingerkette ergibt. Die Deutung der vier Eliminationen nach jeweils einer Größenart als Einflußzahlen [3], wo Einheitszustände nicht nur für Verschiebungen und Lasten wie bei der statischen Aufgabe, sondern auch für relative Beschleunigungen und Schnittkräfte betrachtet werden, erlaubt es, die Schwingungsgleichungen in den verschiedenen Einflußzahlen und Unbekannten für diskrete Schwinger mit beliebigem topologischem Netz direkt ohne den Umweg über die Elimination aus den Grundgleichungen der Einzelteile zu gewinnen.

Beim automatisierten Aufstellen der Schwingungsgleichungen in der EDV-Anlage muß man die Topologie des Netzes so beschreiben, daß die Einflußzahlen aus den Steifigkeiten, Nachgiebigkeiten, Trägheiten oder Beweglichkeiten der einzelnen Teile zusammengesetzt werden können. Von der statischen Aufgabe her weiß man, daß das Weggrößenverfahren für Stabwerke, Rahmen und finite Elemente beim Einsatz von EDV-Anlagen dem Kraftgrößenverfahren entscheidend überlegen ist, weil sich die Topologie des Netzes beim Weggrößenverfahren mit der Knoten-Zweigmatrix beschreiben läßt, während man beim Kraftgrößenverfahren im wesentlichen mit Maschenmatrizen arbeitet [4 bis 8]. Da außerdem das NEWTONsche Gesetz die Verschiebungen als Unbekannte in die Gleichungen bringt, werden Schwingungsgleichungen in der EDV-Anlage meist mit dem Weggrößenverfahren formuliert [9 bis 12]. Es stellt sich die Frage, wie die Topologie in die vier verschiedenen Arten von Einflußzahlen eingeht, wobei die Ergebnisse vom Weggrößen- und Kraftgrößenverfahren der Statik auf Verschiebungs- und Krafteinflußzahlen übertragen werden können. Sie werden daher hier nur wegen der Vollständigkeit und der Dualität dargestellt. Damit werden Gedanken von TRENT [13, 14] wieder aufgegriffen, der Analogien bei der Formulierung der Schwingungsgleichungen diskreter mechanischer, elektrischer und akustischer Schwinger untersuchte und dabei dem NEWTONschen Trägheitsgesetz auch eine andere Form gab. Da hier nur die Beschreibung der Topologie interessiert, beschränkt sich die folgende Darstellung auf freie, ungedämpfte Schwingungen diskreter, ebener, dehnsteifer Systeme.

2. Graphen und topologische Matrizen

2.1 Einzelne Kanten und zusammenhängende Graphen

Die Topologie von ebenen Netzen läßt sich mit der Graphentheorie beschreiben. Obwohl es ausgezeichnete Darstellungen der Graphentheorie gibt, z. B. [15 bis 18], sollen hier die im folgenden benutzten Begriffe und Regeln der Graphentheorie zusammengestellt werden, da die Bezeichnungen dem Vorgehen in der Mechanik, insbesondere bei der Methode der finiten Elemente angepaßt sind. Die Darstellungen in [5, 8, 14] dienen als Vorbild.

Ein endlicher Graph besteht aus endlich vielen Knotenpunkten oder Knoten, von denen jeweils zwei durch eine Kante oder einen Zweig verbunden sein können. Jeder Zweig wird von zwei Knoten begrenzt. Bei einem gerichteten Graphen besitzen die Zweige einen Richtungssinn. Ein Zweig beginnt in einem Knoten und endet in einem anderen Knoten. Im folgenden können wir uns immer ein anschauliches Bild eines ebenen, gerichteten Graphen zeichnen, indem wir die Knoten als Punkte mit den gerichteten Zweigen als Strecken mit Pfeilrichtung zwischen den Punkten zeichnen.

Wir betrachten zunächst die einzelnen Zweige z_1 bis z_{14} (Abb. 2.1). Wir bezeichnen Anfangs- und Endpunkte p_i eines Zweiges mit der Nummer i des Zweiges und einem Index a oder e. Die Zuordnung von gerichteten Zweigen zu Anfangs- und Endpunkten beschreiben wir auf zweierlei Weise mit den gleichen Matrizen. Die Zweige $\hat{z}_1 \dots \hat{z}_{14}$ beginnen in den Punkten $\hat{p}_{1a} \dots \hat{p}_{14a}$ und enden in den Punkten $\hat{p}_{1e} \dots \hat{p}_{14e}$.

$$\begin{bmatrix} \hat{z}_1 \\ \hat{z}_2 \\ \hat{z}_3 \\ \vdots \\ \hat{z}_{12} \\ \hat{z}_{13} \\ \hat{z}_{14} \end{bmatrix} = \begin{bmatrix} 1 & -1 & & & & & & & & & & \\ & & 1 & -1 & & & & & & & & \\ & & & & 1 & -1 & & & & & & \\ & & & & & \vdots & & & & & & \\ & & & & & 1 & -1 & & & & & \\ & & & & & & & 1 & -1 & & & \\ & & & & & & & & & 1 & -1 \end{bmatrix} \begin{bmatrix} \hat{p}_{1a} \\ \hat{p}_{1e} \\ \hat{p}_{2a} \\ \hat{p}_{2e} \\ \hat{p}_{3a} \\ \hat{p}_{3e} \\ \vdots \\ \hat{p}_{14a} \\ \hat{p}_{14e} \end{bmatrix} \quad \text{oder} \quad \hat{\mathfrak{z}} = \mathfrak{D}^T \hat{\mathfrak{p}} \,. \tag{2.1}$$

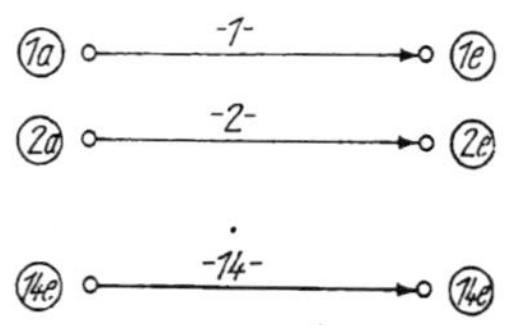

Abb. 2.1 Einzelne Kanten

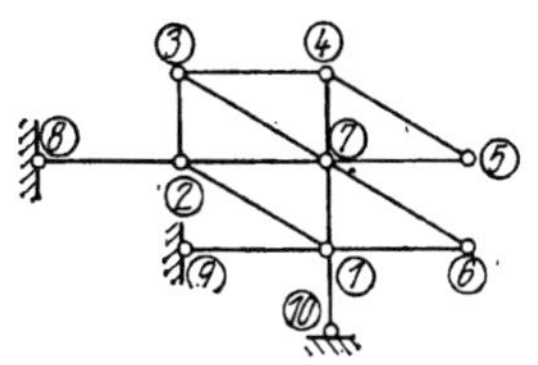

Abb. 2.2. Netz eines Fachwerks

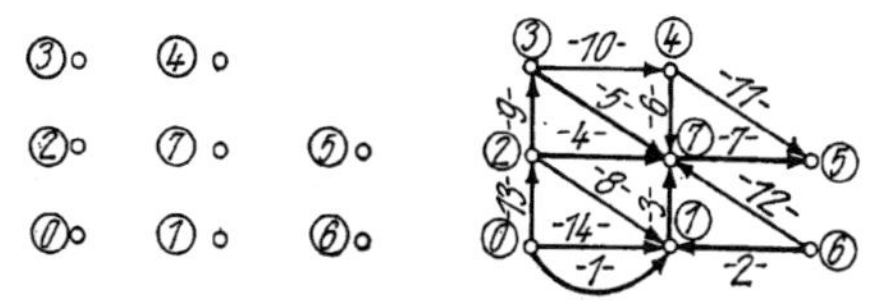

Abb. 2.3. Punktraster, Graph, Baum

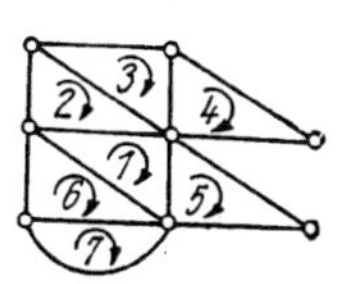

Abb. 2.4. Maschen

Die Punkte $\bar{p}_{1a}, \bar{p}_{1e} \dots \bar{p}_{14a}, \bar{p}_{14e}$ begrenzen die Zweige $\bar{z}_1 \dots \bar{z}_{14}$.

$$\begin{bmatrix} \bar{p}_{1a} \\ \bar{p}_{1e} \\ \bar{p}_{2a} \\ \bar{p}_{2e} \\ \bar{p}_{3a} \\ \bar{p}_{3e} \\ \vdots \\ \bar{p}_{14a} \\ \bar{p}_{14e} \end{bmatrix} = \begin{bmatrix} 1 & & & \\ -1 & & & \\ & 1 & & \\ & -1 & & \\ & & 1 & \\ & & -1 & \\ & & & \\ & & & 1 \\ & & & -1 \end{bmatrix} \begin{bmatrix} \bar{z}_1 \\ \bar{z}_2 \\ \bar{z}_3 \\ \vdots \\ \bar{z}_{12} \\ \bar{z}_{13} \\ \bar{z}_{14} \end{bmatrix} \quad \text{oder} \quad \bar{\mathfrak{p}} = \mathfrak{D} \bar{\mathfrak{z}} \,. \tag{2.2}$$

Schon TRENT [14] weist darauf hin, daß, obwohl in (2.1) und (2.2) der gleiche Sachverhalt auf verschiedene Weise beschrieben wird, die Spaltenmatrizen $\hat{\mathfrak{p}}, \bar{\mathfrak{p}}$ und $\hat{\mathfrak{z}}, \bar{\mathfrak{z}}$ keine identischen Größen sind und daher (2.2) nicht die mathematische Umkehrung von (2.1) ist.

Wir wollen das Netz eines Fachwerkes beschreiben (Abb. 2.2). Es ist in den Knotenpunkten p_8, p_9, p_{10} an der Erdscheibe gelagert. Wir ordnen der Erdscheibe einen Knotenpunkt mit der Nummer p_0 zu, fügen die einzelnen Zweige in das Punktraster ein und erhalten einen zusammenhängenden Graphen (Abb. 2.3). Die Zuordnung der Anfangs- und Endpunkte der einzelnen Zweige zu dem Knoten des Netzes beschreiben wir mit der BOOLEschen Zuordnungsmatrix $\mathfrak{A}$ auf unterschiedliche Weise, entweder

$$\begin{bmatrix} \hat{p}_{1a} \\ \hat{p}_{1e} \\ \hat{p}_{2a} \\ \hat{p}_{2e} \\ \hat{p}_{3a} \\ \hat{p}_{3e} \\ \vdots \\ \hat{p}_{14a} \\ \hat{p}_{14e} \end{bmatrix} = \begin{bmatrix} 1 & & & & & & & \\ & 1 & & & & & & \\ & & & 1 & & & & \\ & 1 & & & & & & \\ & 1 & & & & & & \\ & & & & 1 & & & \\ & & & & & & & \\ 1 & & & & & & & \\ & 1 & & & & & & \end{bmatrix} \begin{bmatrix} p_0 \\ p_1 \\ p_2 \\ p_3 \\ p_4 \\ p_5 \\ p_6 \\ p_7 \end{bmatrix}, \quad \hat{\mathfrak{p}} = \mathfrak{A} \mathfrak{p} \tag{2.3}$$

oder

$$\begin{bmatrix} p_0 \\ p_1 \\ p_2 \\ p_3 \\ p_4 \\ p_5 \\ p_6 \\ p_7 \end{bmatrix} = \begin{bmatrix} 1 & & & & & & & 1 & \\ & 1 & & 1 & 1 & & & & 1 \\ & & & & & & & & \\ & & & & & & & & \\ & & & & & & & & \\ & & & & & & & & \\ & & 1 & & & & & & \\ & & & & & 1 & & & \end{bmatrix} \begin{bmatrix} \bar{p}_{1a} \\ \bar{p}_{1e} \\ \bar{p}_{2a} \\ \bar{p}_{2e} \\ \bar{p}_{3a} \\ \bar{p}_{3e} \\ \vdots \\ \bar{p}_{14a} \\ \bar{p}_{14e} \end{bmatrix}, \qquad \mathfrak{p} = \mathfrak{A}^T \bar{\mathfrak{p}} . \tag{2.4}$$

Wir erkennen, daß derselbe topologische Sachverhalt auf zwei verschiedenen Wegen beschrieben wird, die keine Umkehrungen darstellen, obwohl in beiden Gleichungen die Kopplungsmatrix $\mathfrak{A}$ und ihre Transponierte vorkommen. Wir setzen (2.3) in (2.1)

$$\hat{\mathfrak{z}} = \mathfrak{D}^T \mathfrak{A} \mathfrak{p} = \mathfrak{N}^{*T} \mathfrak{p} \tag{2.5}$$

und (2.4) in (2.2)

$$\mathfrak{p} = \mathfrak{D} \mathfrak{A}^T \bar{\mathfrak{z}} = \mathfrak{N}^* \bar{\mathfrak{z}} \tag{2.6}$$

ein und erhalten die Knoten-Zweig-Inzidenzmatrix oder Knotenmatrix

$$\mathfrak{N}^* = \begin{array}{c} \\ p_0 \\ p_1 \\ p_2 \\ p_3 \\ p_4 \\ p_5 \\ p_6 \\ p_7 \end{array} \begin{array}{cccccccccccccc} z_1 & z_2 & z_3 & z_4 & z_5 & z_6 & z_7 & z_8 & z_9 & z_{10} & z_{11} & z_{12} & z_{13} & z_{14} \\ \hline 1 & & & & & & & & & & & & 1 & 1 \\ -1 & -1 & 1 & & & & & -1 & & & & & & -1 \\ & & & 1 & & & & 1 & 1 & & & & -1 & \\ & & & & 1 & & & & -1 & 1 & & & & \\ & & & & & 1 & & & & -1 & 1 & & & \\ & & & & & & -1 & & & & -1 & & & \\ & 1 & & & & & & & & & & 1 & & \\ & & -1 & -1 & -1 & -1 & 1 & & & & & -1 & & \end{array} . \tag{2.7}$$

Die Zeilen von $\mathfrak{N}^*$ (2.6) geben an, welche Zweige einen Knoten verlassen $(+1)$ und welche Zweige in einen Knoten einmünden (-1). Die Spalten (2.5) zeigen, an welchen Knoten ein Zweig beginnt $(+1)$ oder endet (-1). Der Unterschied zwischen $\bar{\mathfrak{z}}$ und $\hat{\mathfrak{z}}$ in (2.7) kann bei (2.5), (2.6) entfallen, wenn man beachtet, daß (2.5) und (2.6) nicht invers sind.

2.2 Knotenmatrix, Baummatrix, Maschenmatrix

Die Knotenmatrix $\mathfrak{N}^*$ ist zeilensingulär, da jeder Zweig einen Knoten positiv und negativ inzidiert und deshalb die Zeilensumme verschwindet. Die Zeilensingularität wird beseitigt, indem, wie üblich, eine Zeile — hier die erste Zeile — gestrichen wird. Es wird damit ein Knoten, hier der Knoten p_0, als Bezugsknoten eingeführt.

$$\mathfrak{N} = \begin{array}{c} \\ p_1 \\ p_2 \\ p_3 \\ p_4 \\ p_5 \\ p_6 \\ p_7 \end{array} \begin{array}{cccccccccccccc} z_1 & z_2 & z_3 & z_4 & z_5 & z_6 & z_7 & z_8 & z_9 & z_{10} & z_{11} & z_{12} & z_{13} & z_{14} \\ \hline -1 & -1 & 1 & & & & & -1 & & & & & & -1 \\ & & & 1 & & & & 1 & 1 & & & & -1 & \\ & & & & 1 & & & & -1 & 1 & & & & \\ & & & & & 1 & & & & -1 & 1 & & & \\ & & & & & & -1 & & & & -1 & & & \\ & 1 & & & & & & & & & & 1 & & \\ & & -1 & -1 & -1 & -1 & 1 & & & & & -1 & & \end{array} . \tag{2.8}$$

Durch eine geeignet gewählte Benummerung kann man die Knotenmatrix spaltenweise so in Untermatrizen aufteilen, daß die ersten Zweige, d. h. Spalten, zu einem Baum des Graphen gehören, während die restlichen Zweige und Spalten den Verbindungszweigen zugeordnet sind.

$$\mathfrak{N} = \begin{array}{c} \\ p_1 \\ p_2 \\ p_3 \\ p_4 \\ p_5 \\ p_6 \\ p_7 \end{array} \begin{array}{cccccccccccccc} z_1 & z_2 & z_3 & z_4 & z_5 & z_6 & z_7 & z_8 & z_9 & z_{10} & z_{11} & z_{12} & z_{13} & z_{14} \\ \hline -1 & -1 & -1 & & & & & -1 & & & & & & -1 \\ & & & 1 & & & & 1 & 1 & & & & -1 & \\ & & & & 1 & & & & -1 & 1 & & & & \\ & & & & & 1 & & & & -1 & 1 & & & \\ & & & & & & -1 & & & & -1 & & & \\ & 1 & & & & & & & & & & 1 & & \\ & & -1 & -1 & -1 & -1 & 1 & & & & & -1 & & \end{array} = [\mathfrak{N}_B, \mathfrak{N}_V] . \tag{2.9}$$

Die Untermatrix $\mathfrak{N}_B$ ist quadratisch und nichtsingulär.

Ähnlich der Knoten-Zweig-Matrix läßt sich auch eine Zweig-Baum-Matrix — kurz Baummatrix $\mathfrak{T}$ — aufstellen, deren Zeilen wieder den Knoten und deren Spalten den Zweigen zugeordnet werden. Die Elemente t_{ij} von $\mathfrak{T}$ sind $+1$, -1 oder 0, wenn der Baumzweig z_j auf dem durch den gewählten Baum eindeutigen Weg vom Bezugsknoten p_0 zum Knoten p_i in positiver, negativer Richtung oder nicht durchlaufen wird. Die Spalten, die zu den Verbindungszweigen gehören, enthalten Nullelemente, da Verbindungszweige durch die Wahl eines Baumes vom Graphen ausgeschlossen sind. In unserem Beispiel lautet die Baummatrix

$$\mathfrak{T} = \begin{array}{c} \\ p_1 \\ p_2 \\ p_3 \\ p_4 \\ p_5 \\ p_6 \\ p_7 \end{array} \begin{array}{c} \begin{array}{cccccccccccccc} z_1 & z_2 & z_3 & z_4 & z_5 & z_6 & z_7 & z_8 & z_9 & z_{10} & z_{11} & z_{12} & z_{13} & z_{14} \end{array} \\ \left[\begin{array}{cccccccccccccc} 1 & & & & & & & & & & & & & \\ 1 & & 1 & -1 & & & & & & & & & & \\ 1 & & 1 & & -1 & & & & & & & & & \\ 1 & & 1 & & & -1 & & & & 0 & & & & \\ 1 & & 1 & & & & 1 & & & & & & & \\ 1 & -1 & & & & & & & & & & & & \\ 1 & & 1 & & & & & & & & & & & \end{array}\right] \end{array} = [\mathfrak{T}_B, 0]\,. \tag{2.10}$$

Es läßt sich zeigen, daß für die Knotenmatrix und die Baummatrix die Beziehung

$$\mathfrak{N} \cdot \mathfrak{T}^T = -\boldsymbol{I} \tag{2.11}$$

gilt. Mit $\mathfrak{T} = [\mathfrak{T}_B \cdot 0]$ ergibt sich

$$\mathfrak{N}_B \cdot \mathfrak{T}_B^T + \mathfrak{N}_V \cdot 0 = -\boldsymbol{I}\,,$$

wobei im Matrizenprodukt $\mathfrak{N}_B \cdot \mathfrak{T}_B^T$ die Verknüpfung längs der Zweige erfolgt. Da $\mathfrak{N}_B$ quadratisch und nichtsingulär ist, gilt

$$\mathfrak{N}_B^{-1} = -\mathfrak{T}_B^T\,. \tag{2.12}$$

Zur Knotenmatrix $\mathfrak{N}$ können wir eine Matrix $\mathfrak{M}$ aus der Bedingung

$$\mathfrak{N} \cdot \mathfrak{M}^T = 0 \tag{2.13}$$

bestimmen. Die Matrix $\mathfrak{M}$ läßt sich nach dem POINCARÉ-VEBLEN-Theorem als Maschenmatrix deuten. Unter einer Masche oder einem Zyklus versteht man eine zusammenhängende Folge von verschiedenen Zweigen, die voneinander verschiedene Knoten verbinden, wobei Anfangs- und Endknoten zusammenfallen (Abb. 2.4). Jede Zeile der Matrix

$$\mathfrak{M} = \begin{array}{c} \\ m_1 \\ m_2 \\ m_3 \\ m_4 \\ m_5 \\ m_6 \\ m_7 \end{array} \begin{array}{c} \begin{array}{cccccccccccccc} z_1 & z_2 & z_3 & z_4 & z_5 & z_6 & z_7 & z_8 & z_9 & z_{10} & z_{11} & z_{12} & z_{13} & z_{14} \end{array} \\ \left[\begin{array}{cccccccccccccc} & & -1 & 1 & & & & -1 & & & & & & \\ & & & -1 & 1 & & & & 1 & & & & & \\ & & & & -1 & 1 & & & & 1 & & & & \\ & & & & & -1 & -1 & & & & 1 & & & \\ & 1 & 1 & & & & & & & & & -1 & & \\ & & & & & & & 1 & & & & & 1 & -1 \\ -1 & & & & & & & & & & & & & 1 \end{array}\right] \end{array} \tag{2.14}$$

gibt an, welche Zweige in positivem oder negativem Umlaufsinn die Masche begrenzen. Jede Spalte zeigt, an welcher Masche und in welcher Richtung ein Zweig beteiligt ist. Die Matrix $\mathfrak{M}$ ist zeilenregulär, wenn die Maschen linear unabhängig sind. Linear unabhängige Maschen erzeugt man, indem man in dem Baum Verbindungszweige hinzufügt.

3. Die dehnsteife Kette

3.1 Die Grundgleichungen

Das Ziel der Arbeit ist, die Darstellung von WOERNLE [1] mit topologischen Matrizen von einfachen Ketten auf verzweigte und mehrfach zusammenhängende Ketten zu übertragen. Der besseren Übersicht und Einsicht wegen behandeln wir als Beispiele die einfache fest-freie, die fest-feste und frei-freie dehnsteife Schwingerkette, wobei topologische Matrizen in die Gleichungen von WOERNLE eingeführt werden.

Für die einzelnen Teile der Schwingerkette (Abb. 3.1) erhalten wir die folgenden Grundgleichungen. Alle Größen sind der Zeit mit dem Faktor $e^{i\omega t}$ proportional, so daß wir alle Gleichungen in den Amplituden schreiben können [1]. Mit den Größen eines Bauteils i (Abb. 3.1), X_i Kraft zwischen Masse und Knoten i (Trägheitskraft), N_i Kraft in der Feder i (Federkraft), U_{ia}, U_{ie} Kräfte an den Enden der Feder i, r_i Verschiebung des Knotens i, u_{ia}, u_{ie} Verschiebungen der Enden der Feder i, e_i Dehnung der Feder i, k_i, $h_i = 1/k_i$ Steifigkeit, Nachgiebigkeit der Feder i, m_i, $b_i = 1/m_i$ Masse, Beweglichkeit des trägen Körpers i, lesen wir die Kräfte an den Federenden

$$U_{ia} = N_i\,, \qquad U_{ie} = -N_i \tag{3.1}$$

und die Dehnung

$$e_i = u_{ie} - u_{ia} \tag{3.2}$$

ab. Als physikalische Aussagen werden

das Elastizitätsgesetz $N_i = k_i e\,, \qquad e_i = h_i N_i\,,$ (3.3)

das Trägheitsgesetz $X_i = \omega^2 m_i r_i\,, \qquad r_i = \chi^2 b_i X_i$ (3.4)

mit $\chi^2 = \omega^{-2}$ benutzt. In die Gleichgewichtsbedingungen für die einzelnen Knoten und in die Zuordnung der Verschiebungen der Federenden zu den Knotenverschiebungen geht der topologische Zusammenhang ein.

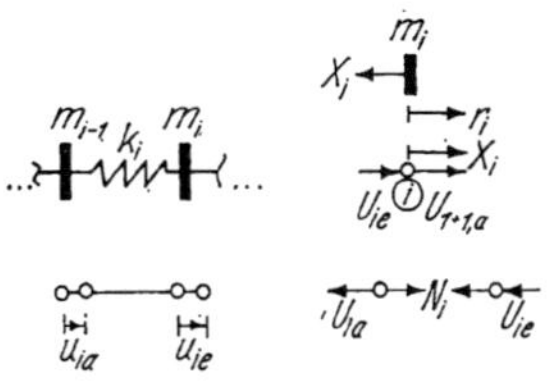

Abb. 3.1. Teile, Bezeichnungen der dehnsteifen Kette

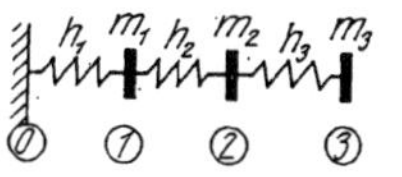

Abb. 3.2. Fest-freie Kette

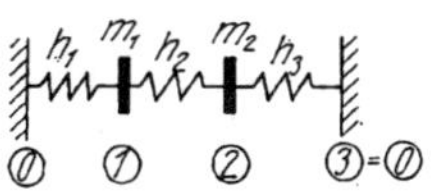

Abb. 3.3. Fest-feste Kette

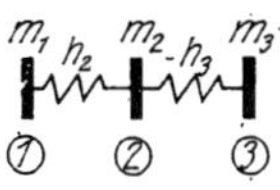

Abb. 3.4. Frei-freie Kette

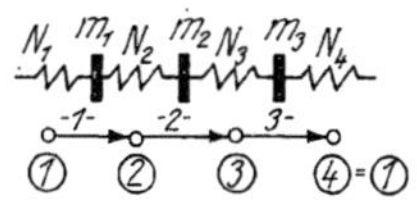

Abb. 3.5. Frei-freie Kette, vertauschte Zuordnung Graph-Schwinger

3.2 Die fest-freie Kette

Es werden zunächst die Grundgleichungen (3.1) bis (3.4) für alle Teile der dreiteiligen fest-freien Kette (Abb. 3.2) aufgestellt. Die Dehnungen der einzelnen Federn bestimmen sich nach

$$\begin{bmatrix} e_1 \\ e_2 \\ e_3 \end{bmatrix} = \begin{bmatrix} -1 & 1 & & & & \\ & & -1 & 1 & & \\ & & & & -1 & 1 \end{bmatrix} \begin{bmatrix} u_{1a} \\ u_{1e} \\ u_{2a} \\ u_{2e} \\ u_{3a} \\ u_{3e} \end{bmatrix}, \qquad \boldsymbol{e} = -\boldsymbol{\mathfrak{D}}^T \boldsymbol{u} \tag{3.5}$$

aus den Verschiebungen der Federenden. An den Enden der Federn wirken die Kräfte

$$\begin{bmatrix} U_{1a} \\ U_{1e} \\ U_{2a} \\ U_{2e} \\ U_{3a} \\ U_{3e} \end{bmatrix} = \begin{bmatrix} 1 & & \\ -1 & & \\ & 1 & \\ & -1 & \\ & & 1 \\ & & -1 \end{bmatrix} \begin{bmatrix} N_1 \\ N_2 \\ N_3 \end{bmatrix}, \qquad \boldsymbol{U} = \boldsymbol{\mathfrak{D}} \boldsymbol{N} \tag{3.6}$$

auf die Knoten. Hinzu kommen noch das Elastizitätsgesetz

$$\begin{bmatrix} N_1 \\ N_2 \\ N_3 \end{bmatrix} = \begin{bmatrix} k_1 & & \\ & k_2 & \\ & & k_3 \end{bmatrix} \begin{bmatrix} e_1 \\ e_2 \\ e_3 \end{bmatrix}, \quad \boldsymbol{N} = \boldsymbol{k}\boldsymbol{e}\,, \qquad \begin{bmatrix} e_1 \\ e_2 \\ e_3 \end{bmatrix} = \begin{bmatrix} h_1 & & \\ & h_2 & \\ & & h_3 \end{bmatrix} \begin{bmatrix} N_1 \\ N_2 \\ N_3 \end{bmatrix}, \quad \boldsymbol{e} = \boldsymbol{h}\boldsymbol{N} \qquad (3.12), (3.13)$$

und das Trägheitsgesetz

$$\begin{bmatrix} X_1 \\ X_2 \\ X_3 \end{bmatrix} = \omega^2 \begin{bmatrix} m_1 & & \\ & m_2 & \\ & & m_3 \end{bmatrix} \begin{bmatrix} r_1 \\ r_2 \\ r_3 \end{bmatrix}, \quad \boldsymbol{X} = \omega^2 \boldsymbol{m}\boldsymbol{r}\,, \qquad \begin{bmatrix} r_1 \\ r_2 \\ r_3 \end{bmatrix} = \chi^2 \begin{bmatrix} b_1 & & \\ & b_2 & \\ & & b_3 \end{bmatrix} \begin{bmatrix} X_1 \\ X_2 \\ X_3 \end{bmatrix}, \quad \boldsymbol{r} = \chi^2 \boldsymbol{b}\boldsymbol{X}\,. \qquad (3.14), (3.15)$$

Der Zusammenhang ergibt sich, wenn wir die Verschiebungen der Federenden den Knotenverschiebungen zuordnen:

$$\begin{bmatrix} U_{1a} \\ U_{1e} \\ U_{2a} \\ U_{2e} \\ U_{3a} \\ U_{3e} \end{bmatrix} = \begin{bmatrix} 1 & & & \\ & 1 & & \\ & 1 & & \\ & & 1 & \\ & & 1 & \\ & & & 1 \end{bmatrix} \begin{bmatrix} r_0 \\ r_1 \\ r_2 \\ r_3 \end{bmatrix}, \qquad \boldsymbol{u} = \boldsymbol{\mathfrak{A}} \boldsymbol{r}^* \tag{3.7}$$

Gleichgewicht liefert

$$\begin{bmatrix} X_0 \\ X_1 \\ X_2 \\ X_3 \end{bmatrix} = -\begin{bmatrix} 1 & & & & & \\ & 1 & 1 & & & \\ & & & 1 & 1 & \\ & & & & & 1 \end{bmatrix} \begin{bmatrix} U_{1a} \\ U_{1e} \\ U_{2a} \\ U_{2e} \\ U_{3a} \\ U_{3e} \end{bmatrix}, \quad \boldsymbol{X}^* = -\mathfrak{A}^T \boldsymbol{U} \tag{3.8}$$

Setzen wir (3.5) in (3.7) und (3.6) in (3.8) ein, ergibt sich

$$\begin{aligned} \boldsymbol{e} &= -\mathfrak{D}^T\mathfrak{A}\boldsymbol{r}^* = -\mathfrak{N}^{*T}\boldsymbol{r}^* \\ \boldsymbol{X}^* &= -\mathfrak{A}^T\mathfrak{D}\boldsymbol{N} = -\mathfrak{N}^*\boldsymbol{N} \end{aligned} \quad \text{mit} \quad \mathfrak{N}^* = \begin{matrix} & z_1 & z_2 & z_3 \\ p_0 & 1 & & \\ p_1 & -1 & 1 & \\ p_2 & & -1 & 1 \\ p_3 & & & -1 \end{matrix} \tag{3.9*}, (3.10*)$$

Die Randbedingung für die Kraft $N_4 = 0$ am freien Ende wurde in (3.10*) über (3.6) (3.8) schon berücksichtigt, so daß nur noch die Verschiebungsrandbedingung $r_0 = 0$ eingearbeitet wird. Setzen wir $r_0 = 0$ in (3.9*) ein, können wir in $\mathfrak{N}^{*T}$ die erste Spalte weglassen. Die erste Zeile in (3.10*) liefert die Auflagerkraft, so daß wir auch die erste Zeile in $\mathfrak{N}^*$ streichen können:

$$\begin{aligned} \boldsymbol{e} &= -\mathfrak{N}^T\boldsymbol{r}\,, \\ \boldsymbol{X} &= -\mathfrak{N}\boldsymbol{N}\,, \end{aligned} \quad \mathfrak{N} = \begin{matrix} & z_1 & z_2 & z_3 \\ p_1 & -1 & 1 & \\ p_2 & & -1 & 1 \\ p_3 & & & -1 \end{matrix} \tag{3.9), (3.10), (3.11}$$

mit $\boldsymbol{r}^T = [r_1, r_2, r_3]$, $\boldsymbol{X}^T = [X_1, X_2, X_3]$. Wir hätten uns den Umweg über (3.9*), (3.10*) sparen können, wenn wir die Randbedingung $r_0 = 0$ gleich in (3.5) bis (3.8) eingearbeitet hätten.

Die Elimination nach $\boldsymbol{N}$ liefert das Eigenwertproblem mit den Dehnungseinflußzahlen:

$$\boldsymbol{e} = \chi^2\mathfrak{N}^T\boldsymbol{b}\mathfrak{N}\boldsymbol{N} = \boldsymbol{h}\boldsymbol{N}\,, \qquad (\boldsymbol{B} - \omega^2\boldsymbol{h})\,\boldsymbol{N} = 0\,, \qquad \boldsymbol{B} = \mathfrak{N}^T\boldsymbol{b}\mathfrak{N}\,. \tag{3.16}$$

Die Gleichungen in $\boldsymbol{r}$ enthalten die Krafteinflußzahlen:

$$\boldsymbol{X} = \mathfrak{N}\boldsymbol{k}\mathfrak{N}^T\boldsymbol{r} = \omega^2\boldsymbol{m}\boldsymbol{r}\,, \qquad (\boldsymbol{K} - \omega^2\boldsymbol{m})\,\boldsymbol{r} = 0\,, \qquad \boldsymbol{K} = \mathfrak{N}\boldsymbol{k}\mathfrak{N}^T \tag{3.17}$$

Bei der fest-freien Kette ist $\mathfrak{N}$ quadratisch und nicht singulär. (3.9) und (3.10) lassen sich invertieren. Die Kehrmatrix von $\mathfrak{N}$ ist nach (2.12) die negative Transponierte der Baummatrix $\mathfrak{T}$:

$$\begin{aligned} \boldsymbol{r} &= -\mathfrak{N}^{-t}\boldsymbol{e} = \mathfrak{T}\boldsymbol{e}\,, \\ \boldsymbol{N} &= -\mathfrak{N}^{-1}\boldsymbol{X} = \mathfrak{T}^t\boldsymbol{X}\,, \end{aligned} \quad \mathfrak{T} = \begin{matrix} & z_1 & z_2 & z_3 \\ p_1 & 1 & & \\ p_2 & 1 & 1 & \\ p_3 & 1 & 1 & 1 \end{matrix}\,. \tag{3.18), (3.19}$$

In (3.18) werden die Verschiebungen aus den Dehnungen vom festen Rand her bestimmt, (3.19) sind die Gleichgewichtsbedingungen für jeweils einen abgeschnittenen Kettenteil [2].

Mit (3.18), (3.19) liefert die Elimination nach $\boldsymbol{X}$ Gleichungen mit Verschiebungseinflußzahlen

$$\boldsymbol{r} = \mathfrak{T}\boldsymbol{h}\mathfrak{T}^T\boldsymbol{X} = \chi^2\boldsymbol{b}\boldsymbol{X}\,, \qquad (\boldsymbol{H} - \chi^2\boldsymbol{b})\,\boldsymbol{X} = 0\,, \qquad \boldsymbol{H} = \mathfrak{T}\boldsymbol{h}\mathfrak{T}^T \tag{3.20}$$

und die Elimination nach $\boldsymbol{e}$ Gleichungen mit Schnittkrafteinflußzahlen

$$\boldsymbol{N} = \omega^2\mathfrak{T}^T\boldsymbol{m}\mathfrak{T}\boldsymbol{e} = \boldsymbol{k}\boldsymbol{e}\,, \qquad (\boldsymbol{M} - \chi^2\boldsymbol{k})\,\boldsymbol{e} = 0\,, \qquad \boldsymbol{M} = \mathfrak{T}^T\boldsymbol{m}\mathfrak{T}\,. \tag{3.21}$$

3.3 Gleichungen in $\boldsymbol{N}$ und $\boldsymbol{r}$ bei der fest-festen und frei-freien Kette

Die Gleichungen in $\boldsymbol{N}$ und $\boldsymbol{r}$ lassen sich bei der

statisch unbestimmten fest-festen Kette (Abb. 3.3)	kinematisch unbestimmten frei-freien Kette (Abb. 3.4)

ebenso leicht herstellen wie bei der statisch und kinematisch bestimmten fest-freien Kette.

Für die einzelnen Federn ergeben sich die Dehnungen

$$\begin{bmatrix} e_1 \\ e_2 \\ e_3 \end{bmatrix} = \begin{bmatrix} -1 & 1 & & & & \\ & & -1 & 1 & & \\ & & & & -1 & 1 \end{bmatrix} \begin{bmatrix} u_{1a} \\ u_{1e} \\ u_{2a} \\ u_{2e} \\ u_{3a} \\ u_{3e} \end{bmatrix} \qquad \Bigg| \qquad \begin{bmatrix} e_2 \\ e_3 \end{bmatrix} = \begin{bmatrix} -1 & 1 & & \\ & & -1 & 1 \end{bmatrix} \begin{bmatrix} u_{2a} \\ u_{2e} \\ u_{3a} \\ u_{3e} \end{bmatrix}$$

$$\boldsymbol{e} = -\boldsymbol{D}^T\boldsymbol{u} \tag{3.22}$$

und die Stabkräfte an den Federenden in Richtung $\boldsymbol{u}$

$$\begin{bmatrix} U_{1a} \\ U_{1e} \\ U_{2a} \\ U_{2e} \\ U_{3a} \\ U_{3e} \end{bmatrix} = \begin{bmatrix} -1 & & \\ 1 & & \\ & -1 & \\ & 1 & \\ & & -1 \\ & & 1 \end{bmatrix} \begin{bmatrix} N_1 \\ N_2 \\ N_3 \end{bmatrix}, \qquad \begin{bmatrix} U_{2a} \\ U_{2e} \\ U_{3a} \\ U_{3e} \end{bmatrix} = \begin{bmatrix} -1 & \\ 1 & \\ & -1 \\ & 1 \end{bmatrix} \begin{bmatrix} N_1 \\ N_2 \end{bmatrix},$$

$$\boldsymbol{U} = \mathfrak{D}\boldsymbol{N}. \tag{3.23}$$

Die Verschiebungen der Federenden werden den Knotenverschiebungen zugeordnet.

Links: Der Knoten p_3 ist dem Knoten p_0 gleichwertig.

$$\begin{bmatrix} U_{1a} \\ U_{1e} \\ U_{2a} \\ U_{2e} \\ U_{3a} \\ U_{3e} \end{bmatrix} = \begin{bmatrix} 1 & & \\ & 1 & \\ & 1 & \\ & & 1 \\ & & 1 \\ 1 & & \end{bmatrix} \begin{bmatrix} r_0 \\ r_1 \\ r_2 \end{bmatrix}, \quad \boldsymbol{u} = \mathfrak{A}\boldsymbol{r}^*$$

Rechts:

$$\begin{bmatrix} U_{2a} \\ U_{2e} \\ U_{3a} \\ U_{3e} \end{bmatrix} = \begin{bmatrix} 1 & & \\ & 1 & \\ & 1 & \\ & & 1 \end{bmatrix} \begin{bmatrix} r_1 \\ r_2 \\ r_3 \end{bmatrix}, \quad \boldsymbol{u} = \mathfrak{A}\boldsymbol{r} \tag{3.24}$$

Die Gleichgewichtsbedingungen liefern

$$\begin{bmatrix} X_0 \\ X_1 \\ X_2 \end{bmatrix} = -\begin{bmatrix} 1 & & & & & 1 \\ & 1 & 1 & & & \\ & & & 1 & 1 & \end{bmatrix} \begin{bmatrix} U_{1a} \\ U_{1e} \\ U_{2a} \\ U_{2e} \\ U_{3a} \\ U_{3e} \end{bmatrix}, \quad \boldsymbol{X}^* = -\mathfrak{A}^T\boldsymbol{U},$$

$$\begin{bmatrix} X_1 \\ X_2 \\ X_3 \end{bmatrix} = -\begin{bmatrix} 1 & & & \\ & 1 & 1 & \\ & & & 1 \end{bmatrix} \begin{bmatrix} U_{2a} \\ U_{2e} \\ U_{3a} \\ U_{3e} \end{bmatrix}, \quad \boldsymbol{X} = -\mathfrak{A}^T\boldsymbol{U}, \tag{3.25}$$

eingesetzt

Links:

$$\boldsymbol{e} = -\mathfrak{D}^T\mathfrak{A}\boldsymbol{r}^* = -\mathfrak{N}^{*T}\boldsymbol{r}^*$$

$$\boldsymbol{X}^* = -\mathfrak{A}^T\mathfrak{D}\boldsymbol{N} = -\mathfrak{N}^*\boldsymbol{N}$$

Zur Einarbeitung der Verschiebungsrandbedingung wird der Bezugsknoten p_0 in den Matrizen gestrichen

$$\boldsymbol{e} = -\mathfrak{N}^T\boldsymbol{r}, \qquad \boldsymbol{X} = -\mathfrak{N}\boldsymbol{N} \qquad (3.26), (3.27)$$

mit $\boldsymbol{r}^T = [r_1, r_2]$, $\boldsymbol{X}^T = [X_1, X_2]$, $\mathfrak{N} = \begin{matrix} \\ p_1 \\ p_2 \end{matrix} \begin{matrix} z_1 & z_2 & z_3 \\ \begin{bmatrix} -1 & 1 & \\ & -1 & 1 \end{bmatrix} \end{matrix}$.

Rechts:

$$\boldsymbol{e} = -\mathfrak{D}^T\mathfrak{A}\boldsymbol{r} = -\mathfrak{N}^T\boldsymbol{r} \tag{3.26}$$

$$\boldsymbol{X} = -\mathfrak{A}^T\mathfrak{D}\boldsymbol{N} = -\mathfrak{N}\boldsymbol{N} \tag{3.27}$$

mit

$$\mathfrak{N} = \begin{matrix} \\ p_1 \\ p_2 \\ p_3 \end{matrix} \begin{matrix} z_1 & z_2 \\ \begin{bmatrix} 1 & \\ -1 & 1 \\ & -1 \end{bmatrix} \end{matrix}.$$

Bemerkenswert ist, daß im gewählten Beispiel die Knotenmatrix der fest-festen Kette gleich der negativen Transponierten der Knotenmatrix der frei-freien Kette ist, statische und kinematische Größen gerade vertauscht sind. Die topogischen Eigenschaften lassen sich ineinander überführen, wenn man jeweils Knoten mit Zweigen vertauscht.

Mit dem Elastizitätsgesetz

$$\begin{bmatrix} N_1 \\ N_2 \\ N_3 \end{bmatrix} = \begin{bmatrix} k_1 & & \\ & k_2 & \\ & & k_3 \end{bmatrix} \begin{bmatrix} e_1 \\ e_2 \\ e_3 \end{bmatrix} \qquad \begin{bmatrix} N_2 \\ N_3 \end{bmatrix} = \begin{bmatrix} k_2 & \\ & k_3 \end{bmatrix} \begin{bmatrix} e_2 \\ e_3 \end{bmatrix}$$

$$\boldsymbol{N} = \boldsymbol{k}\boldsymbol{e} \tag{3.28}$$

und dem Trägheitsgesetz

$$\begin{bmatrix} X_1 \\ X_2 \end{bmatrix} = \omega^2 \begin{bmatrix} m_1 & \\ & m_2 \end{bmatrix} \begin{bmatrix} r_1 \\ r_2 \end{bmatrix} \qquad \begin{bmatrix} X_1 \\ X_2 \\ X_3 \end{bmatrix} = \omega^2 \begin{bmatrix} m_1 & & \\ & m_2 & \\ & & m_3 \end{bmatrix} \begin{bmatrix} r_1 \\ r_2 \\ r_3 \end{bmatrix}$$

$$\boldsymbol{X} = \omega^2\boldsymbol{m}\boldsymbol{r} \tag{3.29}$$

läuft die Elimination nach $\boldsymbol{N}$ und $\boldsymbol{r}$ für beide Systeme wie bei der fest-freien Kette

$$(\boldsymbol{B} - \omega^2\boldsymbol{h})\,\boldsymbol{N} = 0, \quad \boldsymbol{B} = \mathfrak{N}^T\boldsymbol{b}\mathfrak{N}, \quad (\boldsymbol{K} - \omega^2\boldsymbol{m})\,\boldsymbol{r} = 0, \quad \boldsymbol{K} = \mathfrak{N}\boldsymbol{k}\mathfrak{N}^T, \qquad (3.30), (3.31)$$

obwohl die Matrix

$$\boldsymbol{B} = \mathfrak{N}^T\boldsymbol{b}\mathfrak{N} \qquad | \qquad \boldsymbol{K} = \mathfrak{N}\boldsymbol{k}\mathfrak{N}^T$$

singulär ist. Denn die

Spaltenmatrix $\boldsymbol{N}$ | Spaltenmatrix $\boldsymbol{r}$

enthält eine Unbekannte mehr als Schwingungsfreiheitsgrade vorhanden sind. Deshalb ergibt sich hier einmal die Lösung $\omega^2 = 0$, weil der Rangabfall der

Einflußmatrix $\boldsymbol{B}$

d. h., die Zahl der statisch Unbestimmten, gleich eins ist.

| Einflußmatrix $\boldsymbol{K}$,

d. h., die Zahl der Starrkörperverschiebungen, gleich eins ist.

Behebt man die Singularität der Matrix $\boldsymbol{B}$ oder $\boldsymbol{K}$ durch eine Spektralverschiebung mit geeignet gewähltem α^2 [9]

$$[(\boldsymbol{B} + \alpha^2\boldsymbol{h}) - \bar{\omega}^2\boldsymbol{h}]\,\boldsymbol{N} = 0 \qquad \Big| \qquad [(\boldsymbol{K} + \alpha^2\boldsymbol{m}) - \bar{\omega}^2\boldsymbol{m}]\,\boldsymbol{r} = 0$$

$$\bar{\omega}^2 = \omega^2 + \alpha^2 \tag{3.32}$$

so ergibt sich so oft die Lösung $\bar{\omega}^2 = \alpha^2$, wie der Rangabfall der Matrix $\boldsymbol{B}$ oder $\boldsymbol{K}$ ist. Die

Schnittkräfte infolge der statisch Unbestimmten | Starrkörperverschiebungen

stellen die zu $\bar{\omega}^2 = \alpha^2$ gehörigen Eigenvektoren dar.

Im verschobenen Eigenwertproblem werden zusätzliche

Beweglichkeiten vorgegebener Größe eingeführt, so daß die Lagerung im Knoten p_3 sich nicht als eine Singularität verursachende statische Unbestimmtheit auswirkt.

| elastische Auflager mit vorgegebener Steifigkeit eingeführt, so daß eine Starrkörperverschiebung ausgeschlossen wird.

3.4 Gleichungen in $\boldsymbol{X}$ bei der fest-festen Kette, Gleichungen in $\boldsymbol{e}$ bei der frei-freien Kette

Die Gleichungen in

$\boldsymbol{e}$ | $\boldsymbol{X}$

existieren für die

fest-feste Kette | frei-freie-Kette

als Einflußzahlen nicht, da die Matrix

$\boldsymbol{B}$ | $\boldsymbol{K}$

singulär ist und sich nicht invertieren läßt, sofern man keine Spektralverschiebung durchführt.

Der Rechengang für die Gleichungen in $\boldsymbol{X}$ bei der fest-festen Kette und für die Gleichungen in $\boldsymbol{e}$ bei der freifreien Kette wird nebeneinander dargestellt, wobei statische und kinematische Größen auf beiden Seiten vertauscht sind.

Wir müssen die Gleichungen

$$-\begin{bmatrix} -1 & \\ 1 & -1 \\ & 1 \end{bmatrix} \begin{bmatrix} r_1 \\ r_2 \end{bmatrix} = \begin{bmatrix} e_1 \\ e_2 \\ e_3 \end{bmatrix}, \qquad -\mathfrak{N}^T\boldsymbol{r} = \boldsymbol{e}\,, \tag{3.26}$$

$$-\begin{bmatrix} 1 & \\ -1 & 1 \\ & -1 \end{bmatrix} \begin{bmatrix} N_1 \\ N_2 \end{bmatrix} = \begin{bmatrix} X_1 \\ X_2 \\ X_3 \end{bmatrix}, \qquad -\mathfrak{N}\boldsymbol{N} = \boldsymbol{X}\,, \tag{3.27}$$

ein überbestimmtes, zeilensinguläres Gleichungssystem lösen [8].

$$-\mathfrak{N}\begin{bmatrix} A_1 \\ A_2 \\ A_3 \end{bmatrix} = 0\,, \qquad -\mathfrak{N}\boldsymbol{A} = 0 \qquad \Big| \qquad -\mathfrak{N}^T \cdot \boldsymbol{A} = 0 \tag{3.33}$$

Das Gleichungssystem ist nur lösbar, wenn die gleiche lineare Abhängigkeit auch für die rechten Seiten gilt

$$\boldsymbol{e}^T\boldsymbol{A} = 0 \qquad \Big| \qquad \boldsymbol{X}^T\boldsymbol{A} = 0\,, \tag{3.34}$$

wenn also die rechten Seiten orthogonal zur Lösung des homogenen Gleichungssystems (3.33) sind.

Der Vergleich mit (2.13) erklärt $\boldsymbol{A}$ als Transponierte der Maschenmatrix

$$\boldsymbol{A}^T = \mathfrak{M} = [1, 1, 1] \tag{3.35a}$$

| Dadurch, daß in den Gleichgewichtsbedingungen der frei-freien Kette die Knotenmatrix $\mathfrak{N}$ vorkommt, die der negativen Transponierten der Knotenmatrix $\mathfrak{N}^T$ bei der fest-festen Kette gleich ist, kann man $\boldsymbol{A}$ auch als eine Maschenmatrix deuten, wenn man dem Schwinger so einen Graph zuordnet, daß Punkte den Federn und Zweige den Massen entsprechen (Abb. 3.5). Dieser Graph besitzt eine Knotenmatrix $\bar{\mathfrak{N}} = -\mathfrak{N}^T$ und eine Maschenmatrix

$$\boldsymbol{A}^t = \bar{\mathfrak{M}} = [1, 1, 1]\,. \tag{3.35b}$$

Da ein Zweig nur zwei Knoten verbinden kann, in einem Knoten aber mehr als zwei Zweige beginnen oder enden können, kann man die Zuordnung nur bei der einfachen Kette vertauschen und die lineare Abhängigkeit der Gleichgewichtsbedingungen als Masche deuten.

Der mechanische Inhalt der Maschenbedingungen (3.34) ist leicht einzusehen.

Die Summe der Dehnungen muß die Verträglichkeitsbedingung erfüllen, so daß nach Einsetzen der Dehnungs-Verschiebungsgleichungen die Verschiebungen am Anfang und am Ende der Masche gleich sind.

Setzen wir das Trägheitsgesetz ein, muß, da von außen keine Kräfte ($N_1 = N_4 = 0$) auf das freie System wirken, die Summe der Trägheitskräfte verschwinden. Der Schwerpunkt bleibt in Ruhe.

Es ist bekannt, daß sich Verträglichkeitsbedingungen bei statisch unbestimmtem System als Maschenbedingungen formulieren lassen. Es bleibt noch zu erörtern, ob auch bei einer verzweigten frei-freien Kette eine Maschenbedingung auftritt. TRENT [13] weist darauf hin, daß Kräfte in mechanischen Systemen durch Maschen weitergeleitet werden. Er leitet allerdings Schwingungsgleichungen, die unseren Gleichungen in $\boldsymbol{N}$ entsprechen, aus Maschenbedingungen her, obwohl diese nach unserer Herleitung Knotenmatrizen erhalten. Außerdem kommt bei ihm die vertauschte Zuordnung Graph — Schwinger (Abb. 3.5) nicht vor.

Beim Einsetzen der Dehnungen als Verschiebungsdifferenzen in die Verträglichkeitsbedingung heben sich die Verschiebungen der Innenpunkte längs einer Masche weg, und nur die Verschiebung von Anfangs- und Endpunkt bleibt übrig. Ähnlich verlangen die Gleichgewichtsbedingungen, daß die an den Knoten als äußere Kräfte wirkenden Trägheitskräfte durch die Summe der angreifenden Federkräfte aufgenommen werden. Summiert man nun die Gleichgewichtsbedingungen aller Knoten, so kommen alle inneren Federkräfte zweimal mit umgekehrten Vorzeichen vor und heben sich weg, so daß, wenn keine anderen äußeren Kräfte wirken, die Summe der Trägheitskräfte X_i verschwinden muß. Die Summe der Gleichgewichtsbedingungen erstreckt sich über den ganzen Schwinger und enthält den Schwerpunktsatz für den Schwinger als Ganzes. Eine topologische Deutung als Maschenbedingung ist nur im Sonderfall möglich.

Unter der Voraussetzung von (3.34) kann man eine Gleichung in (3.26) (3.27) weglassen. Man erhält nach (2.12)

$$\boldsymbol{r} = \mathfrak{T}\boldsymbol{e} \qquad | \qquad \boldsymbol{N} = -\bar{\mathfrak{T}}\boldsymbol{X} \tag{3.36}$$

wobei, je nachdem welche Zeile in (3.26), (3.27) weggelassen wird, drei verschiedene „Rest"-Knotenmatrizen und Baummatrizen gewählt werden können:

$$\boldsymbol{T}_1 = \begin{bmatrix} 1 & \\ 1 & 1 \end{bmatrix}, \quad \boldsymbol{T}_2 = \begin{bmatrix} 1 & \cdot \\ \cdot & 1 \end{bmatrix}, \quad \boldsymbol{T}_3 = \begin{bmatrix} -1 & -1 \\ \cdot & -1 \end{bmatrix}$$

$$\mathfrak{T} = \boldsymbol{T}_i \qquad | \qquad \bar{\mathfrak{T}} = \boldsymbol{T}_i \qquad (i = 1, 2, 3) \tag{3.37}$$

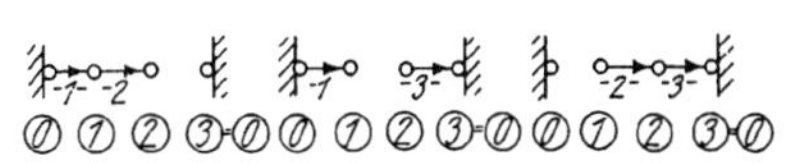

Abb. 3.6. Drei verschiedene Bäume

Es ist bekannt, statisch unbestimmte Grundsysteme mit Baummatrizen darzustellen (Abb. 3.6). Die Deutung von $\bar{\mathfrak{T}}$ als Baummatrix gelingt bei der frei-freien Kette nur in der vertauschten Zuordnung Graph — Schwinger.

Die Gleichgewichtsbedingungen

$$-\begin{bmatrix} 1 & -1 & \cdot \\ \cdot & 1 & -1 \end{bmatrix} \begin{bmatrix} N_1 \\ N_2 \\ N_3 \end{bmatrix} = \begin{bmatrix} X_1 \\ X_2 \end{bmatrix}, \qquad -\mathfrak{N}\boldsymbol{N} = \boldsymbol{X}$$

Die Dehnungs-Verschiebungsgleichungen

$$-\begin{bmatrix} 1 & -1 & \\ & 1 & -1 \end{bmatrix} \begin{bmatrix} r_1 \\ r_2 \\ r_3 \end{bmatrix} = \begin{bmatrix} e_1 \\ e_2 \end{bmatrix} \qquad \begin{aligned} -\mathfrak{N}^T\boldsymbol{r} &= \boldsymbol{e} \\ \bar{\mathfrak{N}}\boldsymbol{r} &= \boldsymbol{e} \end{aligned}$$

stellen ein unterbestimmtes Gleichungssystem dar. Die vollständige Lösung setzt sich aus zwei Anteilen zusammen: einer Partikularlösung des inhomogenen Gleichungssystems und der Lösung des homogenen Systems. Wegen

$$\mathfrak{N}\mathfrak{M}^T = 0 \qquad | \qquad \bar{\mathfrak{N}} \cdot \bar{\mathfrak{M}}^T = 0$$

kann die homogene Lösung in der Form

$$\boldsymbol{N}_h = Y\mathfrak{M}^T \qquad | \qquad \boldsymbol{r}_h = -Y\bar{\mathfrak{M}}^T \tag{3.38}$$

angesetzt werden, worin

$\boldsymbol{N}_h$ die Schnittkräfte infolge der statisch Unbestimmten Y sind.

$\boldsymbol{r}_h$ eine Starrkörperverschiebung der Größe Y ist.

Es gibt mehrere Wege, sich eine Partikularlösung des inhomogenen Gleichungssystems zu beschaffen. Wegen (2.12) setzen wir

$$\boldsymbol{N}_p = \mathfrak{T}^T\boldsymbol{X} \qquad | \qquad \boldsymbol{r}_p = -\bar{\mathfrak{T}}^T\boldsymbol{e} \tag{3.39}$$

an, wobei es entsprechend (3.37) (Abb. 3.6) wiederum drei Möglichkeiten gibt. Mechanisch bedeutet dieser Ansatz,

daß die Schnittkräfte $\boldsymbol{N}_p$ aus den Knotenlasten $\boldsymbol{X}$ in einem statisch bestimmten Grundsystem (Abb. 3.6) berechnet werden.

daß die Verschiebung je nach der Wahl von $\bar{\mathfrak{T}}$ in einem kinematisch bestimmten System aus den Dehnungen berechnet werden.

Zwei andere Wege, Partikularlösungen des inhomogenen Systems zu gewinnen, nämlich durch Dreieckszerlegung oder aus der Linksinversen der Koeffizientenmatrix, sind in [8] dargestellt.

Den Schnittgrößen im statisch bestimmten Grundsystem $\boldsymbol{N}_p$ müssen wir die Schnittgrößen $\boldsymbol{N}_h$ infolge der statisch unbestimmten Y so überlagern,

$$\boldsymbol{N} = \mathfrak{T}^T\boldsymbol{X} + Y\mathfrak{M}^T$$

daß die Verträglichkeitsebdingung $\mathfrak{M}\boldsymbol{e} = 0$ erfüllt wird.

Den Verschiebungen im kinematisch bestimmten Grundsystem $\boldsymbol{r}_p$ müssen wir die Starrkörperverschiebung $\boldsymbol{r}_h$ so überlagern,

$$\boldsymbol{r} = -(\bar{\mathfrak{T}}^T\boldsymbol{e} + Y\bar{\mathfrak{M}}^T)\,, \tag{3.40}$$

daß der Schwerpunktsatz $\bar{\mathfrak{M}}\boldsymbol{e} = 0$ erfüllt wird.

Die Rechnung liefert

$$Y = -(\mathfrak{M}\boldsymbol{h}\mathfrak{M}^T)^{-1}(\mathfrak{M}\boldsymbol{h}\mathfrak{T}^T)\,\boldsymbol{X}\,,$$

so daß wir $\boldsymbol{N}$ in Form $\boldsymbol{N} = \boldsymbol{D}\boldsymbol{X}$

$$Y = -(\bar{\mathfrak{M}}\boldsymbol{m}\bar{\mathfrak{M}}^T)^{-1}(\bar{\mathfrak{M}}\boldsymbol{m}\bar{\mathfrak{T}}^T)\,\boldsymbol{e}\,, \tag{3.41}$$

so daß wir $\boldsymbol{r}$ in der Form $\boldsymbol{r} = -\bar{\boldsymbol{D}}\boldsymbol{e}$

schreiben können. Es ergibt sich daraus das Eigenwertproblem

$$\boldsymbol{r} = \mathfrak{T}\boldsymbol{e} = \mathfrak{T}\boldsymbol{h}\boldsymbol{D}\boldsymbol{X} = \chi^2\boldsymbol{b}\boldsymbol{X}\,,$$

$$(\boldsymbol{H} - \chi^2\boldsymbol{b})\,\boldsymbol{X} = 0\,, \qquad \boldsymbol{H} = \mathfrak{T}\boldsymbol{h}\boldsymbol{D}\,.$$

Die Darstellung der Nachgiebigkeitsmatrix $\boldsymbol{H}$ entsteht dadurch, daß man nach dem Reduktionssatz der Statik virtuelle Schnittkräfte $\mathfrak{T}$ in einem statisch bestimmten Grundsystem ansetzt.

$$\boldsymbol{N} = -\bar{\mathfrak{T}}\boldsymbol{X} = \omega^2\bar{\mathfrak{T}}\boldsymbol{m}\bar{\boldsymbol{D}}\boldsymbol{e} = \boldsymbol{k}\boldsymbol{e}\,,$$

$$[\boldsymbol{M} - \chi^2\boldsymbol{k}]\,\boldsymbol{e} = 0\,, \qquad \boldsymbol{M} = \bar{\mathfrak{T}}\boldsymbol{m}\bar{\boldsymbol{D}}\,. \tag{3.42}$$

Die Darstellung der Matrix entsteht dadurch, daß man virtuelle Verschiebungen $\bar{\mathfrak{T}}$ im kinematisch bestimmten Grundsystem benutzt, die nicht mit den wirklichen Verschiebungen übereinzustimmen brauchen.

3.5 Einflußzahlen aus Einheitszuständen

Bestimmt man Einflußzahlen aus Einheitszuständen $r_i = 1$, $N_i = 1$, $X_i = 1$ oder $\omega^2 e_i = 1$, so werden die Produkte aus topologischen Matrizen und Elastizitäts- oder Trägheitsgesetz spaltenweise impliziert gebildet [1], [3]. Wir beschränken uns auf die fest-freie Kette.

Gleichungen in $\boldsymbol{r}$

Zur Bestimmung der Krafteinflußzahlen setzen wir alle Massen $m_i = \infty$. Wir denken uns alle Punkte $n \neq i$ bis auf den Punkt i, für den $r_i = 1$ gilt, festgehalten, $r_n = 0$.

Man liest anschaulich im System ab, daß aus $r_i = 1$ die Dehnungen $\boldsymbol{e}^{(i)} = -\mathfrak{n}_i$ entstehen, worin $\mathfrak{n}_i$ die i-te Zeile von $\mathfrak{N}$ (Spalte von $\mathfrak{N}^T$) ist. Es entstehen Schnittkräfte $\boldsymbol{N}^{(i)} = -\boldsymbol{k}\mathfrak{n}_i$, denen, wie man anschaulich am System abliest, die Zwangskräfte $\boldsymbol{X}^{(i)} = \mathfrak{N}\boldsymbol{k}\mathfrak{n}_i$ das Gleichgewicht halten. Damit lassen sich die Krafteinflußzahlen, d. h. die Zwangskräfte des masselosen Systems spaltenweise für alle r_i nacheinander bestimmen.

Gleichungen in $\boldsymbol{X}$

Wir entfernen die Massen $m_i = 0$. Eine Kraft $X_i = 1$ ruft die Normalkräfte $\boldsymbol{N}^{(i)} = \mathfrak{t}_i$ hervor, worin $\mathfrak{t}_i$ eine Zeile der Baummatrix $\mathfrak{T}$ (Spalte von $\mathfrak{T}^T$) ist. Es ergeben sich die Verzerrungen $\boldsymbol{e}^{(i)} = \boldsymbol{h}\mathfrak{t}_i$ und die Verschiebungen $\boldsymbol{r}^{(i)} = \mathfrak{T}\boldsymbol{h}\mathfrak{t}_i$ in einem Einheitsbelastungszustand. Die Einflußmatrix für die Verschiebungen läßt sich spaltenweise aus allen Einheitsbelastungszuständen überlagern.

Gleichungen in $\boldsymbol{N}$

Zur Bestimmung der Dehnungseinflußzahlen entfernen wir die Federn $h_i = \infty$. In keiner Feder $n \neq i$ außer in der Feder i wirkt eine Kraft $N_n = 0$, $N_i = 1$.

Man liest anschaulich am System ab, daß aus $N_i = 1$ die Knotenkräfte $\boldsymbol{X}^{(i)} = \mathfrak{n}^i$ entstehen, worin $\mathfrak{n}^i$ die i-te Spalte von $\mathfrak{N}$ ist. Daraus folgen die Verschiebungen $\boldsymbol{r}^{(i)} = -\chi^2\boldsymbol{b}\mathfrak{n}^i$, zu denen, wie man anschaulich am System abliest, die Dehnungen $\boldsymbol{e}^{(i)} = \mathfrak{N}^t\chi^2\boldsymbol{b}\mathfrak{n}^i$ gehören. Damit lassen sich alle Dehnungseinflußzahlen in den Einheitsschnittkraftzuständen des Systems ohne Federn spaltenweise für alle N_i nacheinander bestimmen.

Gleichungen in $\boldsymbol{e}$

Wir entfernen die Nachgiebigkeiten der Federn $h_i = 0$. Eine relative Beschleunigung $\omega^2 e_i = 1$ ruft die absoluten Beschleunigungen $\omega^2\boldsymbol{r}^{(i)} = \mathfrak{t}^i$ hervor, worin $\mathfrak{t}^i$ eine Spalte der Baummatrix $\mathfrak{T}$ ist. Es ergeben sich die Trägheitskräfte $\boldsymbol{X}^{(i)} = \boldsymbol{m}\mathfrak{t}^i$ und die Normalkräfte $\boldsymbol{N}^{(i)} = \mathfrak{T}^T\boldsymbol{m}\mathfrak{t}^i$. Die Einflußmatrix für die Normalkräfte läßt sich spaltenweise für alle Einheitsrelativbeschleunigungen überlagern.

4. Ebenes Dreiecknetz

4.1 Grundgleichungen für einzelne Elemente

Die Anwendung topologischer Matrizen soll von den verzweigten Schwingerketten auf ebene Dreiecknetze übertragen werden. Es werden ebene Dreieckfachwerke mit Punktmassen in den Knoten sowie ebene Dreieckscheibenelemente mit „verteilter" Steifigkeit und Trägheit behandelt. Da es hier nicht auf numerische Fragen ankommt, wird bei den Elementen nur auf den linearen Ansatz für die Verschiebungen eingegangen, obwohl sich für die Dehnungseinflußzahlen auch Spannungsansätze anbieten [20].

Bei einem Fachwerkstab i (Abb. 4.1) mit den Enden a, e wird die Dehnung

$$\boldsymbol{e}_i = [\cos(ae, x), \cos(ae, y)]_i\,[-\boldsymbol{I}, \boldsymbol{I}]\begin{bmatrix} \boldsymbol{u}_{ia} \\ \boldsymbol{u}_{ie} \end{bmatrix} \tag{4.1a}$$

mit $\boldsymbol{u}_{ia}^t = [u_{ia}, v_{ia}]$, $\boldsymbol{u}_{ie}^t = [u_{ie}, v_{ie}]$ eingeführt und bei einem Dreieckelement mit den Ecken α, β, γ die Dehnungen längs der Seiten

$$\begin{bmatrix} \varrho_{\alpha\beta} \\ \varrho_{\beta\gamma} \\ \varrho_{\alpha\gamma} \end{bmatrix} = \begin{bmatrix} \cos(\alpha\beta, x), \cos(\alpha\beta, y) & & \\ & \cos(\beta\gamma, x) \cos(\beta\gamma, y) & \\ & & \cos(\alpha\gamma, x), \cos(\alpha\gamma, y) \end{bmatrix} \begin{bmatrix} -\boldsymbol{I} & \boldsymbol{I} & \cdot \\ & -\boldsymbol{I} & \boldsymbol{I} \\ -\boldsymbol{I} & & \boldsymbol{I} \end{bmatrix} \begin{bmatrix} \boldsymbol{u}_{i\alpha} \\ \boldsymbol{u}_{i\beta} \\ \boldsymbol{u}_{i\gamma} \end{bmatrix} \tag{4.16}$$

mit $\boldsymbol{u}_{i\alpha}^t = [u_{i\alpha}, v_{i\alpha}]$, $\boldsymbol{u}_{i\beta}^t = [u_{i\beta}, v_{i\beta}]$, $\boldsymbol{u}_{i\gamma}^t = [u_{i\gamma}, v_{i\gamma}]$, wobei $\boldsymbol{I}$ die 2×2 Einheitsmatrix ist. Die Dehnungen aller Stäbe, aller Dreieckelemente und die Verschiebungen der Stabenden und Elementecken werden in Spaltenmatrizen zusammengefaßt

$$\boldsymbol{e} = -\boldsymbol{c}_F \mathfrak{D}_F^T \boldsymbol{u}_F\,, \qquad \boldsymbol{\varrho}_N = -\boldsymbol{c}_E \mathfrak{D}_E^T \boldsymbol{u}_E\,, \qquad (4.2\text{a}), (4.2\text{b})$$

worin der Index F auf „Fachwerk", der Index E auf „Element" hinweisen soll. Die Matrizen $\boldsymbol{c}_F$, $\boldsymbol{c}_E$, $\mathfrak{D}_F$, $\mathfrak{D}_E$ sind Hypermatrizen, die auf der Hauptdiagonalen die Untermatrizen (4.1a) (4.1b) der Richtungskosinus und die Untermatrizen der Differenzen der 2×2 Einheitsmatrizen enthalten.

Ähnlich geht man bei den Kräften an den Stabenden

$$\begin{bmatrix} \boldsymbol{U}_{ia} \\ \boldsymbol{U}_{ie} \end{bmatrix} = \begin{bmatrix} \boldsymbol{I} \\ -\boldsymbol{I} \end{bmatrix} \begin{bmatrix} \cos(ae, x) \\ \cos(ae, y) \end{bmatrix}_i N_i \tag{4.3a}$$

mit $\boldsymbol{U}_{ia}^T = [U_{ia}, V_{ia}]$, $\boldsymbol{U}_{ie}^T = [U_{ie}, V_{ie}]$ und an den Elementecken

$$\begin{bmatrix} \boldsymbol{U}_{i\alpha} \\ \boldsymbol{U}_{i\beta} \\ \boldsymbol{U}_{i\gamma} \end{bmatrix} = \begin{bmatrix} \boldsymbol{I} & & \boldsymbol{I} \\ -\boldsymbol{I} & \boldsymbol{I} & \\ & -\boldsymbol{I} & \boldsymbol{I} \end{bmatrix} \begin{bmatrix} \cos(\alpha\beta, x) & & \\ \cos(\alpha\beta, y) & & \\ & \cos(\beta\gamma, x) & \\ & \cos(\beta\gamma, y) & \\ & & \cos(\alpha\gamma, x) \\ & & \cos(\alpha\gamma, y) \end{bmatrix} \begin{bmatrix} P_{\alpha\beta} \\ P_{\beta\gamma} \\ P_{\alpha\gamma} \end{bmatrix}_i \tag{4.3b}$$

mit $\boldsymbol{U}_{i\alpha}^T = [U_{i\alpha}, V_{i\alpha}]$, $\boldsymbol{U}_{i\beta}^T = [U_{i\beta}, V_{i\beta}]$, $\boldsymbol{U}_{i\gamma}^T = [U_{i\gamma}, V_{i\gamma}]$ vor. Ordnet man wiederum alle Kräfte in Spaltenmatrizen an, erhält man

$$\boldsymbol{U}_F = \mathfrak{D}_F \boldsymbol{c}_F^T \boldsymbol{N}\,, \qquad \boldsymbol{U}_E = \mathfrak{D}_E \boldsymbol{c}_E^T \boldsymbol{P}_N\,. \qquad (4.4\text{a}), (4.4\text{b})$$

Das Elastizitätsgesetz kann für einen Stab i

$$N_i = \left(\frac{EA}{l}\right)_i e_i$$

und für ein Dreieckelement mit linearem Verschiebungsansatz [21] angegeben werden:

$$\begin{bmatrix} P_{\alpha\beta} \\ P_{\beta\gamma} \\ P_{\alpha\gamma} \end{bmatrix}_i = (\Omega d \boldsymbol{l}^{-1} \boldsymbol{E}_N \boldsymbol{l}^{-1})_i \begin{bmatrix} \varrho_{\alpha\beta} \\ \varrho_{\beta\gamma} \\ \varrho_{\alpha\gamma} \end{bmatrix}_i$$

mit $\boldsymbol{l} = \operatorname{Diag}(l_{\alpha\beta}, l_{\beta\gamma}, l_{\alpha\gamma})$ der Diagonalmatrix der Längen der Dreieckseiten, der Dreieckfläche Ω und Dicke d, sowie dem Produkt $\boldsymbol{E}_N = \mathfrak{B}^{-1} \boldsymbol{E} \mathfrak{B}^{-F}$ aus

$$\boldsymbol{E} = \begin{bmatrix} 1 & \nu & \\ \nu & 1 & \\ & & 1-\nu \end{bmatrix}, \qquad \mathfrak{B}^T = \begin{bmatrix} \cos^2(\alpha\beta, x) & \cos^2(\alpha\beta, y) & \sqrt{2}\cos(\alpha\beta, x)\cos(\alpha\beta, y) \\ \cos^2(\beta\gamma, x) & \cos^2(\beta\gamma, y) & \sqrt{2}\cos(\beta\gamma, x)\cos(\beta\gamma, y) \\ \cos^2(\alpha\gamma, x) & \cos^2(\alpha\gamma, y) & \sqrt{2}\cos(\alpha\gamma, x)\cos(\alpha\gamma, y) \end{bmatrix}.$$

Inversion liefert

$$\begin{bmatrix} \varrho_{\alpha\beta} \\ \varrho_{\beta\gamma} \\ \varrho_{\alpha\gamma} \end{bmatrix}_i = \left(\frac{1}{\Omega d} \boldsymbol{l} \boldsymbol{E}_N^{-1} \boldsymbol{l}\right)_i \begin{bmatrix} P_{\alpha\beta} \\ P_{\beta\gamma} \\ P_{\alpha\gamma} \end{bmatrix}_i, \qquad \boldsymbol{E}_N^{-1} = \mathfrak{B}^T \boldsymbol{E}^{-1} \mathfrak{B}\,.$$

Auch im Elastizitätsgesetz werden Dehnungen und Kräfte zu Spaltenmatrizen zusammengefaßt

$$\boldsymbol{N} = \boldsymbol{k}\boldsymbol{e}\,, \qquad \boldsymbol{P}_N = \boldsymbol{k}_N \boldsymbol{\varrho}_N; \qquad \boldsymbol{e} = \boldsymbol{h}\boldsymbol{N}\,, \qquad \boldsymbol{\varrho}_N = \boldsymbol{h}_N \boldsymbol{P}_N\,. \qquad (4.5\text{a}), (4.5\text{b}); (4.6\text{a}), (4.6\text{b})$$

Beim Fachwerk sind $\boldsymbol{k}$, $\boldsymbol{h}$ Diagonalmatrizen, bei Scheibenelementen stehen auf der Hauptdiagonalen von $\boldsymbol{k}_N$, $\boldsymbol{h}_N$ quadratische Untermatrizen.

Beim Fachwerk sind in den Knoten Körper der Masse m_i gelagert. Die Fachwerkstäbe selbst sind masselos. Dann schreibt sich das Trägheitsgesetz für alle n Knoten in der Form

$$\begin{bmatrix} \boldsymbol{R}_1 \\ \boldsymbol{R}_2 \\ \boldsymbol{R}_3 \\ \vdots \\ \boldsymbol{R}_n \end{bmatrix} = \omega^2 \begin{bmatrix} m_1 & & & \\ & m_2 & & \\ & & m_3 & \\ & & & \ddots \\ & & & & m_n \end{bmatrix} \begin{bmatrix} \boldsymbol{r}_1 \\ \boldsymbol{r}_2 \\ \boldsymbol{r}_3 \\ \vdots \\ \boldsymbol{r}_n \end{bmatrix}, \qquad \boldsymbol{R}^* = \omega^2 \boldsymbol{m} \boldsymbol{r}^* \tag{4.7}$$

mit $\boldsymbol{R}_i^T = [R_x, R_y]_i$, $\boldsymbol{m}_i = \mathrm{Diag}\,(m_i, m_i)$, $\boldsymbol{r}_i^T = [r_x, r_y]_i$ oder invertiert

$$\boldsymbol{r}^* = \chi^2 \boldsymbol{b}^* \boldsymbol{R}^* \quad \text{mit} \quad \boldsymbol{b}^* = \mathrm{Diag}\,(\boldsymbol{b}_1, \boldsymbol{b}_2, \boldsymbol{b}_3, \dots, \boldsymbol{b}_n)\,, \qquad \boldsymbol{b}_i = \mathrm{Diag}\,(m_i^{-1}, m_i^{-1})\,. \tag{4.8}$$

Die Dreieckelemente besitzen konstante Masse/Fläche und die gesamte Masse m_i. Mit einem linearen Verschiebungsansatz ergibt sich das Trägheitsgesetz für die Verschiebungen und Trägheitskräfte an den Elementecken:

$$\begin{bmatrix} X_\alpha \\ Y_\alpha \\ X_\beta \\ Y_\beta \\ X_\gamma \\ Y_\gamma \end{bmatrix}_i = \omega^2 m_i \begin{bmatrix} 1/2 & & 1/4 & & 1/4 & \\ & 1/2 & & 1/4 & & 1/4 \\ & & 1/2 & & 1/4 & \\ & \text{sym.} & & 1/2 & & 1/4 \\ & & & & 1/2 & \\ & & & & & 1/2 \end{bmatrix} \begin{bmatrix} u_\alpha \\ v_\alpha \\ u_\beta \\ v_\beta \\ u_\gamma \\ v_\gamma \end{bmatrix}_i \tag{4.9a}$$

Faßt man wiederum Verschiebungen und Kräfte an allen Elementecken zu Spaltenmatrizen zusammen, erhält man

$$\boldsymbol{X} = \omega^2 \boldsymbol{m}_N \boldsymbol{u}_E\,, \tag{4.9}$$

worin $\boldsymbol{m}_N$ eine Diagonalhypermatrix mit den Untermatrizen (4.9a) ist.

4.2 Elimination nach r, Krafteinflußzahlen

Es fehlen noch Zuordnungen der Stabenden und Elementecken zu den Knoten. Es wird als Beispiel das Fachwerk Abb. 4.2 gewählt:

$$\boldsymbol{u}_F = \mathfrak{A}_F \boldsymbol{r}^* \tag{4.10a}$$

mit $\boldsymbol{u}_F^T = [\boldsymbol{u}_{1a}, \boldsymbol{u}_{1e}, \boldsymbol{u}_{2a}, \boldsymbol{u}_{2e}, \boldsymbol{u}_{3a}, \boldsymbol{u}_{3e}, \dots, \boldsymbol{u}_{12a}, \boldsymbol{u}_{12e}]$, $\boldsymbol{r}^{*T} = [\boldsymbol{r}_1, \boldsymbol{r}_2, \boldsymbol{r}_3 \dots \boldsymbol{r}_7]$

$$\mathfrak{A}_F^T = \begin{array}{c} \\ 1 \\ 2 \\ 3 \\ 4 \\ 5 \\ 6 \\ 7 \end{array} \begin{array}{cccccccccccccccccccccccc} 1_a & 1_e & 2_a & 2_e & 3_a & 3_e & 4_a & 4_e & 5_a & 5_e & 6_a & 6_e & 7_a & 7_e & 8_a & 8_e & 9_a & 9_e & 10_a & 10_e & 11_a & 11_e & 12_a & 12_e \\ & & & & & & & & & & & & & & & & & & & \boldsymbol{I} & & \boldsymbol{I} & & \boldsymbol{I} \\ & & & & & & & & & & & & & & & \boldsymbol{I} & & \boldsymbol{I} & & & & & \boldsymbol{I} & \\ & & & & & & & & & \boldsymbol{I} & & & & \boldsymbol{I} & & & & & & & \boldsymbol{I} & & & \\ & & & & & \boldsymbol{I} & & \boldsymbol{I} & & & & \boldsymbol{I} & \boldsymbol{I} & & & & \boldsymbol{I} & & \boldsymbol{I} & & & & & \\ & & & \boldsymbol{I} & & & \boldsymbol{I} & & \boldsymbol{I} & & & & & & & & & & & & & & & \\ \boldsymbol{I} & & \boldsymbol{I} & & \boldsymbol{I} & & & & & & & & & & & & & & & & & & & \\ & \boldsymbol{I} & & & & & & & & & \boldsymbol{I} & & & & \boldsymbol{I} & & & & & & & & & \end{array}\,.$$

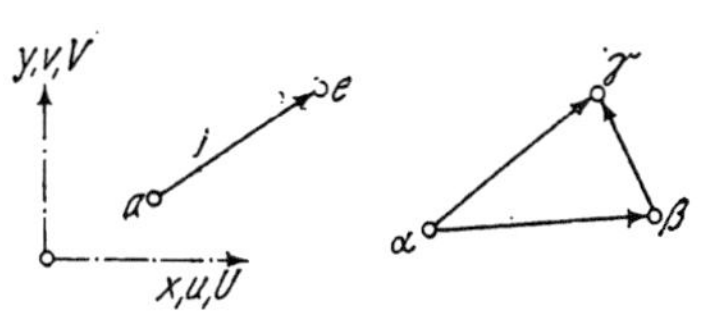

Abb. 4.1. Fachwerkstab und Dreieckelement

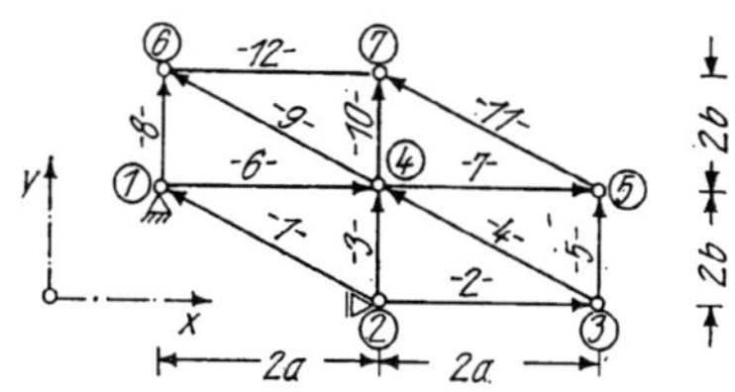

Abb. 4.2. Fachwerk

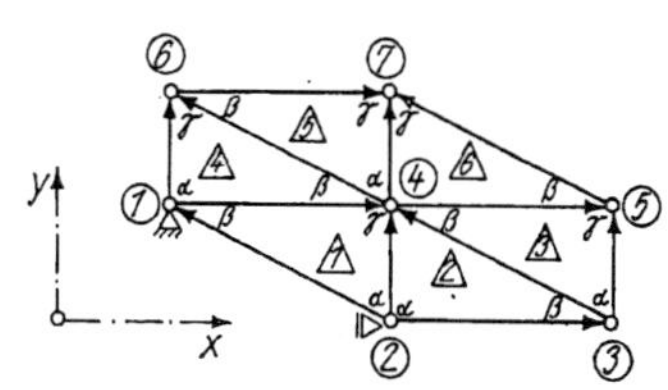

Abb. 4.3. Dreieckelemente

Ähnlich ergibt sich für die Gleichgewichtsbedingungen

$$\boldsymbol{R}^* = -\mathfrak{A}_F^T \boldsymbol{U}_F \tag{4.10b}$$

mit $\boldsymbol{R}^{*T} = [\boldsymbol{R}_1, \boldsymbol{R}_2, \boldsymbol{R}_3, \dots, \boldsymbol{R}_7]$, $\boldsymbol{U}^t = [\boldsymbol{U}_{1a}, \boldsymbol{U}_{1e}, \boldsymbol{U}_{2a}, \boldsymbol{U}_{2e}, \boldsymbol{U}_{3a}, \boldsymbol{U}_{3e}, \dots, \boldsymbol{U}_{12a}, \boldsymbol{U}_{12e})$. In (4.2a) und (4.4a) eingesetzt, liefern die Gleichungen

$$\boldsymbol{e} = -\boldsymbol{c}_F \mathfrak{D}_F^T \boldsymbol{r}^* = -\boldsymbol{c}_F \mathfrak{N}_F^{*T} \boldsymbol{r}^*\,, \qquad \boldsymbol{R}^* = -\mathfrak{A}_F^T \mathfrak{D}_F \boldsymbol{c}_F^T \mathfrak{N} = -\mathfrak{N}_F^* \boldsymbol{c}_F^T \boldsymbol{N} \tag{4.11), (4.12}$$

mit

$$\mathfrak{N}^* = \begin{array}{c} \\ p_1 \\ p_2 \\ p_3 \\ p_4 \\ p_5 \\ p_6 \\ p_7 \end{array} \begin{array}{cccccccccccc} z_1 & z_2 & z_3 & z_4 & z_5 & z_6 & z_7 & z_8 & z_9 & z_{10} & z_{11} & z_{12} \\ -\boldsymbol{I} & & & & & \boldsymbol{I} & & \boldsymbol{I} & & & & \\ \boldsymbol{I} & \boldsymbol{I} & \boldsymbol{I} & & & & & & & & & \\ & -\boldsymbol{I} & & \boldsymbol{I} & \boldsymbol{I} & & & & & & & \\ & & -\boldsymbol{I} & -\boldsymbol{I} & & -\boldsymbol{I} & \boldsymbol{I} & & \boldsymbol{I} & \boldsymbol{I} & & \\ & & & & -\boldsymbol{I} & & -\boldsymbol{I} & & & & \boldsymbol{I} & \\ & & & & & & & -\boldsymbol{I} & -\boldsymbol{I} & & & \boldsymbol{I} \\ & & & & & & & & & -\boldsymbol{I} & -\boldsymbol{I} & -\boldsymbol{I} \end{array}\,,$$

in die die Auflagerbedingungen durch Streichen der ersten drei Zeilen von $\mathfrak{N}^*$ eingearbeitet werden,

$$\boldsymbol{e} = -\boldsymbol{c}_F \mathfrak{N}_F^t \boldsymbol{r}\,, \qquad \boldsymbol{R} = -\mathfrak{N}_F \boldsymbol{c}_F^t \boldsymbol{N} \tag{4.13), (4.14}$$

mit $\boldsymbol{r}^t = [r_{2y}, \boldsymbol{r}_3, \boldsymbol{r}_4, \ldots, \boldsymbol{r}_7]$, $\boldsymbol{R}^t = [R_{2y}, \boldsymbol{R}_3, \boldsymbol{R}_4, \ldots, \boldsymbol{R}_7]$,

$$\mathfrak{N} = \begin{array}{c} \\ p_2 \\ p_3 \\ p_4 \\ p_5 \\ p_6 \\ p_7 \end{array} \begin{array}{cccccccccccc} z_1 & z_2 & z_3 & z_4 & z_5 & z_6 & z_7 & z_8 & z_9 & z_{10} & z_{11} & z_{12} \\ \hline 1 & 1 & 1 & & & & & & & & & \\ & -I & & I & I & & & & & & & \\ & & -I & -I & & -I & I & & I & I & & \\ & & & & -I & & -I & & & & I & \\ & & & & & & & -I & -I & & & I \\ & & & & & & & & & -I & -I & -I \end{array} .$$

Mit (4.5a) und (4.7) erhält man

$$(\boldsymbol{K} - \omega^2 \boldsymbol{m})\, \boldsymbol{r} = 0\,, \qquad \boldsymbol{K} = \mathfrak{N} \boldsymbol{c}_F^T \boldsymbol{k} \boldsymbol{c}_F \mathfrak{N}^T\,. \tag{4.15}$$

Bei den Dreieckelementen läuft die Elimination ähnlich. Im Netz sind zwischen den Knoten Dreieckelemente aufgespannt (Abb. 4.3). Die Verschiebungen der Elementecken werden denen der Knotenpunkte zugeordnet:

$$\boldsymbol{u}_E = \mathfrak{A}_E^* \boldsymbol{r}^* \tag{4.16}$$

mit $\boldsymbol{u}_E^T = [\boldsymbol{u}_{1\alpha}, \boldsymbol{u}_{1\beta}, \boldsymbol{u}_{1\gamma}, \boldsymbol{u}_{2\alpha}, \boldsymbol{u}_{2\beta}, \boldsymbol{u}_{2\gamma}, \ldots, \boldsymbol{u}_{6\alpha}, \boldsymbol{u}_{6\beta}, \boldsymbol{u}_{6\gamma}]$, $\boldsymbol{r}^{*t} = [\boldsymbol{r}_1, \boldsymbol{r}_2, \boldsymbol{r}_3, \ldots, \boldsymbol{r}_7]$,

$$\mathfrak{A}_E^{*T} = \begin{array}{c} \\ 1 \\ 2 \\ 3 \\ 4 \\ 5 \\ 6 \\ 7 \end{array} \begin{array}{cccccccccccccccccc} 1_\alpha & 1_\beta & 1_\gamma & 2_\alpha & 2_\beta & 2_\gamma & 3_\alpha & 3_\beta & 3_\gamma & 4_\alpha & 4_\beta & 4_\gamma & 5_\alpha & 5_\beta & 5_\gamma & 6_\alpha & 6_\beta & 6_\gamma \\ \hline & & & & & & & & I & & & & & & & & I & \\ & & & & & & & & & & & & & & I & & & I \\ & & & & & & & & & & & I & & I & & & & \\ & & I & & & I & & I & & & I & & I & & & I & & \\ & I & & & & & & & & I & & & & & & & & \\ & & & & I & & I & & & & & & & & & & & \\ I & & & I & & & & & & & & & & & & & & \end{array} .$$

Analog ergeben sich Gleichgewichtsbedingungen und das Trägheitsgesetz

$$\boldsymbol{R}^* = -\mathfrak{A}_E^{*T} \boldsymbol{U}_E\,, \qquad \boldsymbol{R}^* = \mathfrak{A}_E^{*T} \boldsymbol{X} \tag{4.17), (4.18}$$

und nach Einsetzen in (4.2b), (4.4b)

$$\boldsymbol{\varrho}_N = -\boldsymbol{c}_E \mathfrak{D}_E^t \mathfrak{A}_E^* \boldsymbol{r}^* = -\boldsymbol{c}_E \mathfrak{N}_E^{*t} \boldsymbol{r}^*\,, \qquad \boldsymbol{R}^* = -\mathfrak{A}_E^{*t} \mathfrak{D}_E \boldsymbol{c}_E^t \boldsymbol{P}_N = -\mathfrak{N}_E^* \boldsymbol{c}_E^t \boldsymbol{P}_N \tag{4.19), (4.20}$$

mit

$$\mathfrak{N}_E^* = \begin{array}{c} \\ \\ p_1 \\ p_2 \\ p_3 \\ p_4 \\ p_5 \\ p_6 \\ p_7 \end{array} \begin{array}{ccc|ccc|ccc|ccc|ccc|ccc} & 1 & & & 2 & & & 3 & & & 4 & & & 5 & & & 6 & \\ \alpha\beta & \beta\gamma & \alpha\gamma & \alpha\beta & \beta\gamma & \alpha\gamma & \alpha\beta & \beta\gamma & \alpha\gamma & \alpha\beta & \beta\gamma & \alpha\gamma & \alpha\beta & \beta\gamma & \alpha\gamma & \alpha\beta & \beta\gamma & \alpha\gamma \\ \hline -I & I & & & & & & & & I & & I & & & & & & \\ I & & I & I & & I & & & & & & & & & & & & \\ & & & -I & I & & I & & I & & & & & & & & & \\ & -I & -I & & -I & -I & -I & I & & -I & I & & I & & I & I & & I \\ & & & & & & & -I & -I & & & & & & & -I & I & \\ & & & & & & & & & & -I & -I & -I & I & & & & \\ & & & & & & & & & & & & & -I & -I & & -I & -I \end{array} ,$$

worin zum Einarbeiten der Auflagerbedingungen die ersten drei Zeilen von $\mathfrak{N}_E^*$ und $\mathfrak{A}_E^{*T}$ gestrichen werden,

$$\mathfrak{N}_E = \begin{array}{c} \\ \\ p_2 \\ p_3 \\ p_4 \\ p_5 \\ p_6 \\ p_7 \end{array} \begin{array}{cccccc:cccccccccccc} & 1 & & & 2 & & & 3 & & & 4 & & & 5 & & & 6 & \\ \alpha\beta & \beta\gamma & \alpha\gamma & \alpha\beta & \beta\gamma & \alpha\gamma & \alpha\beta & \beta\gamma & \alpha\gamma & \alpha\beta & \beta\gamma & \alpha\gamma & \alpha\beta & \beta\gamma & \alpha\gamma & \alpha\beta & \beta\gamma & \alpha\gamma \\ \hline 1 & & 1 & 1 & & 1 & & & & & & & & & & & & \\ & & & -I & I & & I & & I & & & & & & & & & \\ & -I & -I & & -I & -I & -I & I & & -I & I & & I & & I & I & & I \\ & & & & & & & -I & I & & & & & & & -I & I & \\ & & & & & & & & & & -I & I & -I & I & & & & \\ & & & & & & & & & & & & & -I & -I & & -I & -I \end{array} , \tag{4.21}$$

$$\mathfrak{A}_E^T = \begin{array}{c} \\ p_2 \\ p_3 \\ p_4 \\ p_5 \\ p_6 \\ p_7 \end{array} \begin{array}{ccccccccccccccc:ccc} 1_\alpha & 1_\beta & 1_\gamma & 2_\alpha & 2_\beta & 2_\gamma & 3_\alpha & 3_\beta & 3_\gamma & 4_\alpha & 4_\beta & 4_\gamma & 5_\alpha & 5_\beta & 5_\gamma & 6_\alpha & 6_\beta & 6_\gamma \\ \hline 1 & & & 1 & & & & & & & & & & & & & & \\ & & & & I & & I & & & & & & & & & & & \\ & & I & & & I & & I & & & I & & I & & & I & & \\ & & & & & & & & I & & & & & & & & I & \\ & & & & & & & & & & & I & & I & & & & I \\ & & & & & & & & & & & & & & I & & & \end{array} , \tag{4.22}$$

so daß man das Eigenwertproblem

$$(\boldsymbol{K} - \omega^2\boldsymbol{m})\,\boldsymbol{r} = 0 \quad \text{mit} \quad \boldsymbol{K} = \mathfrak{N}_E \boldsymbol{c}_E^T \boldsymbol{k}_N \boldsymbol{c}_E \mathfrak{N}_E^T\,, \qquad \boldsymbol{m} = \mathfrak{A}_E^T \boldsymbol{m}_N \mathfrak{A}_E \tag{4.23}$$

erhält.

Da längs der Innenkanten des Netzes von jedem beidseits angrenzenden Element je eine Kraft wirkt, kommen die Innenkanten in $\mathfrak{N}_E$ zweimal vor. Für die folgenden Abschnitte ist es vorteilhaft, wenn (4.23) die Form (4.15) annimmt [23]. Dazu führen wir eine Zuordnungsmatrix der Kanten $\mathfrak{A}_K$ ein, mit der wir $\boldsymbol{\varrho}_N$ und $\boldsymbol{e}$ verknüpfen und die angibt, wie die Elementseiten mit den Netzlinien zusammenfallen.

$$\boldsymbol{\varrho}_N = \mathfrak{A}_K \boldsymbol{e} \tag{4.24}$$

mit

$$\boldsymbol{\varrho}_N^T = [\varrho_{1\alpha\beta}, \varrho_{1\beta\gamma}, \varrho_{1\alpha\gamma}, \varrho_{2\alpha\beta}, \varrho_{2\beta\gamma}, \varrho_{2\alpha\gamma}, \dots, \varrho_{6\alpha\beta}, \varrho_{6\beta\gamma}, \varrho_{6\alpha\gamma}]\,, \qquad \boldsymbol{e}^T = [e_1, e_2, \dots, e_{12}]\,,$$

$$\mathfrak{A}_K^T = \begin{array}{r|cccccccccccccccccc|}
 & \multicolumn{3}{c}{1} & \multicolumn{3}{c}{2} & \multicolumn{3}{c}{3} & \multicolumn{3}{c}{4} & \multicolumn{3}{c}{5} & \multicolumn{3}{c}{6} \\
 & \alpha\beta & \beta\gamma & \alpha\gamma & \alpha\beta & \beta\gamma & \alpha\gamma & \alpha\beta & \beta\gamma & \alpha\gamma & \alpha\beta & \beta\gamma & \alpha\gamma & \alpha\beta & \beta\gamma & \alpha\gamma & \alpha\beta & \beta\gamma & \alpha\gamma \\
1 & & & & & & & & & & & & & & & & & & 1 \\
2 & & & & & & & & & & & & & & & 1 & & & \\
3 & & & & & & & & & & & & & 1 & & & 1 & & \\
4 & & & & & & & & & & & & 1 & & 1 & & & & \\
5 & & & & & & & & & & 1 & & & & & & & & \\
6 & & & & & & & & & 1 & & & & & & & & 1 & \\
7 & & & 1 & & & & & & & & 1 & & & & & & & \\
8 & & & & & & & 1 & & & & & & & & & & & \\
9 & & & & & & 1 & & 1 & & & & & & & & & & \\
10 & 1 & & & 1 & & & & & & & & & & & & & & \\
11 & & 1 & & & & & & & & & & & & & & & & \\
12 & & & & & 1 & & & & & & & & & & & & &
\end{array}\,.$$

Die Zahl der Verzerrungen in $\boldsymbol{\varrho}_N$ der Elementseiten wird auf die Zahl der Längenänderungen der Netzlinien in $\boldsymbol{e}$ herabgesetzt. Ebenso kann man die zu einer Netzlinie gehörenden Komponenten von $\boldsymbol{P}_N$ zu einer Kraft $\boldsymbol{N}$ zusammenfassen:

$$\boldsymbol{N} = \mathfrak{A}_K^T \boldsymbol{P}_N\,. \tag{4.25}$$

Damit schreibt sich das Elastizitätsgesetz (4.5b) in der Form

$$\boldsymbol{N} = \mathfrak{A}_K^T \boldsymbol{k}_N \mathfrak{A}_K \boldsymbol{e} = \boldsymbol{k}\boldsymbol{e} \tag{4.26}$$

wie für ein Fachwerk, nur daß $\boldsymbol{k}$ keine Diagonalmatrix mehr ist, was nach Einarbeiten der Randbedingungen auf

$$(\boldsymbol{K} - \omega^2\boldsymbol{m})\,\boldsymbol{r} = 0 \quad \text{mit} \quad \boldsymbol{K} = \mathfrak{N}_F \boldsymbol{c}_F^T \boldsymbol{k} \boldsymbol{c}_F \mathfrak{N}_F^T\,, \qquad \boldsymbol{m} = \mathfrak{A}_E^T \boldsymbol{m}_N \mathfrak{A}_E \tag{4.27}$$

führt. Das stimmt wegen

$$\mathfrak{A}_K \boldsymbol{c}_F \mathfrak{D}_F \mathfrak{A}_F = \mathfrak{A}_K \boldsymbol{c}_F \mathfrak{N}_F^{*T} = \boldsymbol{c}_E \mathfrak{N}_E^{*T} \tag{4.28}$$

mit (4.23) überein, wenn man noch die Randbedingungen einarbeitet.

Bei einem System mit Starrkörperverrückungen kann man die Singularität durch Spektralverschiebung mit positiv definiertem $\boldsymbol{m}$ beheben, so daß man wie für ein gelagertes System nach Dreieckszerlegung von $\boldsymbol{K}$ vom allgemeinen zum speziellen Eigenwertproblem übergehen kann [9], was auf geometrisch unbestimmte Hauptsysteme [24] führt. Meist ist jedoch $\boldsymbol{m}$ schwächer besetzt als $\boldsymbol{K}$, so daß eine Dreieckszerlegung von $\boldsymbol{m} = \boldsymbol{S}^T\boldsymbol{S}$ [10], [11] auf das spezielle Eigenwertproblem

$$(\boldsymbol{S}^{-T}\boldsymbol{K}\boldsymbol{S}^{-1} - \omega^2\boldsymbol{I})\,\boldsymbol{y} = 0\,, \qquad \boldsymbol{y} = \boldsymbol{S}\boldsymbol{r} \tag{4.29}$$

führt.

4.3 Elimination nach $\boldsymbol{N}$ oder $\boldsymbol{P}_N$, Dehnungseinflußzahlen

Beim Fachwerk läuft die Elimination ähnlich wie bei der dehnsteifen Kette. Durch Streichen von drei Zeilen und drei Spalten in (4.8) werden im Trägheitsgesetz die Auflagerbedingungen eingearbeitet,

$$\boldsymbol{r} = \chi^2 \boldsymbol{b}\boldsymbol{R} \tag{4.30}$$

mit $\boldsymbol{b} = \text{Diag}\,(1/m_2, \boldsymbol{b}_3, \dots, \boldsymbol{b}_7)$.

Aus (4.30), (4.13), (4.14) ergibt sich

$$(\boldsymbol{B} - \omega^2\boldsymbol{h})\,\boldsymbol{N} = 0\,, \qquad \boldsymbol{B} = \boldsymbol{c}_F \mathfrak{N}_F^T \boldsymbol{b} \mathfrak{N}_F \boldsymbol{c}_F^T\,. \tag{4.31}$$

Bei den Elementen kann man nach $\boldsymbol{P}_N$ eliminieren,

$$(\boldsymbol{B}_N - \omega^2\boldsymbol{h}_N)\,\boldsymbol{P}_N = 0\,, \qquad \boldsymbol{B}_N = \boldsymbol{c}_E \mathfrak{N}_E^T \boldsymbol{b} \mathfrak{N}_E \boldsymbol{c}_E^T\,, \tag{4.32}$$

oder nach $\boldsymbol{N}$

$$(\boldsymbol{B} - \omega^2\boldsymbol{h})\,\boldsymbol{N} = 0\,, \qquad \boldsymbol{B} = \boldsymbol{c}_F \mathfrak{N}_F^T \boldsymbol{b} \mathfrak{N}_F \boldsymbol{c}_F^T\,. \tag{4.33}$$

Dabei wird in (4.32), (4.33) die Inversion des Trägheitsgesetzes

$$\boldsymbol{R} = \omega^2 \mathfrak{A}_E^T \boldsymbol{m}_N \mathfrak{A}_E \boldsymbol{r} = \omega^2 \boldsymbol{m}\boldsymbol{r} = \omega^2 \boldsymbol{S}^T\boldsymbol{S}\boldsymbol{r}\,, \qquad \boldsymbol{r} = \chi^2 \boldsymbol{S}^{-1}\boldsymbol{S}^{-T}\boldsymbol{R} = \chi^2 \boldsymbol{b}\boldsymbol{R} \tag{4.34}$$

benutzt, mit den gleichen Matrizen S^{-T}, S^{-1}, die bei der Elimination nach r beim Übergang zum speziellen Eigenwertproblem (4.29) benötigt werden. In (4.33) taucht noch die Inversion von (4.26) auf:

$$e = hN\,, \qquad k = v^T v\,, \qquad h = v^{-1} v^{-T} \tag{4.35}$$

Die Matrizen B, B_N in (4.31), (4.32), (4.33) werden singulär, wenn das System n-fach, $n \geqq 1$, statisch unbestimmt ist. Das Eigenwertproblem besitzt einen um n höheren Grad als erforderlich, weil P_N, N um n mehr Komponenten enthalten als Schwingungsfreiheitsgrade vorhanden sind, so daß sich n-mal der Faktor $\omega^2 = 0$ abspalten läßt. In (4.33) ist die Zahl n gegenüber (4.32) auf den Grad der statischen Unbestimmtheit des Netzes reduziert, da längs der inneren Netzlinien zwei Kräfte P_{Nj} zu einer Kraft N_j zusammengefaßt sind.

Durch eine Spektralverschiebung mit der Matrix h kann man das Eigenwertproblem eines statisch unbestimmten Systems auf das eines statisch bestimmten Systems zurückführen. Beim Übergang vom allgemeinen Eigenwertproblem (4.33) zum speziellen Eigenwertproblem

$$(vBv^T - \omega^2 I)\, y = 0\,, \qquad y = v^{-T} N \tag{4.36}$$

läßt sich (4.35) wieder benutzen.

4.4 Elimination nach R, Verschiebungseinflußzahlen

Beim im allgemeinen statisch unbestimmten Fachwerk müssen wir das überbestimmte zeilensinguläre Gleichungssystem

$$-c_F \mathfrak{N}_F^T r = e \tag{4.37}$$

nach r auflösen. Es besitzt nur eine Lösung, wenn die gleiche lineare Abhängigkeit der linken Seiten auch für die rechten Seiten gilt:

$$\mathfrak{N}_F c_F^T A = 0\,, \qquad e^T A = 0\,. \tag{4.38}$$

Die Lösung A des homogenen Gleichungssystems ist orthogonal zu e^T. Das sehr einfach gewählte System (Abb. 4.2) enthält $14 - 3 = 11$ freie Verschiebungen und 12 Dehnungen der Stäbe. Es ist bei Vorgabe der 12 Dehnungen einfach geometrisch überbestimmt. Die Verträglichkeitsbedingung für die Dehnungen (4.38) wurde für das einfache System (Abb. 4.2) in [23] aus geometrischen Überlegungen hergeleitet. Eine Erweiterung für mehrfach zusammenhängende Netze findet sich in [8]. Es ergibt sich mit

$$c_F = \operatorname{Diag}\Bigg[\left[-\frac{a}{\sqrt{a^2+b^2}}, \frac{b}{\sqrt{a^2+b^2}}\right], [1, 0], [0, 1], \left[\frac{-a}{\sqrt{a^2+b^2}}, \frac{b}{\sqrt{a^2+b^2}}\right], [0, 1], [1, 0]\,,$$
$$[1, 0], [0, 1], \left[\frac{-a}{\sqrt{a^2+b^2}}, \frac{b}{\sqrt{a^2+b^2}}\right], [0, 1], \left[\frac{-a}{\sqrt{a^2+b^2}}, \frac{b}{\sqrt{a^2+b^2}}\right], [1, 0]\Bigg]$$

A zu

$$A^T = \left[\frac{\sqrt{a^2+b^2}}{ab}, -\frac{1}{b}, -\frac{1}{a}, -\frac{\sqrt{a^2+b^2}}{ab}, \frac{1}{a}, -\frac{1}{b}, -\frac{1}{b}, \frac{1}{a}, -\frac{\sqrt{a^2+b^2}}{ab}, -\frac{1}{a}, \frac{\sqrt{a^2+b^2}}{ab}, \frac{1}{b}\right], \tag{4.39}$$

so daß sich (4.38) in der Form

$$\frac{e_{12}-e_6}{b} - \frac{e_7-e_2}{b} + \frac{e_5-e_3}{a} + \frac{e_{10}-e_8}{a} + \sqrt{\frac{a^2+b^2}{ab}}\,[(e_{11}-e_9)-(e_4-e_1)] = 0 \tag{4.38'}$$

ergibt, was an die Verträglichkeitsbedingung der Scheibentheorie erinnert [23]. Da in (4.37) nicht mehr die Knotenzweigmatrix des Netzes allein, sondern die Knotenzweigmatrix doppelt (Einheitsmatrix I), in die die Auflagerbedingungen eingearbeitet wurden, verbunden mit den Richtungskosinus vorkommt, kann man (4.38) nicht mehr mit der Maschenmatrix des Netzes allein erklären. Auch in (4.38') gehen Richtungskosinus als Faktoren ein.

Die Gleichgewichtsbedingungen (4.14)

$$-\mathfrak{N}_F c_F^T N = R \tag{4.40}$$

sind einfach unterbestimmt. Die Lösung setzt sich aus zwei Anteilen zusammen: Die Lösung der homogenen Gleichung wird in der Form

$$N_h = YA \tag{4.41}$$

angesetzt. Die Lösung der inhomogenen Gleichung läßt sich nicht mehr einfach aus der Baummatrix gewinnen. Nach einem von BÖKELER vorgeschlagenen Verfahren [8] wird die Matrix $V = -\mathfrak{N} c_F^T$ in zwei Teile aufgespalten, $V = [V_0, V_1]$, so daß die Inverse der Teilmatrix V_0^{-1} gebildet werden kann. Dies geschieht z. B. mit einer GAUSSschen Dreieckszerlegung mit Zeilen- und Spaltentausch,

$$N_p = [V_0^{-1}, 0]\, R = A_0 R\,. \tag{4.42}$$

In unserem einfachen System bedeutet dies, daß man, wenn man die Reihenfolge der Stabbenummerung beibehält, das System ohne Stab 12 als statisch unbestimmtes System wählt. In der statisch unbestimmten Rechnung wird Y aus (4.38) bestimmt,

$$N = [A_0 - (A^T h A)^{-1} A^T h A_0]\, R = DR\,. \tag{4.43}$$

Man erhält das Eigenwertproblem ähnlich wie bei der Stabkette:

$$(H - \chi^2 b)\, R = 0\,, \qquad H = A_0 h D\,. \tag{4.44}$$

Eliminiert man bei den Elementen nach P_N, so kann man von (4.6b) ausgehen, muß aber in unserem Beispiel siebenfach statisch unbestimmt rechnen. Eliminiert man nach N, so ist der Gang ähnlich wie zur Gleichung (4.44), die Matrizen h und b sind keine Diagonalmatrizen mehr.

Bei einem System mit Starrkörperverschiebungen läßt sich die Inverse H zur singulären Matrix K nicht bilden, wenn man keine Spektralverschiebung durchführt und damit die Singularität von K beseitigt. Beim Übergang zum speziellen Eigenwertproblem bietet sich wiederum die Dreieckszerlegung von m (4.29) an:

$$(SHS^T - \chi^2 I)\, y = 0\,, \qquad y = S^{-T} R\,. \tag{4.45}$$

4.5 Elimination nach e, Schnittkrafteinflußzahlen

Die Gleichungen in e führen auf das zu (4.33) inverse Eigenwertproblem. Die Inverse von B läßt sich nur bilden, wenn B nicht singulär, das System also statisch bestimmt ist. Ein ebenes Dreiecknetz wird bei einer größeren Anzahl von Dreiecken hochgradig statisch unbestimmt, so daß die Gleichungen in e als Einflußmatrizen dann nicht existieren und deshalb die Elimination nach e keine Bedeutung besitzt.

5. Zusammenfassung

Bei den Schwingerketten lassen sich zwei Knoten-, eine Maschenformulierung und eine Summengleichung unterscheiden. Die von WOERNLE hergeleiteten Differenzengleichungen in r und N sind Sonderfälle der Gleichungen mit Knotenmatrizen. Seine Summengleichungen in X lassen sich als Maschenbedingungen deuten, während bei den Gleichungen in e die Deutung als Masche nur im Sonderfall möglich ist.

Die beiden Eigenwertprobleme mit Knotenmatrizen in r und N lassen sich auf ein ebenes Netz übertragen, wobei dehnsteife Stäbe oder Dreieckscheibenelemente zwischen den Punkten aufgespannt sein können. Die Knotenmatrix tritt dann doppelt und multipliziert mit der Matrix der Richtungskosinus auf. Deshalb wird die Maschenformulierung im ebenen Netz umständlicher als bei den Ketten, weil die Inversion des Produktes von Knotenmatrix mit den Richtungskosinus nicht mehr auf einfache Baum- und Maschenmatrizen, sondern auf kompliziertere Ausdrücke führt.

Von den beiden Eigenwertproblemen mit Knotenmatrizen für finite Elemente ist das in den Verschiebungen (Krafteinflußzahlen, Weggrößenverfahren) das einfachere. Beim Eigenwertproblem in den Schnittkräften (Dehnungseinflußzahlen) steigt bei einem umfangreichen Dreiecknetz die Zahl der statisch Unbestimmten sehr schnell an, so daß auch die Ordnung des Eigenwertproblems in gleichem Maße ansteigt, während bei der Formulierung mit Krafteinflußzahlen meist keine Starrkörperverrückungen vorhanden sind oder ihre Zahl klein bleibt.

Literatur

1 WOERNLE, H.-TH., Ein systematischer Weg zur Gewinnung der Schwingungsgleichungen, Ing.-Arch. **31**, S. 18–43 (1962).
2 KLOTTER, K., Technische Schwingungslehre, Bd. 2, 2. Auflage, Springer Verlag, Berlin/Göttingen/Heidelberg 1960.
3 MARGUERRE, K.; WOERNLE, H.-TH., Einflußzahlen in der Schwingungslehre, Beiträge aus Statik und Stahlbau, Klöppel-Festschrift, Stahlbau-Verlag, Köln 1961.
4 FENVES, S. J.; BRANIN, F. H., Network-Topological Formulation of Structural Analysis, Proc. ASCE, J. Struct. Division **89**, S. 483–514 (1963).
5 KLÖPPEL, K.; REUSCHLING, D., Zur Anwendung der Theorie der Graphen bei der Matrizenformulierung statischer Probleme, Der Stahlbau **35**, S. 236–245 (1966).
6 MÖLLER, K.-H.; WAGEMANN, C.-H., Die Formulierung der Einheitsverformungs- und Einheitsbelastungszustände in Matrizenschreibweise mit Hilfe der Theorie der Graphen, Der Stahlbau **35**, S. 257–269 (1966).
7 WAGEMANN, C.-H., Berechnung der Ausgangsmatrizen für das Verfahren von Argyris für allgemeine Stabwerke, Proc. III. Internat. Kongreß Anwend. d. Mathematik in den Ingenieurwissenschaften, Weimar, 1965.
8 BÖKELER, K.-H., Verträglichkeitsbedingungen und Spannungsfunktionen im ebenen, mehrfach zusammenhängenden Punkthaufennetz, Dissertation, Universität Stuttgart, 1975.
9 ZIENKIEWICS, O. C., The Finite Element Method in Engineering Science, 2nd Ed., McGraw Hill, London, New York, Toronto, Sydney 1971.
10 JOHNSON, TH. L., Die simultane Berechnung von Eigenwerten und Eigenvektoren großer, ungedämpfter Schwingungsprobleme mit Starrkörperfreiheitsgraden, Dissertation, Universität Stuttgart, 1974.
11 JOHNSON, TH. L., On the Computation of Natural Modes of an Unsupported Vibrating Structure by Simultaneous Iteration, Computer Methods in Appl. Mechanics and Engineering **2**, S. 305–322 (1973).
12 ARGYRIS, J. H., BRØNLUND, O. E., The Natural Factor Formulation of the Stiffness for the Matrix Displacement Method, Computer Methods in Appl. Mechanics and Engineering **5**, S. 97–119 (1975).
13 TRENT, H. M., An Alternative Formulation of the Laws of Mechanics, J. Appl. Mechanics **19**, S. 147–150 (1952).
14 TRENT, H. M., Isomorphisms between Oriented Linear Graphs and Lumped Physical Systems, J. Acoustical Society of America **27**, S. 500–527 (1955).
15 KÖNIG, D., Theorie der endlichen und unendlichen Graphen, Akademische Verlagsgesellschaft, Leipzig, 1936, Chelsea Publishing Company, New York 1950.
16 MAYEDA, W., Graph Theory, John Wiley & Sons, New York 1972.
17 DÖRFLER, W., MÜHLBACHER, J., Graphentheorie für Informatiker, W. d. Gruyter, Berlin, Sammlung Göschen, Bd. 6016.
18 WAGNER, K., Graphentheorie, Bibl. Institut, Mannheim/Wien/Zürich 1970, B. I., Hochschultaschenbücher Bd. 248.
19 ARGYRIS, J. H., Die Matrizentheorie der Statik, Ing.-Arch. **25**, S. 174–192 (1957).
20 SCHALK, M., Zur Schwingungsberechnung balkenartiger Tragwerke; gekoppelte Biege-Torsions-Schwingungen von Bauwerken, Dissertation Techn. Hochschule Darmstadt, 1973.
21 ARGYRIS, J. H., Three Dimensional Anisotropic Inhomogeneous Elastic Media, Matrix Analysis for Small and Large Displacements, Ing.-Arch. **34**, S. 33–55 (1965).
22 BUCK, K. E., SCHARPF, D. W., Einführung in die Methode der finiten Elemente, in: K. E. BUCK, D. W. SCHARPF, E. STEIN, W. WUNDERLICH (Herausgeber), Finite Elemente in der Statik, Verlag Ernst u. Sohn, Berlin/München/Düsseldorf 1973.
23 SCHADE, D., Zur Elastizitätstheorie des dehnsteifen Punkthaufens, Habilitationsschrift, Universität Stuttgart, 1971.
24 SCHADE, D., Eine Deutung der Methode der Steifigkeitsfaktoren beim Weggrößenverfahren, Der Bauingenieur **54**, S. 419–429 (1979).

Eingereicht am 25. 6. 1979, in revidierter Fassung am 5. 12. 1979

Anschrift: Prof. Dr.-Ing. D. SCHADE, Sommerhaldenstraße 46, D 7000 Stuttgart 1, BRD

ZAMM 60, 409 – 419 (1981)

G. SCHMIDT

Schwingungen unter gleichzeitiger zufälliger Zwangs- und Parametererregung

Herrn Prof. Dr. EBERHARD METTLER zum 70. Geburtstag gewidmet

Schwingungen eines Systems mit einem Freiheitsgrad, kombinierter zufälliger Zwangs- und Parametererregung in Form eines Weißen Rauschens und Rückstell-, Trägheits- und Dämpfungsnichtlinearitäten werden untersucht. Mit Hilfe der Theorie der Itôgleichungen und einer iterativen Methode von Stratonovich, die die Methode der stochastischen Mittelung verallgemeinert, werden stationäre Lösungen der Fokker-Planck-Kolmogorov-Gleichung für die Verteilungsdichte der Amplitude gefunden, die zu Ergebnissen über verschiedene Momente und die Wahrscheinlichkeit für das Überschreiten eines festen Amplitudenniveaus führen.

The vibrations of a one degree of freedom system with combined white noise random forced and parametric excitation and restoring, inertia and damping nonlinearities are investigated. By means of the theory of Itô equations and an iterative method of Stratonovich generalising the method of stochastic averaging, stationary solutions of the Fokker-Planck-Kolmogorov equation for the probability density of the amplitude are found which lead to results on different moments and the probability of exceeding a fixed amplitude level.

Исследуются колебания системы с одной степенью свободы, с комбинированным внешним и параметрическим возбуждением в форме белого шума и с нелинейностями восстанавливающей силы, инерции и затухания. С помощью теории уравнений Ито и итеративного метода Стратоновича отыскиваются стационарные решения уравнения Фоккера-Планка-Колмогорова для плотности вероятности амплитуды, позволяющие определение различных моментов и вероятности пересечения заданного уровня амплитуды.

1. Ausgangsgleichungen

Viele Schwingungsprobleme der Mechanik wie auch anderer Disziplinen lassen sich durch eine nichtlineare Differentialgleichung der Form

$$\begin{aligned} x'' + \omega^2 x &= F(t, x, x', x''), \\ F &= -\beta x' - bx^2x' - dx'^3 + cx^3 + ex(x'^2 + xx'') + \varepsilon\dot{\xi}(t)\, x + \gamma\dot{\xi}(t) \end{aligned} \tag{1}$$

beschreiben (b und d nichtnegativ, einer der Werte positiv, $\varepsilon \neq 0$). Beispiele für die Modellierung von Kontinuumsschwingungen durch eine solche Gleichung sind etwa in [3], [10] gegeben. So genügen die Biegeschwingungen eines gelenkig gelagerten Stabes unter Parametererregung durch zeitabhängige Längskräfte mit der Intensität ε und Zwangserregung durch zeitabhängige Querkräfte mit der Intensität γ (Abb. 1a) in angebbarer und im allgemeinen ausreichender Näherung der Gleichung (1). Dabei werden neben einer linearen Dämpfung mit dem Koeffizienten β nichtlineare (amplitudenabhängige) Dämpfungsanteile mit den Koeffizienten d und b erfaßt, die sich bei parametererregten Schwingungen als phänomenbestimmend erwiesen haben; in den kubischen Rückstellausdruck mit dem Koeffizienten c gehen neben geometrischen auch physikalische Nichtlinearitäten infolge eines nichtlinearen Elastizitätsgesetzes ein, eine „Längsträgheit" mit dem Koeffizienten e erfaßt den wichtigen Trägheitseinfluß der nichtlinear mit den Biegeschwingungen verbundenen Längsschwingungen. Entsprechendes gilt für die Biegeschwingungen von Platten unter zeitabhängigen Quer- und Mittelflächenkräften (Abb. 1b), wobei der Längsträgheitsausdruck von den nichtlinear mit den Biegeschwingungen verbunden Mittelflächenschwingungen herrührt.

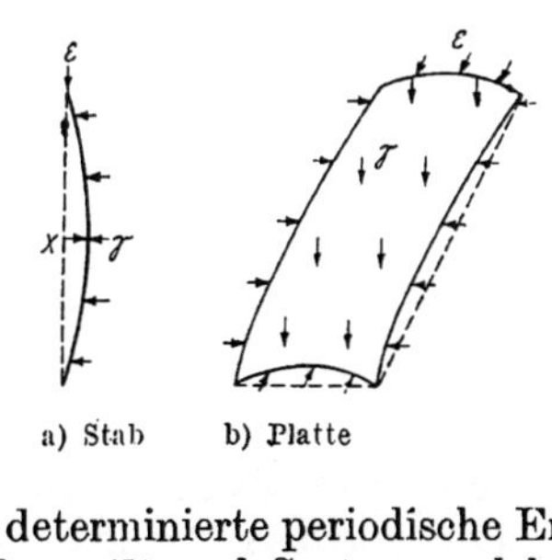

Abb. 1. Gleichzeitige Parameter- und Zwangserregung.

Für determinierte periodische Erregungen wie auch für schmalbandige Zufallserregungen liegen für Gleichungen der Form (1) und Systeme solcher Gleichungen wirkungsvolle analytisch-numerische Lösungsverfahren und recht allgemeine Ergebnisse vor, es sei auf W. W. BOLOTIN [3], G. SCHMIDT [10], [11], R. MODEL [8] verwiesen. Dagegen steckt die Berücksichtigung breitbandiger Zufallserregungen noch in den Anfängen. Bei Parametererregung allein werden spezielle Fälle der Gleichung (1) unter anderen von G. L. STRATONOVICH [12], N. A. NIKOLAENKO [9], G. K. BAXTER [2], G. SCHMIDT [11] untersucht.

Eine gleichzeitige Parameter- und Zwangserregung für eine Gleichung der Form (1) wurde von M. F. DIMENTBERG u. A. A. GORBUNOW [4] und R. MODEL [8] berücksichtigt, worauf noch im einzelnen verwiesen wird.

Die Erregerfunktion $\dot{\xi}(t)$ sei ein Zufallsprozeß von der Form des Weißen Rauschens, die verallgemeinerte Ableitung eines WIENERprozesses.

In Analogie zu der iterativen Berechnung von Amplitudengleichungen und Resonanzkurven im deterministischen Falle ist es unser Ziel, die statistische Verteilung der Schwingungsamplituden in Abhängigkeit von den Systemparametern zu bestimmen, wobei die Größen ε, γ und β im Sinne des Iterationsverfahrens betragsmäßig als hinreichend klein vorausgesetzt werden. Wir führen dazu durch

$$x = a \cos \varphi\,, \qquad x' = -\omega a \sin \varphi$$

die Amplitude a und die Phase

$$\varphi = \omega t + \vartheta$$

als Zufallsfunktion der Zeit ein, womit sich (1) in der Standardform

$$-\omega a' = F \sin \varphi\,, \qquad -\omega a \vartheta' = F \cos \varphi$$

ergibt. Wir verstehen diese Gleichungen als physikalische oder Stratonovich-Gleichungen. Wenn wir sie in der Form

$$\mathrm{d}y_i = m_i\,\mathrm{d}t + n_i\,\mathrm{d}\xi\,, \qquad i = 1, 2$$

mit $y_1 = a > 0$, $y_2 = \vartheta$ und $\mathrm{d}\xi = \dot{\xi}(t)\,\mathrm{d}t$ schreiben, sind die zugehörigen Itôgleichungen [1]

$$\mathrm{d}y_i = (m_i + \mu_i)\,\mathrm{d}t + n_i\,\mathrm{d}\xi\,, \qquad \mu_i = \frac{1}{2}\sum_{j=1}^{2} \frac{\partial n_i}{\partial y_j} n_j\,.$$

Die zusätzlichen Itôausdrücke ergeben sich zu

$$\mu_1 = \frac{\varepsilon^2 a}{16\omega^2}(3 + 4\cos 2\varphi + \cos 4\varphi) + \frac{\varepsilon\gamma}{4\omega^2}(3\cos\varphi + \cos 3\varphi) + \frac{\gamma^2}{4\omega^2 a}(1 + \cos 2\varphi)\,,$$

$$\mu_2 = -\frac{\varepsilon^2}{8\omega^2}(2\sin 2\varphi + \sin 4\varphi) - \frac{\varepsilon\gamma}{2\omega^2 a}(\sin\varphi + \sin 3\varphi) - \frac{\gamma^2}{2\omega^2 a^2}\sin 2\varphi\,,$$

damit lassen sich die Itôgleichungen nach trigonometrischen Umformungen in der Gestalt

$$\mathrm{d}a = p\,\mathrm{d}t + q\,\mathrm{d}\xi\,, \qquad \mathrm{d}\vartheta = r\,\mathrm{d}t + s\,\mathrm{d}\xi \tag{2}$$

schreiben mit

$$\begin{aligned} p = &-\frac{\beta a}{2} + \frac{\beta a}{2}\cos 2\varphi - \frac{ba^3}{8} + \frac{ba^3}{8}\cos 4\varphi - \frac{3\omega^2 da^3}{8} + \frac{\omega^2 da^3}{2}\cos 2\varphi - \frac{\omega^2 da^3}{8}\cos 4\varphi - \frac{ca^3}{4\omega}\sin 2\varphi - \\ &- \frac{ca^3}{8\omega}\sin 4\varphi + \frac{\omega e a^3}{4}\sin 4\varphi + \frac{3\varepsilon^2 a}{16\omega^2} + \frac{\varepsilon^2 a}{4\omega^2}\cos 2\varphi + \frac{\varepsilon^2 a}{16\omega^2}\cos 4\varphi + \frac{3\varepsilon\gamma}{4\omega^2}\cos\varphi + \\ &+ \frac{\varepsilon\gamma}{4\omega^2}\cos 3\varphi + \frac{\gamma^2}{4\omega^2 a} + \frac{\gamma^2}{4\omega^2 a}\cos 2\varphi\,, \end{aligned}$$

$$q = -\frac{\varepsilon a}{2\omega}\sin 2\varphi - \frac{\gamma}{\omega}\sin\varphi\,,$$

$$\begin{aligned} r = &-\frac{\beta}{2}\sin 2\varphi - \frac{ba^2}{4}\sin 2\varphi - \frac{ba^2}{8}\sin 4\varphi - \frac{\omega^2 da^2}{4}\sin 2\varphi + \frac{\omega^2 da^2}{8}\sin 4\varphi - \frac{3ca^2}{8\omega} - \frac{ca^2}{2\omega}\cos 2\varphi - \\ &- \frac{ca^2}{8\omega}\cos 4\varphi + \frac{\omega e a^2}{4} + \frac{\omega e a^2}{2}\cos 2\varphi + \frac{\omega e a^2}{4}\cos 4\varphi - \frac{\varepsilon^2}{4\omega^2}\sin 2\varphi - \frac{\varepsilon^2}{8\omega^2}\sin 4\varphi - \\ &- \frac{\varepsilon\gamma}{2\omega^2 a}\sin\varphi - \frac{\varepsilon\gamma}{2\omega^2 a}\sin 3\varphi - \frac{\gamma^2}{2\omega^2 a^2}\sin 2\varphi\,, \end{aligned}$$

$$s = -\frac{\varepsilon}{2\omega} - \frac{\varepsilon}{2\omega}\cos 2\varphi - \frac{\gamma}{\omega a}\cos\varphi\,.$$

Die von ε und γ abhängigen Ausdrücke in p und r entsprechen den zusätzlichen Itôausdrücken. In F ist im Sinne des Iterationsverfahrens $x'' = -\omega^2 a \cos\varphi$ gesetzt.

Für die Gleichungen (2) kann die zugehörige Fokker-Planck-Kolmogorov-Gleichung (FPK-Gleichung) zur Bestimmung der Verteilungsdichte angegeben werden. Als Grundlage für die schrittweise Lösung dieser partiellen Differentialgleichung führen wir vorher nach G. L. Stratonovich [12] eine Transformation der Amplitude und Phase mit geeigneten iterativ zu bestimmenden Korrekturfunktionen α und δ ein:

$$a = A + \alpha(A, \Phi)\,, \qquad \varphi = \Phi + \delta(A, \Phi)\,. \tag{3}$$

Für die transformierten Phasen schreiben wir noch

$$\Phi = \omega t + \Theta\,, \quad \text{d. h.} \quad \vartheta = \Theta + \delta(A, \Phi)\,. \tag{4}$$

Das Ziel ist, für die beiden stochastischen Prozesse A und Θ schrittweise die stochastischen Differentiale zu bestimmen, die wir in der Form

$$\mathrm{d}A = P\,\mathrm{d}t + Q\,\mathrm{d}\xi\,, \qquad \mathrm{d}\Theta = R\,\mathrm{d}t + S\,\mathrm{d}\xi \tag{5}$$

schreiben. Das stochastische Differential des Prozesses $\alpha = \alpha(A, \Phi)$ ist nach der ITÔschen Formel [1]

$$d\alpha = \frac{\partial\alpha}{\partial A} dA + \frac{\partial\alpha}{\partial\Phi} d\Phi + \left(\frac{1}{2}\frac{\partial^2\alpha}{\partial A^2} Q^2 + \frac{\partial^2\alpha}{\partial A\,\partial\Phi} QS + \frac{1}{2}\frac{\partial^2\alpha}{\partial\Phi^2} S^2\right) dt .$$

Aus (3) folgt damit und mit (4), (5), (2)

$$dA = \left[-\omega\frac{\partial\alpha}{\partial\Phi} - \frac{\partial\alpha}{\partial A} P - \frac{\partial\alpha}{\partial\Phi} R - \frac{1}{2}\frac{\partial^2\alpha}{\partial A^2} Q^2 - \frac{\partial^2\alpha}{\partial A\,\partial\Phi} QS - \frac{1}{2}\frac{\partial^2\alpha}{\partial\Phi^2} S^2 + p(A+\alpha, \Phi+\delta)\right] dt +$$
$$+ \left[-\frac{\partial\alpha}{\partial A} Q - \frac{\partial\alpha}{\partial\Phi} S + q(A+\alpha, \Phi+\delta)\right] d\xi . \tag{6}$$

Analog dazu ergibt sich

$$d\Theta = \left[-\omega\frac{\partial\delta}{\partial\Phi} - \frac{\partial\delta}{\partial A} P - \frac{\partial\delta}{\partial\Phi} R - \frac{1}{2}\frac{\partial^2\delta}{\partial A^2} Q^2 - \frac{\partial^2\delta}{\partial A\,\partial\Phi} QS - \frac{1}{2}\frac{\partial^2\delta}{\partial\Phi^2} S^2 + r(A+\alpha, \Phi+\delta)\right] dt +$$
$$+ \left[-\frac{\partial\delta}{\partial A} Q - \frac{\partial\delta}{\partial\Phi} S + s(A+\alpha, \Phi+\delta)\right] d\xi .$$

Mit den Bezeichnungen (5) lautet die FPK-Gleichung [5] für die zweidimensionale Verteilungsdichte $W(A, \Theta; t)$ der Amplitude und Phase

$$\frac{\partial W}{\partial t} + \frac{\partial(PW)}{\partial A} + \frac{\partial(RW)}{\partial\Theta} = \frac{1}{2}\frac{\partial^2(Q^2W)}{\partial A^2} + \frac{\partial^2(QSW)}{\partial A\,\partial\Theta} + \frac{1}{2}\frac{\partial^2(S^2W)}{\partial\Theta^2} . \tag{7}$$

Auch in dem wichtigen stationären Fall $\partial W/\partial t = 0$, auf den wir uns in der vorliegenden Untersuchung beschränken, sind keine geschlossenen Lösungen dieser Gleichung bekannt. Wir benutzen ein von G. L. STRATONOVICH [11] verwendetes Approximationsverfahren zur iterativen Bestimmung der Lösung.

2. Erste Näherung: Mittelungsmethode

In einer ersten Näherung, die für $e = 0$ bereits von M. F. DIMENTBERG u. A. A. GORBUNOW [4] und R. MODEL [8] bestimmt wurde, wenden wir in (7) die Mittelungsmethode (vgl. [7]) ohne Benutzung der Hilfsfunktionen α, δ an; anders ausgedrückt, wir berücksichtigen bei der Lösung von (7) in P, R, Q^2, QS, S^2 nur die schon in (2) enthaltenen und von diesen nur die nicht „oszillierenden", das heißt, nicht von Φ abhängigen Ausdrücke, die man durch Mittelung bezüglich Φ erhält; folglich können wir auch die Verteilungsdichte nur als Funktion der Amplitude annehmen. Dann vereinfacht sich (7) zu

$$\frac{d\Psi}{dA} = 0 \quad \text{mit} \quad \Psi = PW - \frac{1}{2}\frac{d}{dA}(Q^2W) ,$$

$$P = P_1 = -\frac{\beta A}{2} - \frac{(b + 3\omega^2 d) A^3}{8} + \frac{3\varepsilon^2 A}{16\omega^2} + \frac{\gamma^2}{4\omega^2 A} , \qquad Q^2 = Q_1^2 = \frac{\varepsilon^2 A^2}{8\omega^2} + \frac{\gamma^2}{2\omega^2} .$$

Wir nehmen $\Psi = W = 0$ für $A = \infty$ an und erhalten $\Psi \equiv 0$ und mit der Bezeichnung

$$J = \frac{2P - \dfrac{dQ^2}{dA}}{Q^2} \tag{8}$$

die Verteilungsdichte

$$W = Ce^{\int J dA} = C'A\left(A^2 + \frac{4\gamma^2}{\varepsilon^2}\right)^{-4\omega^2\frac{\beta}{\varepsilon^2} + 4\omega^2\frac{b+3\omega^2 d}{\varepsilon^4}\gamma^2} e^{-\omega^2\frac{b+3\omega^2 d}{\varepsilon^2}A^2} \tag{9}$$

Diese Formel enthüllt den Einfluß der Erregergrößen γ, ε und der linearen und nichtlinearen Dämpfung auf die Verteilungsdichte (letzterer Einfluß bewirkt das exponentielle Abnehmen der Verteilungsdichte und damit die Existenz einer positiven Normierungskonstante C'), nicht aber die Abhängigkeit der Verteilungsdichte von den Nichtlinearitäten mit den Koeffizienten c und e. Zur Klärung dieser Abhängigkeit muß die zweite Näherung in Betracht gezogen werden.

3. Zweite Näherung

Zur Bestimmung einer zweiten Näherung $P = P_1 + P_2$ wird zunächst in dem Ausdruck für P, das heißt, in der ersten eckigen Klammer von (6) der α enthaltende Ausdruck von höchster Größenordnung $-\omega\frac{\partial\alpha}{\partial\Phi}$ so bestimmt, daß er die nicht von α, δ, aber von Φ abhängigen Ausdrücke (die in erster Näherung weggemittelt, d. h. vernachlässigt werden) kompensiert. Durch Integration ergibt sich, bis auf eine willkürliche Funktion der Amplitude, die der Einfachheit halber gleich Null gesetzt wird,

$$\alpha = \frac{\beta A}{4\omega}\sin 2\Phi + \frac{bA^3}{32\omega}\sin 4\Phi + \frac{\omega\, dA^3}{4}\sin 2\Phi - \frac{\omega\, dA^3}{32}\sin 4\Phi + \frac{cA^3}{8\omega^2}\cos 2\Phi + \frac{cA^3}{32\omega^2}\cos 4\Phi -$$
$$- \frac{eA^3}{16}\cos 4\Phi + \frac{\varepsilon^2 A}{8\omega^3}\sin 2\Phi + \frac{\varepsilon^2 A}{64\omega^3}\sin 4\Phi + \frac{3\varepsilon\gamma}{4\omega^3}\sin\Phi + \frac{\varepsilon\gamma}{12\omega^3}\sin 3\Phi + \frac{\gamma^2}{8\omega^3 A}\sin 2\Phi\,. \tag{10}$$

Analog dazu führt die Kompensation der Φ-abhängigen, δ und α nicht enthaltenden Ausdrücke von R durch $-\omega\frac{\partial\delta}{\partial\Phi}$ auf

$$\delta = \frac{\beta}{4\omega}\cos 2\Phi + \frac{bA^2}{8\omega}\cos 2\Phi + \frac{bA^2}{32\omega}\cos 4\Phi + \frac{\omega\, dA^2}{8}\cos 2\Phi - \frac{\omega\, dA^2}{32}\cos 4\Phi - \frac{cA^2}{4\omega^2}\sin 2\Phi -$$
$$- \frac{cA^2}{32\omega^2}\sin 4\Phi + \frac{eA^2}{4}\sin 2\Phi + \frac{eA^2}{16}\sin 4\Phi + \frac{\varepsilon^2}{8\omega^3}\cos 2\Phi + \frac{\varepsilon^2}{32\omega^3}\cos 4\Phi + \frac{\varepsilon\gamma}{2\omega^3 A}\cos\Phi +$$
$$+ \frac{\varepsilon\gamma}{6\omega^3 A}\cos 3\Phi + \frac{\gamma^2}{4\omega^3 A^2}\cos 2\Phi\,. \tag{11}$$

Die Korrekturfunktionen α und δ verursachen zahlreiche weitere Φ-unabhängige Ausdrücke in P. Wenn in der ersten eckigen Klammer von (6) für P, R, Q, S die erste Näherung eingesetzt wird und Entwicklungen des letzten Ausdruckes wie

$$(A + \alpha)^3 \cos 4(\Phi + \delta) = A^3 \cos 4\Phi + 3A^2\alpha \cos 4\Phi - 4A^3\delta \sin 4\Phi$$

durchgeführt werden, ergibt sich für die Zusätze der zweiten Näherung

$$P_2 = -\frac{\partial\alpha}{\partial A}P_1 - \frac{\partial\alpha}{\partial\Phi}R_1 - \frac{1}{2}\frac{\partial^2\alpha}{\partial A^2}Q_1^2 - \frac{\partial^2\alpha}{\partial A\,\partial\Phi}Q_1S_1 - \frac{1}{2}\frac{\partial^2\alpha}{\partial\Phi^2}S_1^2 - \frac{\beta}{2}\alpha + \frac{\beta}{2}\alpha\cos 2\Phi - \beta A\delta\sin 2\Phi -$$
$$- \frac{3bA^2}{8}\alpha + \frac{3bA^2}{8}\alpha\cos 4\Phi - \frac{bA^3}{2}\delta\sin 4\Phi - \frac{9\omega^2\, dA^2}{8}\alpha + \frac{3\omega^2\, dA^2}{2}\alpha\cos 2\Phi - \omega^2 dA^3\delta\sin 2\Phi -$$
$$- \frac{3\omega^2\, dA^2}{8}\alpha\cos 4\Phi + \frac{\omega^2\, dA^3}{2}\delta\sin 4\Phi - \frac{3cA^2}{4\omega}\alpha\sin 2\Phi - \frac{cA^3}{2\omega}\delta\cos 2\Phi - \frac{3cA^2}{8\omega}\alpha\sin 4\Phi -$$
$$- \frac{cA^3}{2\omega}\delta\cos 4\Phi + \frac{3\omega eA^2}{4}\alpha\sin 4\Phi + \omega eA^3\delta\cos 4\Phi + \frac{3\varepsilon^2}{16\omega^2}\alpha + \frac{\varepsilon^2}{4\omega^2}\alpha\cos 2\Phi - \frac{\varepsilon^2 A}{2\omega^2}\delta\sin 2\Phi +$$
$$+ \frac{\varepsilon^2}{16\omega^2}\alpha\cos 4\Phi - \frac{\varepsilon^2 A}{4\omega^2}\delta\sin 4\Phi - \frac{3\varepsilon\gamma}{4\omega^2}\delta\sin\Phi - \frac{3\varepsilon\gamma}{4\omega^2}\delta\sin 3\Phi - \frac{\gamma^2}{4\omega^2 A^2}\alpha -$$
$$- \frac{\gamma^2}{4\omega^2 A^2}\alpha\cos 2\Phi - \frac{\gamma^2}{2\omega^2 A}\delta\sin 2\Phi\,,$$

wobei wiederum nur die durch Mittelung bezüglich Φ erhaltenen, d. h. von Φ unabhängigen Ausdrücke berücksichtigt werden. Die durch die Mittelung vernachlässigten Ausdrücke sind jetzt von höherer Ordnung in den im Sinne des Iterationsverfahrens als klein anzusehenden Größen als bei der ersten Näherung. Nach längerer Rechnung erhält man mit (10), (11)

$$P_2 = -\frac{e\beta A^3}{8} - \frac{(b - 3\omega^2 d)\,cA^5}{32\omega^2} - \frac{\omega^2\, deA^5}{8} + \frac{25c\varepsilon^2 A^3}{128\omega^4} - \frac{9e\varepsilon^2 A^3}{64\omega^2} + \frac{9c\gamma^2 A}{32\omega^4} - \frac{e\gamma^2 A}{16\omega^2}\,.$$

In analoger Weise folgt aus (6) der Zusatz der zweiten Näherung

$$Q_2 = -\frac{\partial\alpha}{\partial A}Q_1 - \frac{\partial\alpha}{\partial\Phi}S_1 - \frac{\varepsilon\alpha}{2\omega}\sin 2\Phi - \frac{\varepsilon A}{\omega}\delta\cos 2\Phi - \frac{\gamma}{\omega}\delta\cos\Phi$$

und daraus mit (10), (11) nach Mittelung $Q^2 = Q_1^2 + 2Q_1Q_2 + Q_2^2$, wobei

$$2Q_1Q_2 + Q_2^2 = \frac{3c\gamma^2 A^2}{16\omega^4} + \frac{e\gamma^2 A^2}{8\omega^2} + \frac{5c\varepsilon^2 A^4}{64\omega^4} - \frac{e\varepsilon^2 A^4}{32\omega^2}$$

ist. Durch Einsetzen von $P = P_1 + P_2$ und Q^2 schreibt sich der Integrand (8) von (9) in der Form

$$J = \frac{-lA^6 - MA^4 - NA^2 + G}{A(rA^4 + SA^2 + G)}\,, \tag{12}$$

wobei zur Abkürzung

$$G = \frac{\gamma^2}{2\omega^2}, \qquad M = \frac{b + 3\omega^2 d}{4} + m\,, \qquad N = \beta - \frac{\varepsilon^2}{8\omega^2} + n\,, \qquad S = \frac{\varepsilon^2}{8\omega^2} + s$$

und mit kleinen Buchstaben Beiträge der zweiten Näherung geschrieben werden:

$$l = \frac{b - 3\omega^2 d}{16\omega^2} c + \frac{\omega^2 de}{4}, \qquad m = \frac{e\beta}{4} - \frac{5c\varepsilon^2}{64\omega^4} + \frac{5e\varepsilon^2}{32\omega^2},$$

$$n = -\frac{3c\gamma^2}{16\omega^4} + \frac{3e\gamma^2}{8\omega^2}, \qquad r = \frac{5c\varepsilon^2}{64\omega^4} - \frac{e\varepsilon^2}{32\omega^2}, \qquad s = \frac{3c\gamma^2}{16\omega^4} + \frac{e\gamma^2}{8\omega^2}.$$

Partialbruchentwicklung von (12) führt, wenn bis auf Ausdrücke zu vernachässigender höherer Ordnung

$$\frac{1}{rA^4 + SA^2 + G} = \frac{1}{SA^2 + G} - \frac{rA^4}{(SA^2 + G)^2}$$

gesetzt und aufgrund der ersten Näherung $S > 0$ angenommen wird, zu

$$J = -2UA - 4VA^3 + \frac{1}{A} + \frac{2TA}{A^2 + \frac{G}{S}} + \frac{2ZA}{\left(A^2 + \frac{G}{S}\right)^2}$$

mit den Bezeichnungen

$$U = \frac{M}{2S} - \frac{Nr + Gl}{2S^2} + \frac{G(M + r)\,r}{S^3}, \qquad V = \frac{lS - (M + r)\,r}{4S^2},$$

$$T = -\frac{1}{2} - \frac{N}{2S} + \frac{G(M - r)}{2S^2} - \frac{G(Gl + 2Nr)}{2S^3} + \frac{3G^2(M + r)\,r}{2S^4}, \qquad Z = G^2 r\,\frac{NS + S^2 - G(M + r)}{2S^5}.$$

Damit nimmt die Verteilungsdichte anstelle von (9) die Form

$$W = C'A\left(A^2 + \frac{G}{S}\right)^T e^{-UA^2 - VA^4 - \frac{Z}{A + \frac{G}{S}}} \tag{13}$$

an. Sie reduziert sich auf (9), wenn die mit kleinen Buchstaben geschriebenen Beiträge der zweiten Näherung gleich Null gesetzt werden. Bei fehlender Zwangserregung, $\gamma = 0$ und folglich $G = 0$, $Z = 0$, ist

$$W = C'A^{2T+1} e^{-UA^2 - VA^4}, \qquad 2T + 1 = -\frac{N}{S} = 1 - \frac{8\omega^2\beta}{\varepsilon^2}. \tag{14}$$

4. Lösungsdiskussion

Die Konstante C' ist aus der Normierungsbedingung

$$\int_0^\infty W dA = 1$$

zu bestimmen. Das ist durch numerische Integration möglich. Eine analytische Formel kann in den folgenden beiden Spezialfällen angegeben werden.

1. Spezialfall:

Fehlende Zwangserregung, $\gamma = 0$. Dann ergibt sich nach [5, S. 351 und 331]

$$\frac{1}{C'} = \int_0^\infty A^{-\frac{N}{S}} e^{-UA^2 - VA^4} dA = \begin{cases} \frac{1}{2}(2V)^{\frac{N}{4S} - \frac{1}{4}} \Gamma\left(\frac{1}{2} - \frac{N}{2S}\right) e^{\frac{U^2}{8V}} D_{\frac{N}{2S} - \frac{1}{2}}\left(\frac{U}{\sqrt{2V}}\right) & \text{für } V > 0, \\ \frac{1}{2} U^{\frac{N}{2S} - \frac{1}{2}} \Gamma\left(\frac{1}{2} - \frac{N}{2S}\right) & \text{für } V = 0,\ U > 0 \end{cases} \tag{15}$$

mit der Funktion D des parabolischen Zylinders unter der Bedingung, daß das Argument der Gammafunktion positiv ist, das heißt, daß die Schwellbedingung

$$\varepsilon^2 > 4\omega^2\beta \tag{16}$$

für parametererregte Schwingungen erfüllt ist.

2. Spezialfall:

Nichtverschwindende Zwangserregung, doch $V = Z = 0$, insbesondere erste Näherung. Mit der Substitution $x = A^2 + G/S$ erhält man nach [5, S. 331]

$$\frac{1}{C'} = \frac{1}{2} e^{\frac{GU}{S}} \int_{G/S}^\infty x^T e^{-Ux} dx = \frac{1}{2} e^{\frac{GU}{S}} U^{-T-1} \Gamma\left(T + 1, \frac{GU}{S}\right), \tag{17}$$

wobei $\Gamma(p, q)$ die unvollständige Gammafunktion ist und die Bedingungen $G/S > 0$ und $U > 0$ aufgrund der ersten Näherung als erfüllt angenommen werden können. Eine Zurückführung auf die (einfache) Gammafunktion ist für $T \neq -1, -2, \ldots$ mit Hilfe der Formel [5, S. 955]

$$\Gamma(T + 1, z) = \Gamma(T + 1) - \sum_{n=0}^{\infty} \frac{(-1)^n z^{T+n+1}}{n!(T + n + 1)} \tag{18}$$

möglich. Für $\gamma \to 0$ geht die Formel (18) mit (17) in (15) über.

Die Ableitung der Verteilungsdichte (13) ist

$$\frac{\mathrm{d}W}{\mathrm{d}A} = C'\left(A^2 + \frac{G}{S}\right)^{T-2}\left[(1 - 2UA^2 - 4VA^4)\left(A^2 + \frac{G}{S}\right)^2 + \right.$$

$$\left. + 2TA^2\left(A^2 + \frac{G}{S}\right) + 2ZA^2\right] \mathrm{e}^{-UA^2 - VA^4 - \frac{Z}{A^2 + \frac{G}{S}}} \tag{19}$$

Die Bedingung für Extremwerte, das Verschwinden des Ausdrucks in eckigen Klammern, ist eine Gleichung vierten Grades in A^2.

Im 1. Spezialfall fehlender Zwangserregung muß die Schwellbedingung (16) erfüllt sein, anderenfalls ist die Wahrscheinlichkeit positiver Amplituden Null (keine Schwingung). Für $\varepsilon^2 < 8\omega^2\beta$ ist $W(0) = \infty$, für $\varepsilon^2 = 8\omega^2\beta$ ist $W(0) = C'$, in beiden Fällen existiert kein Extremwert der Verteilungsdichte, sie nimmt bei wachsendem A monoton gegen Null ab („unentwickelte Schwingung"). Für $\varepsilon^2 > 8\omega^2\beta$ dagegen ist $W(0) = 0$, und es existiert ein Maximum der Verteilungsdichte, daß heißt, ein wahrscheinlichster Amplitudenwert $A_w > 0$, der sich nach (19) zu

$$4VA_w^2 = -U + \sqrt{U^2 + 4\left(1 - \frac{8\omega^2\beta}{\varepsilon^2}\right)V} \qquad \text{für} \quad V > 0\,,$$

$$A_w^2 = \frac{\varepsilon^2 - 8\omega^2\beta}{2\varepsilon^2 U} = \frac{1}{2\omega^2}\,\frac{\varepsilon^2 - 8\omega^2\beta}{b + 3\omega^2 d + 4m + 4\left(1 - \frac{8\omega^2\beta}{\varepsilon^2}\right)r} \qquad \text{für} \quad V = 0\,, \quad U > 0 \tag{20}$$

ergibt. (Die Bedingung $U > 0$ ist dabei durch das Überwiegen der Ausdrücke der ersten Näherung erfüllt.) Wegen $T < 0$ ist stets die Ableitung der Verteilungsdichte für $A = 0$ unendlich, so daß die Verteilungsdichte schon für kleine Amplituden große Werte annimmt („halb entwickelte Schwingung").

Bei nichtverschwindender Zwangserregung folgt aus (13) stets $W(0) = 0$, so daß die Verteilungsdichte einen oder zwei Maximalwerte annimmt, und die Ableitung der Verteilungsdichte hat den endlichen Wert $C'(G/S)^T \times \exp(-ZS/G)$, so daß die Verteilungsdichte erst für größere Amplituden große Werte annimmt („voll entwickelte Schwingung"). Im 2. Spezialfall $V = Z = 0$ folgt aus (19) genau ein Maximum, das heißt, ein wahrscheinlichster Amplitudenwert A_w, gegeben durch

$$2UA_w^2 = Y + \sqrt{Y^2 + \frac{2GU}{S}}\,,$$

wenn zur Abkürzung $T + \frac{1}{2} - \frac{GU}{S} = Y$ geschrieben wird. Für $Y = 0$, das heißt in erster Näherung

$$\varepsilon^2(\varepsilon^2 - 8\omega^2\beta) = 8\omega^2(b + 3\omega^2 d)\,\gamma^2\,,$$

gilt speziell

$$A_w^2 = \sqrt{\frac{G}{2SU}} \to \frac{\sqrt{2}\,\gamma}{\omega\sqrt{b + 3\omega^2 d}} = \frac{\sqrt{\varepsilon^2(\varepsilon^2 - 8\omega^2\beta)}}{2\omega^2(b + 3\omega^2 d)}\,,$$

wobei mit einem Pfeil der Übergang zum Sonderfall der ersten Näherung bezeichnet wird. Im Falle $Y^2 \gg \left|\frac{2GU}{S}\right|$ folgt durch Reihenentwicklung

$$A_w^2 = \frac{G}{2S|Y|} + \begin{cases} \frac{Y}{U}, & \text{falls} \quad Y > 0 \\ 0, & \text{falls} \quad Y < 0 \end{cases} \to \frac{4\gamma^2}{|\varepsilon^2 - 8\omega^2\beta|} + \begin{cases} \frac{\varepsilon^2 - 8\omega^2\beta}{2\omega^2(b + 3\omega^2 d)}, & \text{falls} \quad \varepsilon^2 > 8\omega^2\beta \\ 0, & \text{falls} \quad \varepsilon^2 < 8\omega^2\beta \end{cases};$$

die wahrscheinlichste Amplitude strebt also, wenn $\gamma \to 0$ geht, für $\varepsilon^2 < 8\omega^2\beta$ gegen Null und für $\varepsilon^2 > 8\omega^2\beta$ gegen den durch (20) gegebenen positiven Wert.

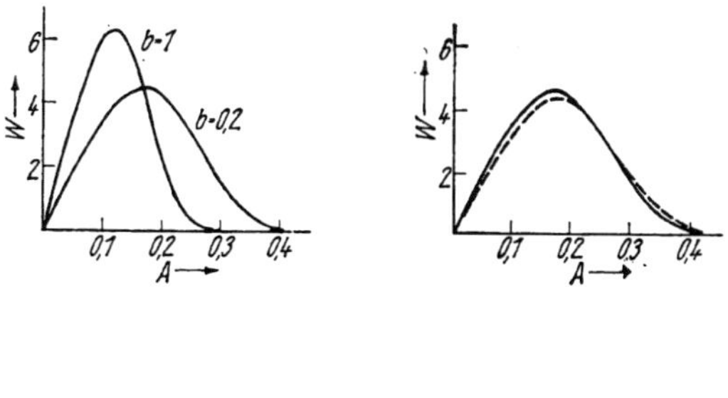

Abb. 2. Einfluß a) der nichtlinearen Dämpfung und b) der zweiten Näherung (erste Näherung gestrichelt, $b = 0{,}2$) in der Verteilungsdichte (13) für $\varepsilon = 0{,}06$ und $\gamma = 0{,}01$ (voll entwickelte Schwingung)

In den Abbildungen 2 bis 4 sind Beispiele für die Verteilungsdichte (13) dargestellt, dabei wurden stets $\omega = 1$, $c = -4$, $d = e = 0$ und $\beta = 1/2000$ gewählt und die Integrationskonstante durch numerische Integration bestimmt. Abb. 2 zeigt den amplitudenverkleinernden Einfluß der nichtlinearen Dämpfung und den amplitudenverkleinernden Einfluß der Zusätze der zweiten Näherung in der Verteilungsdichte (13). Der amplitudenvergrößernde Einfluß der Zwangserregung ist in Abb. 3 dargestellt. Den amplitudenvergrößernden Einfluß der Parametererregung zeigt Abb. 4.

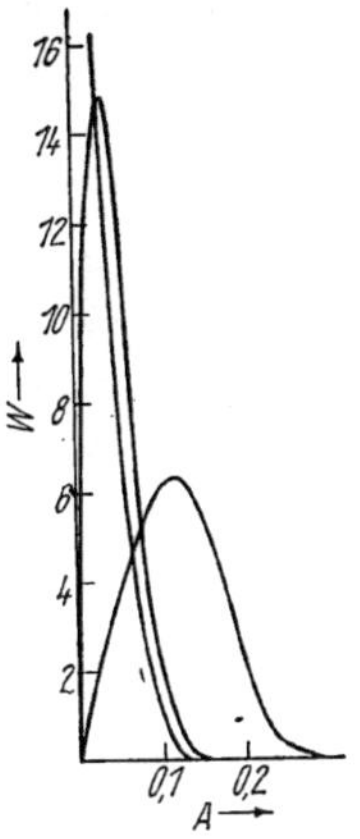

Abb. 3. Einfluß der Zwangserregung (linke Kurve $\gamma = 0$, unentwickelte Schwingung; mittlere Kurve $\gamma = 0{,}001$ und rechte Kurve $\gamma = 0{,}01$, voll entwickelte Schwingungen) in der Verteilungsdichte (13) für $b = 1$ und $\varepsilon = 0{,}06$

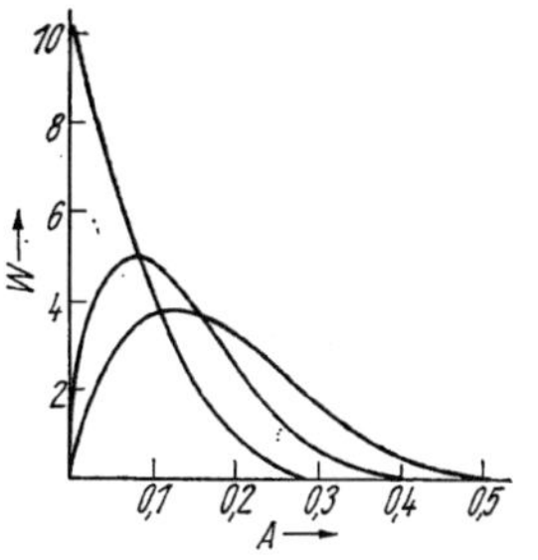

Abb. 4. Einfluß der Parametererregung (linke Kurve $\varepsilon = 0{,}06$, unentwickelte Schwingung; mittlere Kurve $\varepsilon = 0{,}08$ und rechte Kurve $\varepsilon = 0{,}1$, halb entwickelte Schwingungen) in der Verteilungsdichte (13) für $b = 0{,}2$ und $\gamma = 0$.

5. Momente und Überschreitenswahrscheinlichkeiten

Die Momente

$$m_k = \int_0^\infty A^k W(A)\,\mathrm{d}A\,, \qquad k = 1, 2, 3, \ldots$$

der Amplitude lassen sich leicht aus der Verteilungsdichte berechnen.

In dem 1. Spezialfall fehlender Zwangserregung ergibt sich die Formel

$$m_k = \begin{cases} \dfrac{\Gamma\left(\dfrac{k+1}{2} - \dfrac{N}{2S}\right) D_{\frac{N}{2S} - \frac{k+1}{2}}\left(\dfrac{U}{\sqrt{2V}}\right)}{(2V)^{k/4}\,\Gamma\left(\dfrac{1}{2} - \dfrac{N}{2S}\right) D_{\frac{N}{2S} - \frac{1}{2}}\left(\dfrac{U}{\sqrt{2V}}\right)} & \text{für} \quad V > 0\,, \\[3ex] \dfrac{\Gamma\left(\dfrac{k+1}{2} - \dfrac{N}{2S}\right)}{U^{k/2}\,\Gamma\left(\dfrac{1}{2} - \dfrac{N}{2S}\right)} & \text{für} \quad V = 0\,, \quad U > 0\,, \end{cases}$$

insbesondere wegen $\Gamma(x + 1) = x\Gamma(x)$ für das zweite Moment oder Quadratmittel der Amplitude

$$m_2 = \begin{cases} \dfrac{\left(\dfrac{1}{2} - \dfrac{N}{2S}\right) D_{\frac{N}{2S} - \frac{3}{2}}\left(\dfrac{U}{\sqrt{2V}}\right)}{\sqrt{2V}\, D_{\frac{N}{2S} - \frac{1}{2}}\left(\dfrac{U}{\sqrt{2V}}\right)} & \text{für} \quad V > 0\,, \\[3ex] \dfrac{S - N}{2SU} = \dfrac{1}{\omega^2}\,\dfrac{\varepsilon^2 - 4\omega^2\beta}{b + 3\omega^2 d + 4m + 4\left(1 - \dfrac{8\omega^2\beta}{\varepsilon^2}\right) r} & \text{für} \quad V = 0\,, \quad U > 0\,. \end{cases} \tag{21}$$

Da für $\gamma = 0$

$$\frac{N}{2S} - \frac{k+1}{2} = -\frac{k}{2} - 1 + \frac{4\omega^2\beta}{\varepsilon^2} = \begin{cases} -2 & \text{für} \quad \beta = 0\,, \quad k = 2\,, \\ -1 & \text{für} \quad \beta = 0\,, \quad k = 0 \end{cases}$$

und nach [6, S. 93]

$$D_{-2}(z) = \mathrm{e}^{z^2/4}\sqrt{\frac{\pi}{2}}\left\{z\left[1 - \Phi\left(\frac{z}{\sqrt{2}}\right)\right] - \sqrt{\frac{2}{\pi}}\,\mathrm{e}^{-(z^2/2)}\right\}, \qquad D_{-1}(z) = \mathrm{e}^{z^2/4}\sqrt{\frac{\pi}{2}}\left[1 - \Phi\left(\frac{z}{\sqrt{2}}\right)\right]$$

gilt, ist im Falle verschwindender linearer Dämpfung und $V > 0$ das Quadratmittel lediglich mit Hilfe der Γ-Funktion und der Fehlerfunktion

$$\Phi(x) = \frac{2}{\sqrt{\pi}} \int_0^x e^{-\xi^2} d\xi$$

darstellbar. Weil das Argument $U/\sqrt{2V}$ der Funktion des parabolischen Zylinders von der Größenordnung $1/\varepsilon$ ist, läßt sich auch die für $z \gg 1$, $z \gg |\nu|$ gültige asymptotische Entwicklung [6, S. 92]

$$D_\nu(z) \sim e^{-(z^2/4)} z^\nu \left(1 - \frac{\nu(\nu-1)}{2z^2} + \frac{\nu(\nu-1)(\nu-2)(\nu-3)}{2 \cdot 4z^2} - + \dots\right)$$

zur Berechnung der Momente für $V > 0$ benutzen.

Für $V = 0$, $U > 0$ zeigt die Formel (21) unmittelbar den Einfluß der Systemparameter auf das Quadratmittel der Amplitude. Beispielsweise tritt der Einfluß überwiegender Größenordnung von ε und β im Zähler auf, der für $\beta = 0$ gleich ε^2, für $\beta = \varepsilon^2/8\omega^2$ gleich $\varepsilon^2/2$ und für $\beta = \varepsilon^2/4\omega^2$ gleich Null ist. Die Abhängigkeit etwa von der nichtlinearen Rückstellung c und der nichtlinearen Dämpfung zeigt die für $e = 0$, $\varepsilon^2 = 5\omega^2\beta$ spezialisierte Formel

$$m_2 = \frac{\beta}{b + 3\omega^2 d - \frac{85c\beta}{64\omega^2}} \tag{22}$$

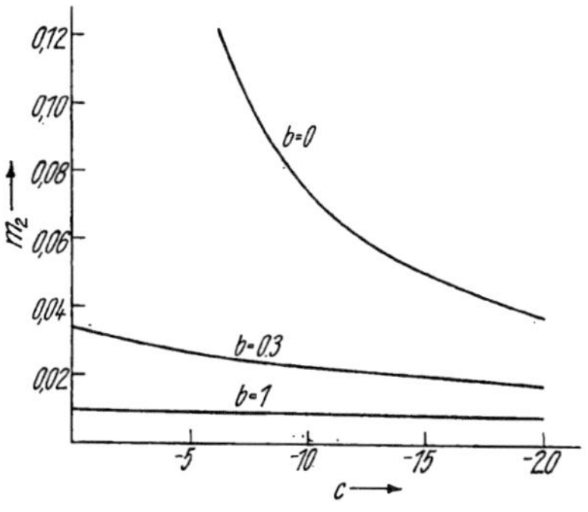

Abb. 5. Abhängigkeit des Quadratmittels (22) der Amplitude von der nicht linearen Rückstellung und der nichtlinearen Dämpfung für $\beta = 0{,}01$, $d = 0$, $\omega = 1$

(vgl. Abb. 5). Für $\omega = 1$, $d = 0$, $c = -10$, $\beta = 0{,}01b$ führt der Einfluß von c und damit der zweiten Näherung zu einer Abnahme von etwa 12%.

Das erste Moment oder der Mittelwert der Amplitude ist speziell für $V = 0$, $U > 0$

$$m_1 = \frac{\varepsilon}{\omega} \frac{\Gamma\left(\frac{3}{2} - \frac{4\omega^2\beta}{\varepsilon^2}\right)}{\Gamma\left(1 - \frac{4\omega^2\beta}{\varepsilon^2}\right)\sqrt{b + 3\omega^2 d + 4m + 4\left(1 - \frac{8\omega^2\beta}{\varepsilon^2}\right)r}},$$

woraus sich mit (21) für die Dispersion $D = m_2 - m_1^2$ der Amplitude

$$D = \frac{1}{\omega^2} \frac{1}{b + 3\omega^2 d + 4m + 4\left(1 - \frac{8\omega^2\beta}{\varepsilon^2}\right)r} \left[\varepsilon^2 - 4\omega^2\beta - \frac{\varepsilon^2 \Gamma^2\left(\frac{3}{2} - \frac{4\omega^2\beta}{\varepsilon^2}\right)}{\Gamma^2\left(1 - \frac{4\omega^2\beta}{\varepsilon^2}\right)}\right]$$

ergibt.

Im 2. Spezialfall $V = Z = 0$ bei nichtverschwindender Zwangserregung erhält man unter Benutzung von $G/S > 0$, $U > 0$ [5, S. 333]

$$m_k = \left(\frac{G}{SU}\right)^{k/4} \Gamma\left(\frac{k}{2} + 1\right) \frac{W_{\frac{T}{2} - \frac{k}{4}, \frac{T}{2} + \frac{1}{2} + \frac{k}{4}}\left(\frac{GU}{S}\right)}{W_{\frac{T}{2}, \frac{T}{2} + \frac{1}{2}}\left(\frac{GU}{S}\right)},$$

wobei $W_{\mu\nu}(z)$ die WHITTAKERfunktionen sind, ihr Argument ist in erster Näherung

$$\frac{GU}{S} = \frac{4\omega^2(b + 3\omega^2 d)\gamma^2}{\varepsilon^4}$$

und kann in vielen Fällen als groß gegen Eins angenommen werden, so daß die asymptotische Entwicklung [6, S. 89]

$$W_{\mu\nu}(z) \sim e^{(-z^2/2)} z^\mu \left(1 + \sum_{n=1}^{\infty} \frac{\left[\nu^2 - \left(\mu - \frac{1}{2}\right)^2\right]\left[\nu^2 - \left(\mu - \frac{3}{2}\right)^2\right] \dots \left[\nu^2 - \left(\mu - n + \frac{1}{2}\right)^2\right]}{n!\, z^n}\right) \tag{23}$$

benutzt werden kann. Mit den ersten beiden Gliedern dieser Entwicklung erhält man die Näherungsformel

$$m_k = \frac{\Gamma\left(\frac{k}{2}+1\right)}{U^{k/2}} \cdot \frac{GU + \frac{k+2}{2} ST}{GU + ST},$$

wobei die zweiten Summanden im zweiten Bruch und damit der zweite Bruch selbst von dem zweiten Glied der Entwicklung (23) herrühren. Speziell für das Quadratmittel der Amplitude ergibt sich bei Benutzung der Ausdrücke der ersten Näherung

$$m_2 = \frac{1}{U} \frac{GU + 2ST}{GU + ST} \to \frac{\varepsilon^2}{\omega^2(b + 3\omega^2 d)} \frac{3(b + 3\omega^2 d)\gamma^2 - 2\varepsilon^2\beta}{2(b + 3\omega^2 d)\gamma^2 - \varepsilon^2\beta}.$$

Ein Vergleich mit dem entgegengesetzten Grenzfall $\gamma = 0$ der Formel (21) ergibt etwa bei verschwindender linearer Dämpfung, $\beta = 0$, jetzt (für vorherrschende Zwangserregung γ) das Anderthalbfache des für $\gamma = 0$ aus (21) folgenden Wertes.

Von besonderer Bedeutung ist die Überschreitenswahrscheinlichkeit

$$W_\alpha = \int_\alpha^\infty W \,\mathrm{d}A$$

dafür, daß die Amplituden größer sind als ein vorgegebener positiver Wert α (nicht zu verwechseln mit der Korrekturfunktion α in Abschnitt 1 und 3). Sie kann mit Hilfe der Verteilungsdichte berechnet werden. Für den 2. Spezialfall $V = Z = 0$ (einschließlich des Falles $\gamma = 0$), insbesondere für die erste Näherung, ergibt sich analog zu (17)

$$W_\alpha = \frac{C'}{2} e^{GU/S}\, U^{-T-1}\, \Gamma\left(T + 1, \alpha^2 U + \frac{GU}{S}\right)$$

und daraus bei Einsetzen von (17)

$$W_\alpha = \frac{\Gamma\left(T + 1, \alpha^2 U + \frac{GU}{S}\right)}{\Gamma\left(T + 1, \frac{GU}{S}\right)}. \tag{24}$$

Bei der Berechnung kann die Formel (18) benutzt werden.

Für zwei Sonderfälle vereinfacht sich (24) wesentlich. Für $T = 0$, das heißt speziell in erster Näherung für

$$(b + 3\omega^2 d)\gamma^2 = \beta\varepsilon^2, \tag{25}$$

gilt wegen $\Gamma(1, z) = e^{-z}$

$$W_\alpha = W_{\alpha 1} = e^{-\alpha^2 U} \tag{26}$$

Für $T = -1/2$, das heißt speziell in erster Näherung für

$$(b + 3\omega^2 d)\gamma^2 = \left(\beta - \frac{\varepsilon^2}{8\omega^2}\right)\varepsilon^2$$

gilt wegen

$$\Gamma\left(\frac{1}{2}, z\right) = \sqrt{\pi} - \sqrt{\pi}\,\Phi(\sqrt{z})$$

die Formel

$$W_\alpha = W_{\alpha 2} = \frac{1 - \Phi\left(\sqrt{\alpha^2 U + \frac{GU}{S}}\right)}{1 - \Phi\left(\sqrt{\frac{GU}{S}}\right)}.$$

Durch Vergleich dieser beiden Sonderfälle lassen sich Aussagen über den Einfluß verschiedener Systemparameter gewinnen. Bei verschwindender Zwangserregung vereinfachen sich die letzte Formel zu

$$W_{\alpha 2} = 1 - \Phi(\alpha \sqrt{U}) \tag{27}$$

und die Bedingung $T = -1/2$ in erster Näherung zu

$$\beta = \frac{\varepsilon^2}{8\omega^2}, \qquad \gamma = 0. \tag{28}$$

Den Verlauf der für $T = 0$ durch (26) und für $T = -1/2$, $\gamma = 0$ durch (27) gegebenen Kurven zeigt Abb. 6 in allgemeiner Form, ohne Beschränkung auf die erste Näherung. In erster Näherung ist

$$U = \omega^2 \frac{b + 3\omega^2 d}{\varepsilon^2}, \tag{29}$$

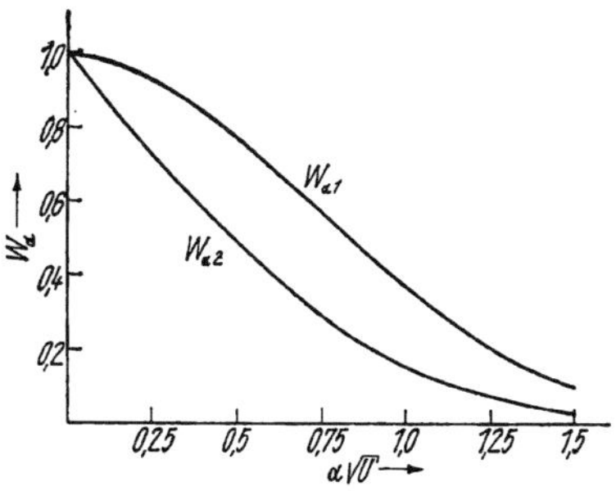

Abb. 6. Überschreitenswahrscheinlichkeiten $W_{\alpha 1}$ nach (26) und $W_{\alpha 2}$ nach (27).

und die Bedingungen für $W_{\alpha 2}$ sind (28), während die Bedingung (25) für $W_{\alpha 1}$ etwa für $\beta = \gamma = 0$ oder für

$$\beta = \frac{\varepsilon^2}{8\omega^2}, \qquad \gamma^2 = \frac{\varepsilon^4}{8\omega^2(b + 3\omega^2 d)} \tag{30}$$

erfüllt sind. Das heißt, $W_{\alpha 2}$ gibt gegenüber $W_{\alpha 1}$ die Abnahme der Überschreitenswahrscheinlichkeit beim Übergang von $T = 0$ zu $T = -1/2$, in erster Näherung bei Zunahme der linearen Dämpfung von Null auf den durch (28) gegebenen Wert (und in beiden Fällen $\gamma = 0$) an. Andererseits zeigt $W_{\alpha 1}$ gegenüber $W_{\alpha 2}$ die Zunahme der Überschreitenswahrscheinlichkeit speziell in erster Näherung, wenn die Zwangserregung von Null auf den durch (30) gegebenen Wert ansteigt, bei gleichem Wert $\varepsilon^2/8\omega^2$ für β.

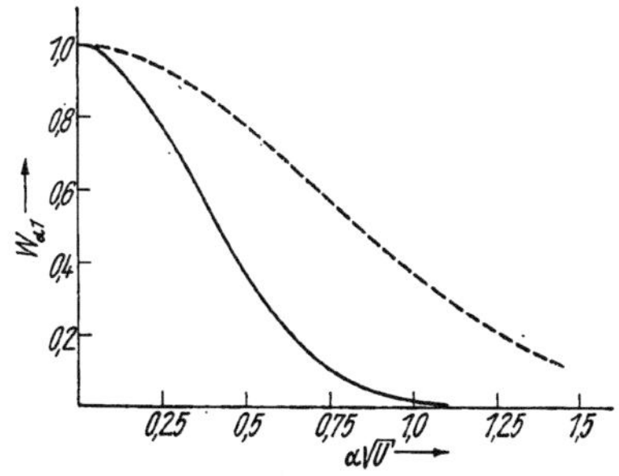

Abb. 7. Verkleinerung der Überschreitenswahrscheinlichkeit $W_{\alpha 1}$ (das heißt etwa $\gamma = 0$ und $\beta = 0$) auf die Werte der ausgezogenen Kurve bei Vervierfachung der nichtlinearen Dämpfung

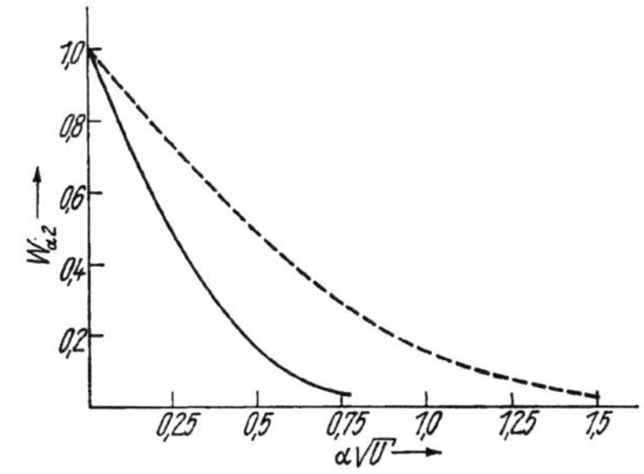

Abb. 8. Verkleinerung der Überschreitenswahrscheinlichkeit $W_{\alpha 2}$ $\left(\text{das heißt etwa } \gamma = 0 \text{ und } \beta = \frac{\varepsilon^2}{8\omega^2}\right)$ auf die Werte der ausgezogenen Kurve bei Vervierfachung der nichtlinearen Dämpfung

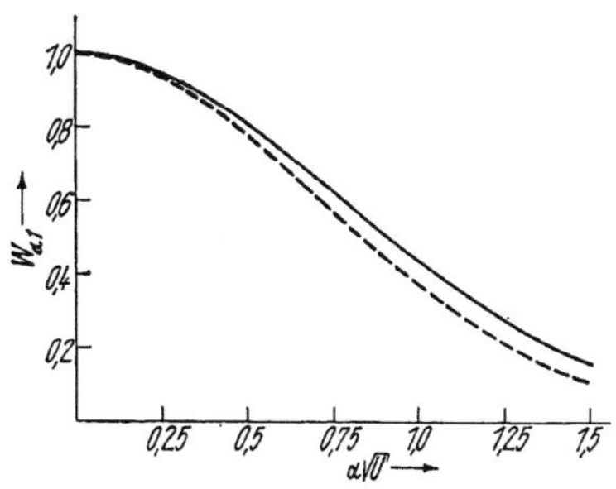

Abb. 9. Vergrößerung der Überschreitenswahrscheinlichkeit $W_{\alpha 1}$ auf die Werte der ausgezogenen Kurve bei einem Maßstabfaktor 0,9

Der Einfluß der nichtlinearen Dämpfung mit den Koeffizienten b, d äußert sich in erster Näherung und für $\gamma = 0$ nur in (29), also in einer Änderung des Abszissenmaßstabes. Beispielsweise führt eine gleichzeitige Vergrößerung von b und d auf den p-fachen Wert zu einer entsprechenden Vergrößerung von U, das heißt, zu einer unveränderten Überschreitenswahrscheinlichkeit für den verkleinerten Niveauwert $\alpha/\sqrt{p}$ oder, bei festgehaltenem Niveauwert α, zu einer Verkleinerung der Überschreitenswahrscheinlichkeit durch den hinzukommenden Maßstabfaktor $\sqrt{p}$, wofür Abb. 7 und 8 Beispiele geben.

Wollen wir mit Hilfe der Ausdrücke zweiter Näherung den Einfluß der übrigen Nichtlinearitäten, etwa der nichtlinearen Trägheit mit dem Koeffizienten e diskutieren, so müssen wir zunächst die in erster Näherung grundsätzlich erfüllten Bedingungen $V = Z = 0$ für (24) betrachten. Die zweite führt näherungsweise auf die Bedingung (25) für $W_{\alpha 1}$; wir wählen beispielsweise $\beta = \gamma = 0$, so daß sich in Erweiterung von (29)

$$U = U_0 + \frac{e}{2}, \qquad U_0 = \omega^2 \frac{b + 3\omega^2 d}{\varepsilon^2} \tag{31}$$

ergibt. Die Bedingung $V = 0$ führt auf $3c = 2\omega^2 e$, wobei der Koeffizient c in (31) nicht eingeht. Die nichtlineare Trägheit führt damit ebenfalls wie die nichtlineare Dämpfung auf einen hinzukommenden Maßstabfaktor. Abb. 9 zeigt ein Beispiel für einen Maßstabfaktor 0,9, der sich etwa durch eine nichtlineare Trägheit $e = -9{,}5$ und $\omega = 1$, $b = 1/4$, $d = 0$ und $\varepsilon = 0{,}1$ ergibt.

Literatur

1 ARNOLD, L., Stochastische Differentialgleichungen, München/Wien 1973.
2 BAXTER, G. K., The nonlinear response of mechanical systems to parametric random excitation, Diss. New York 1971.
3 BOLOTIN, W. W., Kinetische Stabilität elastischer Systeme, Berlin 1961 (russ. Orig. Moskau 1956).
4 Диментберг, М. Ф., Горбунов, А. А., Некоторые задачи диагностики колебательной системы со случайным параметрическим возбуждением, Прикл. механики, Отд. мат., мех. и киб., АН УССР, XI (1975), вылг. 4, 71–75.
5 Градштейн, И. С., Рыжик, И. М., Таблицы интегралов, сумм, рядов и произведений. Изд. пятое, Москва 1971.
6 MAGNUS, W., OBERHETTINGER, F., Formeln und Sätze für die speziellen Funktionen der mathematischen Physik, Berlin 1943.
7 Митропольский, Ю. А., Коломиец, В. Г., Применение асимптотических методов в стохастических системах, In ,,Приближённые методы исследования нелинейных систем'', Киев 1976.
8 MODEL, R., Untersuchung nichtlinearer Zufallsschwingungen, Diss. Magdeburg 1978.
9 Николаенко, Н. А., Вероятностные методы динамического расчёта машиностроительных конструкций, Москва 1967.
10 SCHMIDT, G., Parametererregte Schwingungen, Berlin 1975.
11 SCHMIDT, G., Nonlinear systems under random and parametric excitation, Konferenzberichte der ICNO 1975, Bd. II 2, Berlin 1978.
12 STRATONOVICH, G. L., Topics in the theory of random noise, New York 1967.

Eingereicht am 15. 1. 1980

Anschrift: Prof. Dr. GÜNTER SCHMIDT, Zentralinstitut für Mathematik und Mechanik der Akademie der Wissenschaften der DDR, 1080 Berlin, Mohrenstraße 39, DDR

ZAMM 60, 421 –427 (1980)

TOSHIKAZU SHIBUYA

Indentation of an Elastic Half-Space by a Concave Rigid Punch

In this paper, the author analyzes exactly the stress state of an elastic half-space indented by an axisymmetric concave rigid punch when the indented load is small and the contact area is an annulus. Numerical examples are presented for parabolic and conical concave punches.

In der vorliegenden Arbeit wird der Spannungszustand eines elastischen Halbraumes bei Einwirkung eines achsensymmetrischen konkaven steifen Stempels exakt beschrieben, wobei die Einprägkraft klein sein soll und die Kontaktfläche ein Kreisring ist. Numerische Beispiele sind für parabolisch und konisch konkave Stempel ausgeführt.

В данной работе точно описывается напряжённое состояние упругого полупространства под действием осесимметричного вогнутого жёсткого штампа, причём, действующая сила является малой величиной, а контактная поверхность имеет форму кругового кольца. Приведены численные примеры для параболически и конически вогнутых штампов.

1. Introduction

This paper is concerned with the indentation of an elastic half-space by an axisymmetric rigid punch, the face of which is slightly concave. When the indentated load is small, the contact area will be an annulus, the outer circumference of which coincides with the edge of the punch. The inner circumference will shrink with increasing load and there will be a critical load above which the entire punch face makes contact with the half-space. The contact problem for high loads can therefore be treated by classical methods. There remains the more interesting case in which the load is less then the critical value and the contact region is annular.

Problems involving annular contact region have attacked in recent years and several solutions have been given for the case in which the punch face is flat. COOKE [1], COLLINS [2], JAIN and KANWEL [3], GUBENKO and MOSSAKOVSKI [4], and OLESIAK [5] have analyzed the problem by expanding in powers of the ratio of inner to outer radius. The authors [6–8] have also analyzed the problem by the method without specifying that the thickness of the annulus should be small.

The problem of the concave punch differs from the annular contact problems so far treated in that the inner radius of the annulus is not known a priori. BARBER [9] has approximately determined the relationship between the indented load and the ratio of inner to outer radius by using the COLLINS' results. In this paper, the author analyzes exactly the stress state of the same problem on the basis of the theory of elasticity. At first, the stress states are obtained for the case which the entire punch face makes contact with the half-space and the critical loads are determined. Next, the stress states are analyzed by assuming the annular contact region, and the inner radius of the annulus is determined from the condition that the contact stress is bounded at the inner edge of the contact region. Numerical examples are presented for parabolic and conical concave punches.

2. Stress Analysis

2.1 Stress functions

In a cylindrical coordinate system (r, ϑ, z), the axisymmetrical general solutions of the elastic basic equations without torsion are given by the BOUSSINESQ's stress functions $\varphi_0(r, z)$ and $\varphi_3(r, z)$. The components of the displacement and stress due to the functions are

$$2Gu_r = \frac{\partial\varphi_0}{\partial r} + z\,\frac{\partial\varphi_3}{\partial r}, \qquad v_\vartheta = 0\,, \qquad 2Gw_z = \frac{\partial\varphi_0}{\partial z} + z\,\frac{\partial\varphi_3}{\partial z} - (3 - 4\nu)\,\varphi_3\,,$$

$$\sigma_r = \frac{\partial^2\varphi_0}{\partial r^2} + z\,\frac{\partial^2\varphi_3}{\partial r^2} - 2\nu\,\frac{\partial\varphi_3}{\partial z}, \qquad \sigma_\vartheta = \frac{1}{r}\,\frac{\partial\varphi_0}{\partial r} + \frac{z}{r}\,\frac{\partial\varphi_3}{\partial r} - 2\nu\,\frac{\partial\varphi_3}{\partial z}, \tag{1}$$

$$\sigma_z = \frac{\partial^2\varphi_0}{\partial z^2} + z\,\frac{\partial^2\varphi_3}{\partial z^2} - 2(1-\nu)\,\frac{\partial\varphi_3}{\partial z},$$

$$\tau_{rz} = \frac{\partial^2\varphi_0}{\partial r\,\partial z} + z\,\frac{\partial^2\varphi_3}{\partial r\,\partial z} - (1-2\nu)\,\frac{\partial\varphi_3}{\partial r}$$

where G is the shear modulus, ν is POISSON's ratio, and φ_0 and φ_3 are cylindrical harmonic functions.

As shown in Fig. 1, an elastic half-space occupies region $z \geqq 0$ and the axisymmetric concave face of a cylindrical rigid punch with a radius r_0 is assumed by $-ug(r)$, where u is the concavity, and $g(0) = 1$ and $g(r_0) = 0$. The indented load and depth are denoted respectively by P and ε_0. Two problems are considered: (a) The case of the entire contact region, and (b) the case of the annular contact region. Assuming that the punch contacts on the half-space without friction, both problems must be satisfied the condition of $(\tau_{rz})_{z=0} = 0$. Then, the stress functions φ_0 and φ_3 are selected as follows:

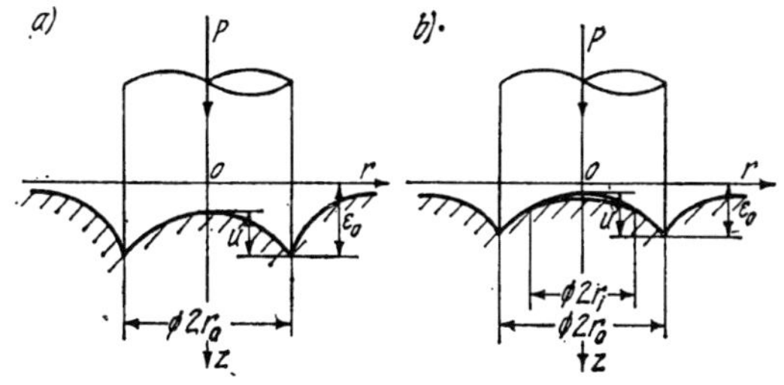

Fig. 1 The geometry of the problems (a) Circular contact region, (b) Annular contact region

$$\varphi_0(r, z) = -(1 - 2\nu) \int_0^\infty \frac{1}{\lambda} A(\lambda) J_0(\lambda r) e^{-\lambda z} d\lambda ,$$
$$\varphi_3(r, z) = \int_0^\infty A(\lambda) J_0(\lambda r) e^{-\lambda z} d\lambda \tag{2}$$

where $J_n(\lambda r)$ is the BESSEL function of the first kind of order n, and $A(\lambda)$ is an arbitrary function of λ. The normal displacement $(w_z)_{z=0}$ and stress $(\sigma_z)_{z=0}$ due to Eq. (2) are

$$(w_z)_{z=0} = -\frac{1-\nu}{G} \int_0^\infty A(\lambda) J_0(\lambda r) d\lambda ,$$
$$(\sigma_z)_{z=0} = \int_0^\infty \lambda A(\lambda) J_0(\lambda r) d\lambda. \tag{3}$$

2.2 The contact problems with circular contact region [See Fig. 1(a)].
Assuming that the entire face of the punch makes contact with the half-space, the remaining boundary conditions are

$$(w_z)_{z=0} = \varepsilon_0 - ug(r) \qquad (0 \leqq r \leqq r_0) ,$$
$$(\sigma_z)_{z=0} = 0 \qquad (r_0 < r) . \tag{4}$$

Using Eq. (3), the problem is written by the following dual integral equations:

$$\int_0^\infty A(\lambda) J_0(\lambda r) d\lambda = -\frac{G}{1-\nu} \{\varepsilon_0 - ug(r)\} \qquad (0 \leqq r \leqq r_0) ,$$
$$\int_0^\infty \lambda A(\lambda) J_0(\lambda r) d\lambda = 0 \qquad (r_0 < r) . \tag{5}$$

By using the ABEL transform method [10], Eq. (5) is equivalent to the following equation:

$$\int_0^\infty A(\lambda) \cos \lambda x \, d\lambda = \frac{G}{1-\nu} \left\{ c_0 + x \int_0^x \frac{ug'(t)}{\sqrt{x^2 - t^2}} dt \right\} H(r_0 - x) \tag{6}$$

where $H(x)$ is a HEAVISIDE's step function and c_0 is an unknown constant. Therefore, the function $A(\lambda)$ is obtained by FOURIER inverse transform as follows:

$$A(\lambda) = \frac{2G}{\pi(1-\nu)} \left\{ c_0 \frac{\sin \lambda r_0}{\lambda} + \int_0^{r_0} x \cos \lambda x \, dx \int_0^x \frac{ug'(t)}{\sqrt{x^2 - t^2}} dt \right\}. \tag{7}$$

(a) The case of the parabolic concave punch
When the punch face is parabolic concave, we denote $u = u_1$, and $g(r) = 1 - (r/r_0)^2$. Then, the normal displacement $(w_z)_{z=0}$ in the contact region is

$$(w_z)_{z=0} = \varepsilon_0 - u_1\{1 - (r/r_0)^2\} , \qquad (0 \leqq r \leqq r_0) . \tag{8}$$

The function $A(\lambda)$ is

$$A(\lambda) = \frac{2G}{\pi(1-\nu)} \left\{ (c_0 - 2u^1) \frac{\sin \lambda r_0}{\lambda} - \frac{4u_1}{r_0^2} \frac{\lambda r_0 \cos \lambda r_0 - \sin \lambda r_0}{\lambda^3} \right\}. \tag{9}$$

Substituting Eq. (9) into Eq. (3), $(w_z)_{z=0}$ and $(\sigma_z)_{z=0}$ are

$$(w_z)_{z=0} = -\frac{2}{\pi} \left[c_0 \begin{cases} \pi/2, & r_0 \geqq r \geqq 0 \\ \sin^{-1}(r_0/r) , & r_0 \leqq r \end{cases} - \frac{2u_1}{r_0^2} \int_0^{r_0} \frac{x^2 H(r - x)}{\sqrt{r^2 - x^2}} dx \right],$$
$$(\sigma_z)_{z=0} = \frac{2G}{\pi(1-\nu)} \left\{ \frac{c_0 - 2u_1}{\sqrt{r_0^2 - r^2}} - \frac{4u_1}{r_0^2} \sqrt{r_0^2 - r^2} \right\} H(r_0 - r) . \tag{10}$$

Since $(w_z)_{z=0}$ in Eq. (10) must be coincided with Eq. (8) in $0 \leqq r \leqq r_0$, we obtain

$$c_0 = u_1 - \varepsilon_0 .$$

Then, the normal displacement $(w_z)_{z=0}$ in the free surface $(r \geqq r_0)$ is

$$(w_z)_{z=0} = \frac{2}{\pi}\left[\left\{\varepsilon_0 - u_1\left(1 - \frac{r^2}{r_0^2}\right)\right\}\sin^{-1}\frac{r_0}{r} - u_1\frac{r}{r_0}\sqrt{1 - \frac{r_0^2}{r^2}}\right], \qquad (r \geqq r_0) \tag{11}$$

and the normal stress $(\sigma_z)_{z=0}$ in the contact region $(0 \leqq r \leqq r_0)$ is

$$(\sigma_z)_{z=0} = -\frac{2G}{(1-\nu)\pi r_0}\frac{\varepsilon_0 - 3u_1 + 4u_1(r/r_0)^2}{\sqrt{1-(r/r_0)^2}}, \qquad (0 \leqq r < r_0) . \tag{12}$$

The condition that the entire punch surface makes contact with the half-space is $(\sigma_z)_{z=0} \leqq 0$ in $0 \leqq r \leqq r_0$. Then, we obtain from Eq. (12),

$$\varepsilon_0 \geqq 3u_1 \tag{13}$$

and the indented load P is

$$P = -2\pi\int_0^{r_0}(\sigma_z)_{z=0}\, r\, dr = \frac{4Gr_0}{1-\nu}\left(\varepsilon_0 - \frac{1}{3}u_1\right), \qquad \left(\geqq P_0 \equiv \frac{32}{3}\frac{Gu_1r_0}{1-\nu}\right) \tag{14}$$

where the critical load P_0 means the minimum indented load for the entire face to contact. If $P \geqq P_0$, P increases linearly with the increasing of the indented depth ε_0. If $P < P_0$ or $\varepsilon_0 < 3u_1$, $(\sigma_z)_{z=0}$ becomes tension in the neighbourhood of $r = 0$, and physically, it denotes that the contact region becomes annular.

Additionally, if $u_1 < 0$ and $\varepsilon_0 \geqq -u_1$, the punch face is convex and the stress $(\sigma_z)_{z=0}$ is always compressive in the contact region $0 \leqq r \leqq r_0$. If $u_1 < 0$ and $\varepsilon_0 < -u_1$, the stress $(\sigma_z)_{z=0}$ is compressive without the neighbourhood of $r = r_0$.

(b) The case of the conical concave punch

When the punch face is conical concave, we denote $u = u_2$ and $g(r) = 1 - (r/r_0)$. Then, the normal displacement $(w_z)_{z=0}$ in the contact region is

$$(w_z)_{z=0} = \varepsilon_0 - u_2\left\{1 - \frac{r}{r_0}\right\}, \qquad (0 \leqq r \leqq r_0) \tag{51}$$

and the function $A(\lambda)$ is

$$A(\lambda) = \frac{2G}{\pi(1-\nu)}\left\{\left(c_0 - \frac{\pi u_2}{2}\right)\frac{\sin\lambda r_0}{\lambda} + \frac{\pi u_2}{2r_0}\frac{1-\cos\lambda r_0}{\lambda^2}\right\}. \tag{16}$$

Substituting Eq. (16) into $(w_z)_{z=0}$ of Eq. (3) and using Eq. (15), we obtain $c_0 = u_2 - \varepsilon_0$. Then, the normal displacement $(w_z)_{z=0}$ in the free surface and the normal stress $(\sigma_z)_{z=0}$ in the contact region are

$$\begin{aligned}(w_z)_{z=0} &= \left\{(\varepsilon_0 - u_2)\frac{2}{\pi}\sin^{-1}\frac{r_0}{r} + u_2\frac{r}{r_0}\left(1 - \sqrt{1 - \frac{r_0^2}{r^2}}\right)\right\}, \qquad (r_0 < r) ,\\ (\sigma_z)_{z=0} &= -\frac{2G}{\pi r_0(1-r)}\left[\left\{\varepsilon_0 + \left(\frac{\pi}{2} - 1\right)u_2\right\}\frac{1}{\sqrt{r_0^2 - r^2}} - \frac{\pi u_2}{2}\cosh^{-1}\frac{r_0}{r}\right]H(r_0 - r) .\end{aligned} \tag{17}$$

If $u_2 > 0$, the stress $(\sigma_z)_{z=0}$ is always tension in the neighbourhood of $r = 0$. Therefore, the contact region in the case of the conical concave punch is always annular, or the critical load is infinite.

Additionally, if $u_2 < 0$ and $\varepsilon_0 \geqq -(\pi/2 - 1)\, u_2$, the punch face is conical convex and $(\sigma_z)_{z=0}$ is always compression in $0 \leqq r \leqq r_0$. If $u_2 < 0$ and $\varepsilon_0 < -(\pi/2 - 1)\, u_2$, the stress $(\sigma_z)_{z=0}$ is compression without the neighbourhood of $r = r_0$ and, then, the results have been given by LOVE [11].

2.3 The contact problems with annular contact region [See Fig. 1(b)].

When the indented load is smaller than the critical load P_0, the contact region is annular in physical phenomena. The contact problem becomes one of the three-part mixed boundary value problems and can not apply the procedure of the solution in the previous section. As shown in Fig. 1 (b), the contact is the annular region $r_i \leqq r \leqq r_0$ and the punch face contacts smoothly at $r = r_i$ with the half-space. Then, the remaining boundary conditions are

$$\begin{aligned}(w_z)_{z=0} &= \varepsilon_0 - ug(r) \qquad (r_i \leqq r \leqq r_0) ,\\ (\sigma_z)_{z=0} &= 0 \qquad (0 \leqq r < r_i,\ r_0 < r) ,\\ (\sigma_z)_{z=0} ,&= \text{finite}, \qquad (r = r_i)\end{aligned} \tag{18}$$

Therefore, the problem is to solve the following triple integral equations

$$\int_0^\infty \lambda A(\lambda)\, J_0(\lambda r)\, d\lambda = 0 \qquad (0 \leqq r < r_i)\,,$$
$$\int_0^\infty A(\lambda)\, J_0(\lambda r)\, d\lambda = -\frac{G}{1-\nu}\{\varepsilon_0 - ug(r)\} \qquad (r_i \leqq r \leqq r_0)\,, \tag{19}$$
$$\int_0^\infty \lambda A(\lambda)\, J_0(\lambda r)\, d\lambda = 0 \quad (r_0 < r)\,.$$

Now, interchanging the variable r in $r_i \leqq r \leqq r_0$ to φ in $0 \leqq \varphi \leqq \pi$,

$$r = \{r_c^2 + b^2 - 2r_c b \cos\varphi\}^{1/2}\,, \qquad (r_i \leqq r \leqq r_0)\,,$$
$$r_c = (r_0 + r_i)/2\,, \qquad b = (r_0 - r_i)/2 \tag{20}$$

the variables r and φ correspond each other and $r = r_i$ is $\varphi = 0$ and $r = r_0$ to $\varphi = \pi$. We put the function $A(\lambda)$ in the form of integral as follows:

$$A(\lambda) = \int_0^\pi F(\psi)\, J_0(\lambda R)\, d\psi\,, \qquad R = (r_c^2 + b^2 - 2r_c b\cos\psi)^{1/2} \tag{21}$$

where $F(\psi)$ is an arbitrary continuous function. Substituting Eq. (21) into $(\sigma_z)_{z=0}$ of Eq. (3), we obtain

$$(\sigma_z)_{z=0} = \int_0^\pi F(\psi)\, d\psi \int_0^\infty \lambda J_0(\lambda r)\, J_0(\lambda R)\, d\lambda = \int_0^\pi \frac{F(\psi)\,\delta(R-r)}{\sqrt{Rr}}\, d\psi \tag{22}$$

where $\delta(x)$ is a DIRAC's delta function and the following formula is used [12]

$$\int_0^\infty \lambda J_0(\lambda R)\, J_0(\lambda r)\, d\lambda = \frac{\delta(R-r)}{\sqrt{Rr}}. \tag{23}$$

Since the argument in the delta function is $R - r \neq 0$ in $0 \leqq r < r_i$ or $r_0 < r$ because of $r_i \leqq R \leqq r_0$, the stress $(\sigma_z)_{z=0}$ is always zero in the free surface independent of the function $F(\psi)$. Assuming the continuous function $F(\psi)$ in the FOURIER cosine series

$$F(\psi) = \sum_{n=0}^\infty a_n \cos n\psi \tag{24}$$

the stress $(\sigma_z)_{z=0}$ in the contact region is from Eq. (23)

$$(\sigma_z)_{z=0} = \frac{1}{r_c b} \sum_{n=0}^\infty a_n \frac{\cos n\varphi}{\sin\varphi} \qquad (r_i < r < r_0) \tag{25}$$

where a_n are arbitrary coefficients. Because the punch makes contact smoothly at the edge $r = r_i$ with the half-space, $(\sigma_z)_{z=0}$ must be finite at $r \to r_i + 0$. That is equivalent to the condition that the infinite series in Eq. (25) is zero at $\varphi = 0$,

$$\sum_{n=0}^\infty a_n = 0. \tag{26}$$

On the other hand, substituting Eq. (24) into Eq. (21), we obtain

$$A(\lambda) = \sum_{n=0}^\infty a_n \int_0^\pi J_0(\lambda R) \cos n\psi\, d\psi = \pi \sum_{n=0}^\infty a_n J_n(\lambda r_c)\, J_n(\lambda b)\,. \tag{27}$$

To determine the coefficient a_n, we substitute Eq. (27) into $(w_z)_{z=0}$ of Eq. (3):

$$\sum_{n=0}^\infty a_n \int_0^\infty J_0(\lambda r)\, J_n(\lambda r_c)\, J_n(\lambda b)\, d\lambda = -\frac{G}{\pi(1-\nu)}\{\varepsilon_0 - ug(r)\} \qquad (r_i \leqq r \leqq r_0)\,. \tag{28}$$

Assuming coefficient a_n as

$$a_n = -\frac{G r_0}{\pi(1-\nu)}\{\varepsilon_0 a_n' - u a_n''\}\,, \qquad (n = 0, 1, 2, \ldots)\,. \tag{29}$$

Eq. (28) is divided into two equations:

$$\sum_{n=0}^\infty (a_n', a_n'')\, r_0 \int_0^\infty J_0(\lambda r)\, J_n(\lambda r_c)\, J_n(\lambda b)\, d\lambda = \{1, g(r)\}\,, \qquad (r_i \leqq r \leqq r_0)\,. \tag{30}$$

The coefficients a_n' and a_n'' must be determined independent of r in $r_i \leqq r \leqq r_0$. Therefore, $J_0(\lambda r)$ and $g(r)$ in $r_i \leqq \leqq r \leqq r_0$ are developed in FOURIER series with respect to φ:

$$J_0(\lambda r) = J_0(\lambda r_c) J_0(\lambda b) + 2 \sum_{m=1}^{\infty} J_m(\lambda r_c) J_m(\lambda b) \cos m\varphi ,$$

$$g(r) = b_0 + 2 \sum_{m=0}^{\infty} b_m \cos m\varphi , \qquad b_m = \frac{1}{\pi} \int_0^{\pi} g(r) \cos m\varphi \, d\varphi . \tag{31}$$

Substituting Eq. (31) into Eq. (30) and equating the coefficients of cos $m\varphi$ in both sides, we obtain the infinite systems of simultaneous equations with respect to a_n' and a_n'',

$$\sum_{n=0}^{\infty} (a_n', a_n'') r_0 \int_0^{\infty} J_m(\lambda r_c) J_m(\lambda b) J_n(\lambda r_c) J_n(\lambda b) \, d\lambda = (\delta_{0,m} \cdot b_m) , \qquad (m = 0, 1, 2, \ldots) \tag{32}$$

where $\delta_{0,m}$ is KRONECKER's delta. Substituting Eq. (29) into Eq. (26), the relationship between u and ε_0 is given by

$$\frac{u}{\varepsilon_0} = \sum_{n=0}^{\infty} a_n' / \sum_{n=0}^{\infty} a_n'' . \tag{33}$$

Then, the displacement $(w_z)_{z=0}$, the stress $(\sigma_z)_{z=0}$ in contact region and the indented load P are

$$(w_z)_{z=0} = \varepsilon_0 \sum_{n=0}^{\infty} \left(a_n' - \frac{u}{\varepsilon_0} a_n''\right) r_0 \int_0^{\infty} J_0(\lambda r) J_n(\lambda r_c) J_n(\lambda b) \, d\lambda ,$$

$$(\sigma_z)_{z=0} = - \frac{G r_0 \varepsilon_0}{\pi r_c b (1 - \nu)} \frac{1}{\sin \varphi} \sum_{n=0}^{\infty} \left(a_n'' - \frac{u}{\varepsilon_0} a_n'\right) \cos n\varphi , \qquad (r_i \leqq r < r_0) , \tag{34}$$

$$P = -2\pi \int_{r_i}^{r_0} (\sigma_z)_{z=0} \, r \, dr = \frac{2\pi G r_0 \varepsilon_0}{1 - \nu} \left(a_0' - \frac{u}{\varepsilon_0} a_0''\right).$$

Moreover, the radial slope of $(w_z)_{z=0}$ is

$$\left(\frac{\partial w_z}{\partial r}\right)_{z=0} = - \sum_{n=0}^{\infty} \varepsilon_0 r_0 \left(a_n' - \frac{u}{\varepsilon_0} a_n''\right) \left\{ \int_0^{\infty} J_1(\lambda r) \left[\lambda J_n(\lambda r_c) J_n(\lambda b) - \frac{1}{\pi \sqrt{r_c b}} \{\cos \lambda r_i + (-1)^n \sin \lambda r_0\} \right] d\lambda + \right.$$

$$\left. + \frac{1}{\pi \sqrt{r_c b}} \frac{1}{r} \left[\left\{1 - \frac{r_i}{\sqrt{r_i^2 - r^2}} H(r_i - r)\right\} + \frac{(-1)^n r_0}{\sqrt{r^2 - r_0^2}} H(r - r_0) \right] \right\}. \tag{35}$$

The first term in Eq. (35) is continuous in all of r because the integrand tends to $O(\lambda^{-\frac{3}{2}})$ as $\lambda \to \infty$. The second term in Eq. (35) is finite at $r \to r_i \pm 0$ because of Eq. (26) and is infinite at $r \to r_0 + 0$. Then $(\partial w_z/\partial r)_{z=0}$ is continuous at $r \to r_i \pm 0$, and namely, the slope of $(w_z)_{z=0}$ at $r = r_i$ coincides with that of the punch face $dg(r)/dr$. It means that the condition of $(\sigma_z)_{z=0} = \textit{finite}$ at the smoothly contact edge $r = r_i$ is equivalent to $(\partial w/\partial r)_{z=0} = dg(r)/dr$.

Particularly, we put b_m in the parabolic concave face as

$$u = u_1 (> \varepsilon_0/3) , \qquad g(r) = 1 - \frac{r^2}{r_0^2} , \qquad b_m = \frac{r_c b}{r_0^2} (2\delta_{0m} + \delta_{1m}) \tag{36}$$

and in the conical concave face as

$$u = u_2 , \qquad g(r) = 1 - \frac{r}{r_0} , \qquad b_m = \frac{1}{\pi r_0} \int_0^{\pi} \{r_0 - \sqrt{r_c^2 - b^2 - 2 r_c b \cos \varphi}\} \cos m\varphi \, d\varphi . \tag{37}$$

3. Numerical Results

Sometimes, we must determine the inner radius r_i in the case of the annular contact region under the condition that P or ε_0, and r_0 and u are given. However, it is considerably difficult to determine the radius r_i in such a process, because the relationship among the factors is nonlinear. Therefore, we determine the relationship among u, ε_0 and P under the condition that the ratio of the inner to the outer radius r_i/r_0 is given. Table 1 shows the coefficients $a_n' - (u/\varepsilon_0) a_n''$ in both concave faces.

Fig. 2 shows the radial distributions of $(w_z)_{z=0}$ (dashed lines) and $(\sigma_z)_{z=0}$ (solid lines) in the parabolic concave punch. The indented load P or the indented depth ε_0 increases as the decreasing of r_i/r_0. The case of $r_i/r_0 = 0$ is the case of $P(1 - \nu)/G r_0 u_1 \doteqdot 32/3$, and $\varepsilon_0 = 3u_1$. The stress $(\sigma_z)_{z=0}$ in $r_i \leqq r < r_0$ is always compressive.

Fig. 3 shows the radial distributions of $(w_z)_{z=0}$ (dashed lines) and $(\sigma_z)_{z=0}$, (solid lines) in the conical concave punch.

Table 2 and Fig. 4 show the relationship among P, ε_0, u and r_i/r_0 in two cases of the parabolic and the conical concave punches.

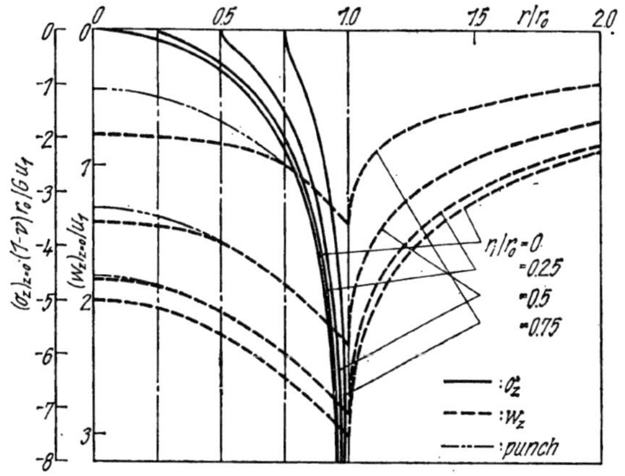

Fig. 2. $(w_z)_{z=0}$ and $(\sigma_z)_{z=0}$ in the case of the parabolic concave punch

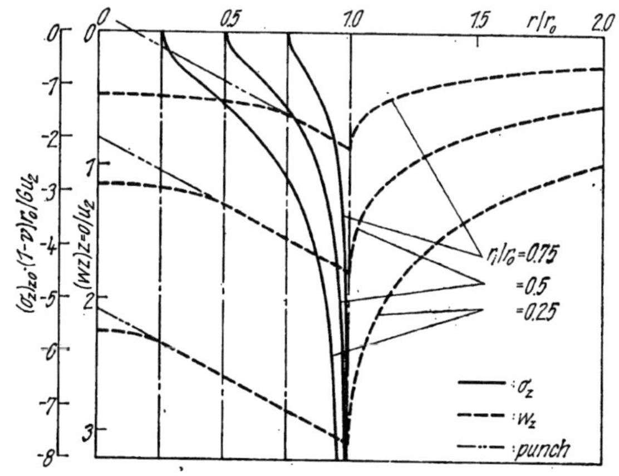

Fig. 3. $(w_z)_{z=0}$ and $(\sigma_z)_{z=0}$ in the case of the conical concave punch

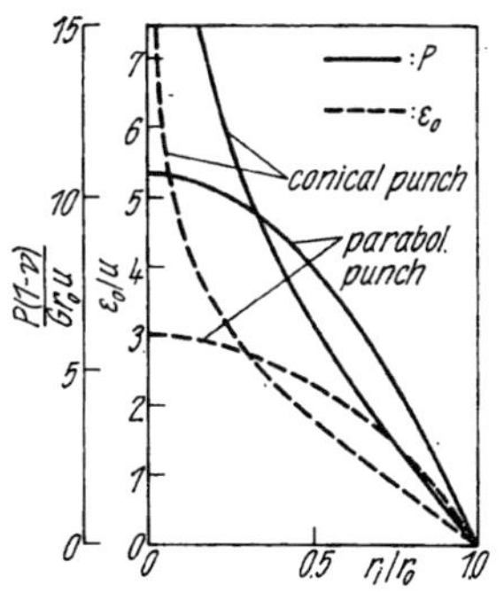

Fig. 4. The relation among P, ε_0 and r_i/r_0

Table 1. The values of the coefficients $a_n' - (u/\varepsilon_0)\, a_n''$

n	The parabolic concave punch r_i/r_0 0.25	0.5	0.75	The conical concave punch 0.25	0.5	0.75
0	.56193435	.54675388	.50911444	.59274733	.56448668	.51649010
1	−.66506767	−.62416565	−.54964429	−.57025677	−.57013035	−.52362284
2	.09033614	.07098991	.03887131	−.01882753	.00323481	.00910568
3	.00932954	.00531692	.00150665	−.00330653	.00162086	.00088522
4	.00223371	.00085827	.00010488	−.00061445	.00053442	.00009229
5	.00074008	.00018877	.00002333	−.00001765	.00017590	.00002314
6	.00027828	.00003166	−.00002314	.00007898	.00004221	−.00002169
7	.00012755	.00002343	.00002965	.00008806	.00002884	.00002985
8	.00004371	−.00001664	−.00005875	.00005024	−.00001109	−.00005418
9	.00004421	.00001958	.00007605	.00005850	.00001789	.00007262

Table 2. The values of P, ε_0, u and r_i/r_0

r_i/r_0	The parabolic concave punch ε_0/u_1	$P(1-\nu)/Gr_0u_1$	The conical concave punch ε_0/u_2	$P(1-\nu)/Gr_0u_2$
.0	3.0	10.66667		
.1	2.97646	10.57577	4.58863	17.50170
.2	2.89327	10.24310	3.46392	13.00362
.25	2.83374	10.00521	3.08395	11.48566
.3	2.75763	9.70140	2.76136	10.19859
.4	2.56792	8.94735	2.23080	8.08893
.5	2.32159	7.97548	1.78904	6.34531
.6	2.01556	6.78367	1.39903	4.82583
.7	1.64701	5.37893	1.04140	3.46166
.75	1.43686	4.59628	0.87007	2.82307
.8	1.20811	3.76350	0.70194	2.21133
.9	0.68305	1.95128	0.36721	1.05447

References

1 COOKE, J. C., Quart. J. Mech. Appl. Math., 16-2, 193—203 (1963-5).
2 COLLINS, W. D., Proc. Edinb. Math. Soc. (2), 13-2, 235—246 (1963-2).
3 JAIN, D. L.; KANWEL, R. P., Int. J. Engng. Sci., 8-8, 687—698 (1970-8).

4 Gubenko, V. S.; Mossakovski, V. I., Prik. Math. Mech., **24**-1, 60—64 (1960).
5 Olesiak, Z., Archiwum Mech. Stosowanej, **4**-17, 633—648 (1965).
6 Shibuya, T.; Koizumi, T.; Nakahara, I., Int. J. Engng. Sci., **12**-9, 759—771 (1974-9).
7 Shibuya, T. et. al., Bull. JSME, **21**-154, 566—571 (1978-4).
8 Shibuya, T., Bull. JSME, **19**-129, 233—238 (1976-3).
9 Barber, J. R., J. Elast., **6**-2, 149—159 (1976-4).
10 Shibuya, T., Bull. JSME, 22-163, 16—20 (1979-1).
11 Love, A. E., Quart. J. Math. (Oxford), **10**-39, 161—175 (1939).
12 Jain, D. L.; Kanwel, R. P., SIAM. J., **20**-4, 642—658 (1971-6).

Eingereicht am 11. 8. 1979

Anschrift: Prof. Toshikazu Shibuya, Faculty of Engineering, Tokyo Institue of Technology, 12-1 Ookayama, 2-Chome, Meguro-ku, Tokyo, 152, Japan

ZAMM 60, 429 – 436 (1980

M. P. Singh / P. C. Sinha / M. Aggarwal

Swirling Flow in a Straight Circular Pipe

In dieser Arbeit wird die laminare achsensymmetrische Wirbelströmung einer inkompressiblen viskosen Flüssigkeit in einem geraden kreisförmigen Rohr mit gleichbleibendem Querschnitt vom Eintritt bis zum voll entwickelten Fallstrombereich untersucht. Der Wirbel wird beim Eintritt zusammen mit der Längsströmung vorgegeben. Die Entwicklung der Strömung wird in drei Bereiche eingeteilt, wobei die Analyse mittels angepaßter asymptotischer Reihen durchgeführt wird.

In this paper the laminar axisymmetric swirling flow of an incompressible viscous fluid from the entry to the fully developed downstream region in a straight circular pipe of uniform cross-section has been studied. The swirl has been prescribed at the entry, along with the longitudinal flow. The development of the flow has been divided into three regions and the analysis is based on the method of matched asymptotic expansions.

В данной работе изучаестя ламинарное осесимметричное вихревое течение несжимаемой вязкой жидкости в прямой круглой трубе постоянного сечения с начала до полного развития области вниз по течению. Вихрь задаётся в начале вместе с продольным потоком. Развитие течения разделяется на три области, причём, анализ проводится посредством согласованных асимптотических рядов.

Introduction

A number of devices such as swirl generators, swirl atomizers, rockets, vortex tubes, arc heaters etc., involve flow with swirl. Due to the extensive use of these devices in the present day technology, it is worthwhile to study in detail the swirling flow. Recently M. Kiya, Shoichiro Fukusako and Mikio Arie [1] have obtained the solution for the developing laminar swirling flow in a pipe which, however, is not valid near the entrance region of the pipe. Here we take up the corresponding study of the axisymmetric laminar developing swirling flow in a straight circular pipe of uniform cross-section and examine the flow development from the entry to the fully developed stage.

Swirling flow has been studied by Taylor [3] and Binnie and Harris [4] using a momentum integral method, by Wilks [5] and Houlihan and Hornstra [6] using Weighardt's two parameter integral technique, by Back [7] and Vimla [8] using numerical solution with the help of a similarity solution approach and by Pao [9] and Kiya at al. [1] using finite difference scheme.

In the present paper we employ the method of matched asymptotic expansions outlined by Van Dyke [10] and subsequently used by Wilson [11] and Singh [12] to study the entry flow in a channel and a tube. Van Dyke pointed out the shortcomings of the series expansions method and obtained a systematic development of the flow in a channel by the method of matched asymptotic expansions.

We analyse the development of the flow by considering three different regions: (1) inviscid core, (2) boundary layer and (3) the downstream region (Fig. 2). The swirl has been prescribed at the entry, along with the longitudinal flow. The entry conditions accordingly become: (1) the streamwise velocity is uniform and (2) the initial swirl is a forced vortex given by $v' = (A\bar{w}_0 r')/a$.

The initial development of the flow depends upon the nature of the entry conditions, and in the downstream region our problem coincides with Kiya's work. It has been shown that as the swirl increases at the entry, the streamwise velocity increases appreciably in the core near the entrance region, while further in the downstream, the streamwise velocity increases in the neighbourhood of the pipe wall and decreases near the pipe axis. Further, the axial skin friction is found to be independent of the swirl parameter near the entrance region.

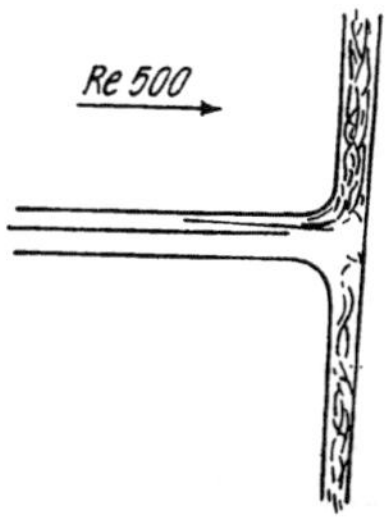

Fig. 1. Helical flow patterns in both branches of the 180° bifurcation during steady, forward flow

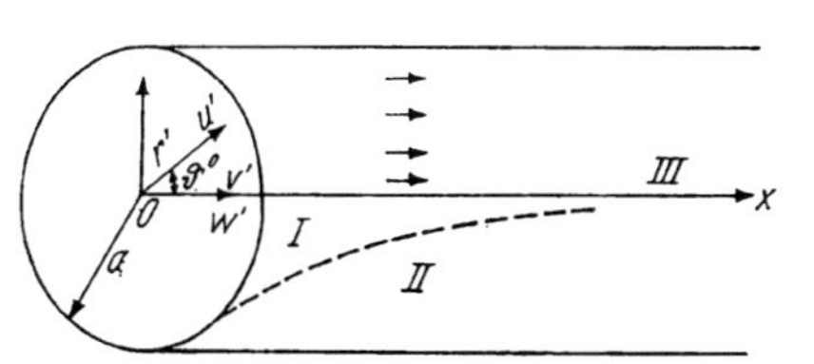

Fig. 2. Coordinate system, the different regions have been shown below the centre line. Reg. I. Inviscid core, II. Boundary layer, III. Downstream

From a biological point of view, the study may be of some interest in the various branching systems of the human body (Furguson [2]; see also Fig. 1), where swirl may act as a fluidic control in the transport of the fluid. Due to the swirl, the increase in the heat and mass transfer processes (Kiya et al. [1]) can also increase the residence time of the fluid particles in a certain region, where a particular organ is functioning. The extension to the turbulent swirling flow may be of some interest in the larger bronchial airways, where the flow is turbulent at the entry of the trachea (Sudlow [13]).

Formulation of the problem

We consider the axisymmetric flow of a viscous incompressible fluid in a straight circular pipe of uniform cross-section. The co-ordinate system for the flow development is shown in Fig. 2 in which x' corresponds to the pipe axis and u', v', w' denote the velocity components in the r', θ and x' directions respectively. The origin is taken at the inlet of the pipe whose radius is denoted by a. In the case of a steady and rotationally symmetrical laminar flow the governing equations of motion are given by

$$u'_{r'} + \frac{u'}{r'} + w'_{x'} = 0\,, \tag{1}$$

$$u'u'_{r'} + w'u'_{x'} - \frac{v'^2}{r'} = -\frac{1}{\varrho}p'_{r'} + \nu(u'_{x'x'} - w'_{x'r'})\,, \tag{2}$$

$$u'v'_{r'} + w'v'_{x'} + \frac{u'v'}{r'} = \nu\left(v'_{x'x'} + v'_{r'r'} - \frac{v'}{r'^2} + \frac{v'_{r'}}{r'}\right), \tag{3}$$

$$w'w'_{x'} + u'w'_{r'} = -\frac{1}{\varrho}p'_{x'} + \nu\left(w'_{r'r'} + \frac{1}{r'}w'_{r'} - u'_{x'r'} - \frac{1}{r'}u'_{x'}\right), \tag{4}$$

with the entry conditions

$$u' = 0\,, \qquad v' = \frac{Ar'\overline{w}_0}{a}\,, \qquad w' = \overline{w}_0 \quad \text{at} \quad x' \doteq 0\,, \tag{5}$$

and the boundary conditions

$$u' = 0\,, \qquad v' = 0\,, \qquad w' = 0 \quad \text{at} \quad r' = a\,. \tag{6}$$

We introduce the dimensionless variables as follows:

$$r = \frac{r'}{a}\,, \qquad x = \frac{x'}{a}\,, \qquad u = \frac{u'}{\overline{w}_0}\,, \qquad v = \frac{v'}{\overline{w}_0}\,, \qquad w = \frac{w'}{\overline{w}_0}\,, \qquad p = \frac{p'}{\varrho\overline{w}_0^2}\,.$$

The governing equations (1)—(4) in terms of these variables become

$$u_r + \frac{u}{r} + w_x = 0\,, \tag{7}$$

$$uu_r + wu_x - \frac{v^2}{r} = -p_r + \frac{1}{\mathrm{Re}}(u_{xx} - w_{rx})\,, \tag{8}$$

$$uv_r + wv_x + \frac{uv}{r} = \frac{1}{\mathrm{Re}}\left(v_{xx} + v_{rr} - \frac{v}{r^2} + \frac{v_r}{r}\right), \tag{9}$$

$$ww_x + uw_r = -p_x + \frac{1}{\mathrm{Re}}\left(w_{rr} + \frac{1}{r}w_r - u_{xr} - \frac{1}{r}u_x\right), \tag{10}$$

with the entry conditions

$$u = 0\,, \qquad v = Ar\,, \qquad w = 1 \quad \text{at} \quad x = 0\,, \tag{11}$$

and the boundary conditions

$$u = 0\,, \qquad v = 0\,, \qquad w = 0 \quad \text{at} \quad r = 1\,, \tag{12}$$

where

$$\mathrm{Re} = \frac{a\overline{w}_0}{\nu}\,. \tag{13}$$

These four equations from (7)—(10) together with (11) and (12) constitute the flow field of a laminar developing swirling flow in the entrance region of a circular pipe. The system is nonlinear and analytically the solution is not tractable and so we would confine our discussions to the fluid of low viscosity which is of some physiological interest. Accordingly, the REYNOLDS number would be quite high, i.e., $\mathrm{Re} \gg 1$.

Solution in the inviscid core

As the fluid enters the pipe, the viscous effect would be confined to a very thin layer near the wall of the pipe and the central core would remain uninfluenced by viscosity near the entrance. Thus the flow consists of the boundary layer together with a central inviscid core, in which the solution is just the undisturbed entry flow,

$$u = 0\,, \qquad v = Ar\,, \qquad w = 1\,, \qquad p = \frac{A^2r^2}{2} + p_{00}\,; \tag{14}$$

where p_{00} is a constant.

Boundary layer solution

As in the classical boundary layer the effect of the viscosity will be confined to a thin layer near the wall of the pipe. Thus, in the boundary layer, we set,

$$r = 1 - \beta\eta\,, \qquad u = \beta\tilde{u}\,, \qquad v = \tilde{v}\,, \qquad w = \tilde{w}\,, \qquad p = \tilde{p} \tag{15}$$

where

$$\beta = \mathrm{Re}^{-1/2}\,.$$

Substituting the expansions

$$\tilde{u} = \tilde{u}_0 + \beta\tilde{u}_1 + \dots\,, \qquad \tilde{v} = \tilde{v}_0 + \beta\tilde{v}_1 + \dots\,, \qquad \tilde{w} = \tilde{w}_0 + \beta\tilde{w}_1 + \dots\,, \qquad \tilde{p} = \tilde{p}_0 + \beta\tilde{p}_1 + \dots\,, \tag{16}$$

into the equations of motion (7)—(10) the first order boundary layer equations are obtained as,

$$-\tilde{u}_{0\eta} + \tilde{w}_{0x} = 0\,, \tag{17}$$

$$-\tilde{p}_{0\eta} = 0\,, \tag{18}$$

$$-\tilde{u}_0\tilde{v}_{0\eta} + \tilde{w}_0\tilde{v}_{0x} = \tilde{v}_{0\eta\eta}\,, \tag{19}$$

$$-\tilde{u}_0\tilde{w}_{0\eta} + \tilde{w}_0\tilde{w}_{0x} = -\tilde{p}_{0x} + \tilde{w}_{0\eta\eta}\,. \tag{20}$$

The boundary conditions are

$$\tilde{u}_0 = \tilde{v}_0 = \tilde{w}_0 = 0 \quad \text{at} \quad \eta = 0\,, \tag{21}$$

and matching condition with the undisturbed inviscid flow yields,

$$\tilde{v}_0 \to A\,, \qquad \tilde{w}_0 \to 1 \quad \text{as} \quad \eta \to \infty\,. \tag{22}$$

From equation (18) it follows that the pressure is impressed on the boundary layer by the external flow. In view of (14) the pressure gradient term drops out from equation (20) and thus the first order governing equations of motion in the boundary layer become

$$-\tilde{u}_{0\eta} + \tilde{w}_{0x} = 0\,, \tag{23}$$

$$-\tilde{u}_0\tilde{v}_{0\eta} + \tilde{w}_0\tilde{v}_{0x} = \tilde{v}_{0\eta\eta}\,, \tag{24}$$

$$-\tilde{u}_0\tilde{w}_{0\eta} + \tilde{w}_0\tilde{w}_{0x} = \tilde{w}_{0\eta\eta}\,, \tag{25}$$

with the boundary conditions

$$\tilde{u}_0 = \tilde{v}_0 = \tilde{w}_0 = 0 \quad \text{at} \quad \eta = 0\,, \tag{26}$$

and the matching conditions

$$\tilde{v}_0 \to A\,, \qquad \tilde{w}_0 \to 1 \quad \text{as} \quad \eta \to \infty\,. \tag{27}$$

Introducing the similarity variable

$$\zeta = \frac{\eta}{\sqrt{2x}}\,, \tag{28}$$

and, substituting

$$\tilde{u}_0 = \frac{F(\zeta)}{\sqrt{2x}}\,, \qquad \tilde{v}_0 = G(\zeta)\,, \qquad \tilde{w}_0 = H(\zeta)\,, \tag{29}$$

into the equations (23)—(25) we obtain

$$F + \zeta H' = 0\,, \tag{30}$$

$$G'' + HG'\zeta + FG' = 0\,, \tag{31}$$

$$H'' + FH' + HH'\zeta = 0 \tag{32}$$

with the boundary conditions

$$F = G = H = 0 \quad \text{at} \quad \zeta = 0\,, \tag{33}$$

and the matching conditions

$$G = A\,, \qquad H = 1\,, \quad \text{as} \quad \zeta \to \infty \tag{34}$$

where primes denote differentiation with respect to ζ.

It follows that the radial and axial velocity in the boundary layer are not influenced by the swirl up to the order under consideration and correspond to the BLASIUS flat plate solution. Equations (31)—(34) has the simple solution

$$G(\zeta) = AH(\zeta)\,. \tag{35}$$

Accordingly, the axial skin friction (τ_{wx}) would be independent of the swirl parameter A and the azimuthal skin friction ($\tau_{w\theta}$) would be given by

$$\tau_{w\theta} = A\tau_{wx}\,. \tag{36}$$

Flow due to displacement

We find that the radial component $\tilde{u}$ has not been matched with the corresponding undisturbed inviscid core velocity, which induces a second order flow in the core. Now, as $\zeta \to \infty$, we have

$$\tilde{u} = \frac{u}{\beta} \sim \frac{F(\infty)}{\sqrt{2x}}, \tag{37}$$

where

$$F(\infty) = -1.21678 .$$

Hence, in the core, the flow field can be expressed in the form

$$\begin{aligned} u(r, x, \beta) &= \beta u_1(r, x) + O(\beta^2) , \\ v(r, x, \beta) &= Ar + \beta v_1(r, x) + O(\beta^2) , \\ w(r, x, \beta) &= 1 + \beta w_1(r, x) + O(\beta^2) , \\ p(r, x, \beta) &= \left(\frac{A^2 r^2}{2} + p_{00}\right) + \beta p_1(r, x) + O(\beta^2) . \end{aligned} \tag{38}$$

Substituting the above expansions into the equations (7)—(10) we obtain the following equations of motion for the flow due to displacement:

$$u_{1r} + \frac{u_1}{r} + w_{1x} = 0 , \tag{39}$$

$$u_{1x} - 2Av_1 = -p_{1r} , \tag{40}$$

$$2Au_1 + v_{1x} = 0 , \tag{41}$$

$$w_{1x} = -p_{1x} , \tag{42}$$

with the entry conditions

$$p_1 = 0 , \quad v_1 = 0 , \quad w_1 = 0 \quad \text{at} \quad x = 0 \tag{43}$$

and the matching condition

$$u_1 = \frac{F(\infty)}{\sqrt{2x}} \quad \text{at} \quad r = 1 . \tag{44}$$

From (42) and (43) it follows that

$$w_1 = -p_1 . \tag{45}$$

Elimination of v_1, w_1 and p_1 from (39)—(41) then leads to

$$u_{1xx} + u_{1rr} + \frac{u_{1r}}{r} - \frac{u_1}{r^2} + 4A^2 u_1 = 0 . \tag{46}$$

Solution of (46) satisfying (43) and (44) can be obtained by means of Fourier Cosine Transform. Accordingly, we obtain

$$u_1 = \frac{F(\infty)}{\sqrt{\pi}} \left[\int_0^{2A} \frac{\sigma^{-1/2} J_1(r\sqrt{4A^2 - \sigma^2}) \cos \sigma x \, d\sigma}{J_1(\sqrt{4A^2 - \sigma^2})} + \int_{2A}^{\infty} \frac{\sigma^{-1/2} I_1(r\sqrt{\sigma^2 - 4A^2}) \cos \sigma x \, d\sigma}{I_1(\sqrt{\sigma^2 - 4A^2})} \right]. \tag{47}$$

v_1 and w_1 are now obtained from equations (39) and (41) and are given by

$$v_1 = -\frac{2AF(\infty)}{\sqrt{\pi}} \left[\int_0^{2A} \frac{\sigma^{-3/2} J_1(r\sqrt{4A^2 - \sigma^2}) \sin \sigma x \, d\sigma}{J_1(\sqrt{4A^2 - \sigma^2})} + \int_{2A}^{\infty} \frac{\sigma^{-3/2} I_1(r\sqrt{\sigma^2 - 4A^2}) \sin \sigma x \, d\sigma}{I_1(\sqrt{\sigma^2 - 4A^2})} \right], \tag{48}$$

$$w_1 = -\frac{F(\infty)}{\sqrt{\pi}} \left[\int_0^{2A} \frac{\sigma^{-3/2}\sqrt{4A^2 - \sigma^2} J_0(r\sqrt{4A^2 - \sigma^2}) \sin \sigma x \, d\sigma}{J_1(\sqrt{4A^2 - \sigma^2})} + \right.$$

$$\left. + \int_{2A}^{\infty} \frac{\sigma^{-3/2} \sqrt{\sigma^2 - 4A^2} I_0(r\sqrt{\sigma^2 - 4A^2}) \sin \sigma x \, d\sigma}{I_1(\sqrt{\sigma^2 - 4A^2})} \right], \tag{49}$$

which represent the displacement effects of the boundary layer. Equation (49) shows the manner in which the core is accelerated due to the growing boundary layer and (45) represents the corresponding fall in the pressure. The variation of the streamwise velocity at the centreline for various values of A at $\mathrm{Re} = 100$ is shown in Fig. 3. It is evident from equation (48) that the azimuthal velocity vanishes at the centreline. These integrals fail to converge at $A = 2$ which is confirmed by Bossel's work [14] concerning the problem of vortex breakdown in a circular pipe.

In his analytical study on the swirling flow he has shown that the vortex breakdown occurs when $A = 1.916$. Kiya's finite difference scheme also breaks down at $A = 2$. In fact, once the vortex breakdown occurs, the boundary layer approximation would not be able to describe the flow phenomena and so the above analysis would no longrer be valid for $A \geqq 2$.

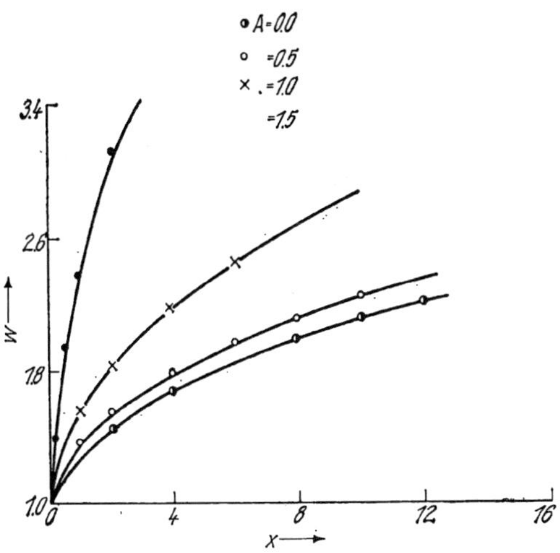

Fig. 3. Axial distribution of two term upstream longitudinal velocity component at the centreline, for various A, at Re = 100

Downstream expansion

The two term upstream expansion breaks down when

$$\beta w_1 = O(1) \quad \text{and} \quad \beta v_1 = O(1)\,. \tag{50}$$

The asymptotic behaviour of the integrals (48) and (49) for large x imply that

$$\beta w_1 \sim \beta x^{1/2} \quad \text{for} \quad x \gg 1\,,$$

$$\beta v_1 \sim \beta x^{1/2} \quad \text{for} \quad x \gg 1\,,$$

i.e., βw_1 and βv_1 are of the order one when $x = O(\mathrm{Re})$.

This nonuniformity for large x suggests a contracted downstream variable $\xi = \dfrac{x}{\mathrm{Re}}$, and thereby we seek a downstream expansion to complement the upstream expansion in its region of invalidity (Region III, Fig. 2).

Substituting

$$x = \xi\beta^{-2}\,, \qquad u = u^*\beta^2\,, \qquad v = v^*\,, \qquad w = w^*\,, \qquad p = p^* \tag{51}$$

into the equations of motion (7)—(10) we get the governing equations of motion in the downstream region as

$$\beta^2 u_r^* + \beta^2 \frac{u^*}{r} + \beta^2 w_\xi^* = 0\,, \tag{52}$$

$$\beta^2 u^* u_r^* + \beta^4 w^* u_\xi^* - \frac{v^{*2}}{r} = -p_r^* + \beta^2[\beta^6 u_{\xi\xi}^* - w_{r\xi}^* \beta^2]\,, \tag{53}$$

$$\beta^2 u^* v_r^* + \beta^2 w^* v_\xi^* + \frac{\beta^2 u^* v^*}{r} = \beta^2 \left[\beta^4 v_{\xi\xi}^* + v_{rr}^* - \frac{v^*}{r^2} + \frac{v_r^*}{r}\right], \tag{54}$$

$$\beta^2 w^* w_\xi^* + \beta^2 u^* w_r^* = -p_\xi^* \beta^2 + \beta^2 \left[w_{rr}^* + \frac{1}{r} w_r^* - u_{\xi r}^* \beta^4 - \frac{1}{r} u_\xi^* \beta^4\right], \tag{55}$$

with the boundary conditions

$$u^* = 0\,, \qquad v^* = 0\,, \qquad w^* = 0 \quad \text{at} \quad r = 1\,, \tag{56}$$

and the matching conditions

$$v^* = Ar\,, \qquad w^* = 1 \quad \text{at} \quad \xi = 0\,. \tag{57}$$

Equations (52)—(55) imply that the downstream expansion will proceed in powers of (Re^{-1}), while in the boundary layer it is of $O(\mathrm{Re}^{-1/2})$. Thus the first order equations, the boundary conditions, and the matching conditions for the downstream expansion are given by

$$u_r^* + \frac{u^*}{r} + w_\xi^* = 0\,, \tag{58}$$

$$\frac{v^{*2}}{r} = p_r^*\,, \tag{59}$$

$$u^* v_r^* + w^* v_\xi^* + \frac{u^* v^*}{r} = v_{rr}^* - \frac{v^*}{r^2} + \frac{v_r^*}{r}, \tag{60}$$

$$w^* w_\xi^* + u^* w_r^* = -p_\xi^* + w_{rr}^* + \frac{1}{r} w_r^* \tag{61}$$

$$u^* = v^* = w^* = 0 \quad \text{at} \quad r = 1, \tag{62}$$

$$w^* = 1, \quad v^* = Ar \quad \text{at} \quad \xi = 0. \tag{63}$$

KIYA et al. have obtained the finite-difference solution of the equations (58)—(61) satisfying (62) and (63). Far downstream from the entrance, this flow approaches the POISEUILLE parabolic distribution.

The entrance length El for various values of the swirl constant A is given in Table 1 (see KIYA et al. [1]).

Table 1

A	El (in terms of x)
0.0	0.221 Re
0.5	0.241 Re
1.0	0.281 Re
1.5	0.316 Re

The appearance of the inertia terms in equations (59) —(61) implies that the fluid across a section becomes influenced by viscosity before the parabolic distribution is reached.

Results and Discussion

Increase in swirl velocity at the entrance implies the increase in azimuthal vorticity as the flow develops in the core. This leads to the conclusion that in the central region of the core, axial velocity would tend to increase and it would have a decreasing tendency close to the wall as the swirl parameter increases. Further downstream, as the boundary layer grows, retarding fluid particles near the wall move towards the core with the result that the increase in A decreases the axial velocity near the centreline and in view of the constancy of flux, it implies that the axial velocity will increase with A near the wall. This is illustrated in Figs. 3—6. Fig. 4 further shows the displacement effect of the boundary layer according to which the axial velocity decreases with increase in REYNOLDS number, which is understandable because the boundary layer over which the velocity is defected would be thinner for lower viscosity of the fluids. Fig. 7 gives the corresponding behaviour of pressure which would continually drop with streamwise distance. Likewise, corresponding to w increasing with the swirl parameter, pressure drop will increase in the upstream region and conversely further downstream as the longitudinal velocity decreases, pressure drop would decrease with increasing swirl parameter.

Fig. 8 represents the effect of growing boundary layer. Initially, the positions $r = 0.5$, 0.7 are outside the boundary layer close to the entry and so due to velocity defect, v increases with x and also it increases with r (as at the inlet) at these positions. The tendency would be just the opposite for fluid particles in the boundary layer, which is also reflected by the graph further downstream which shows how the effect of growing boundary layer changes the pattern of flow for fluid particles at $r = 0.5$ and 0.7 as the viscous effects penetrate there with growing boundary layer.

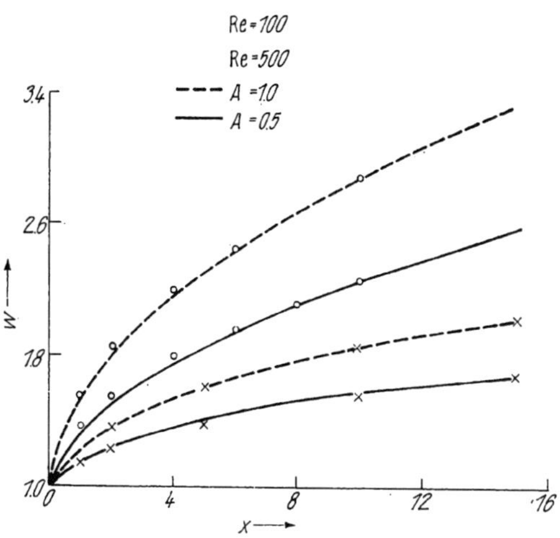

Fig. 4. Axial distribution of two term upstream longitudinal velocity versus different Reynolds numbers, for various A at the centreline

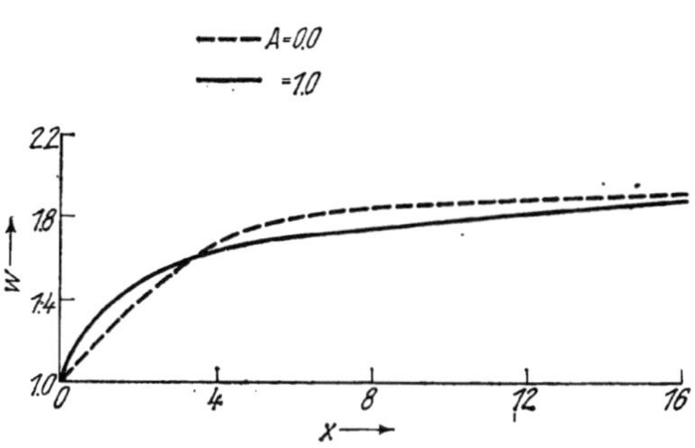

Fig. 5. Axial distribution of one term downstream longitudinal velocity component at the centre line for various A, at Re = 100

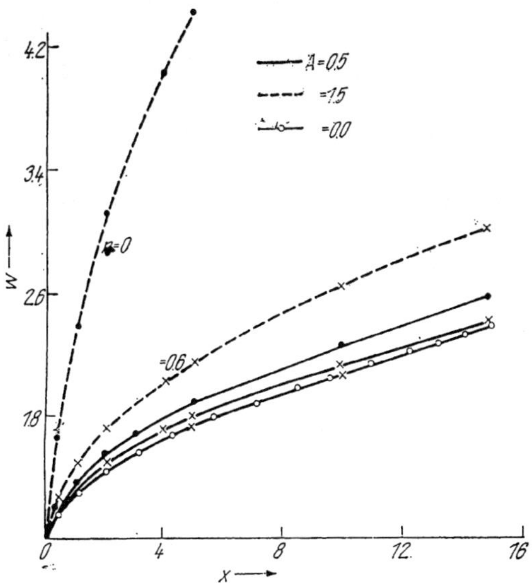

Fig. 6. Comparison of two term axial velocity component for $r = 0$ with that for $r = 0.6$, for various A at Re = 100

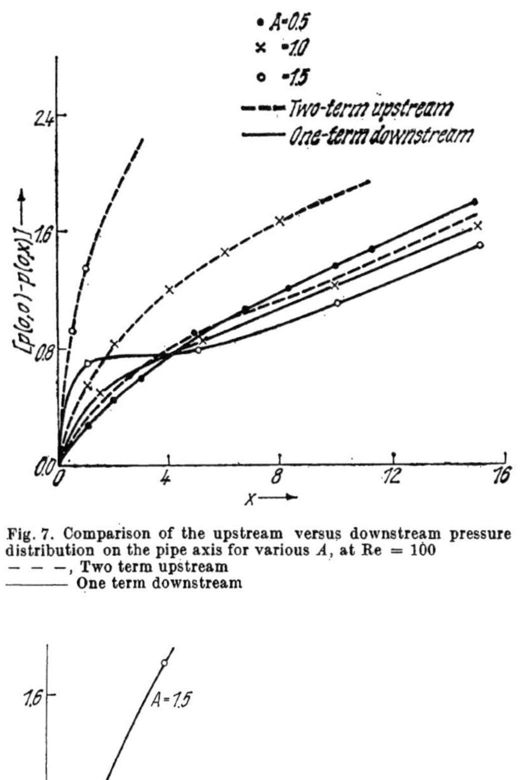

Fig. 7. Comparison of the upstream versus downstream pressure distribution on the pipe axis for various A, at Re = 100
— — —, Two term upstream
——— One term downstream

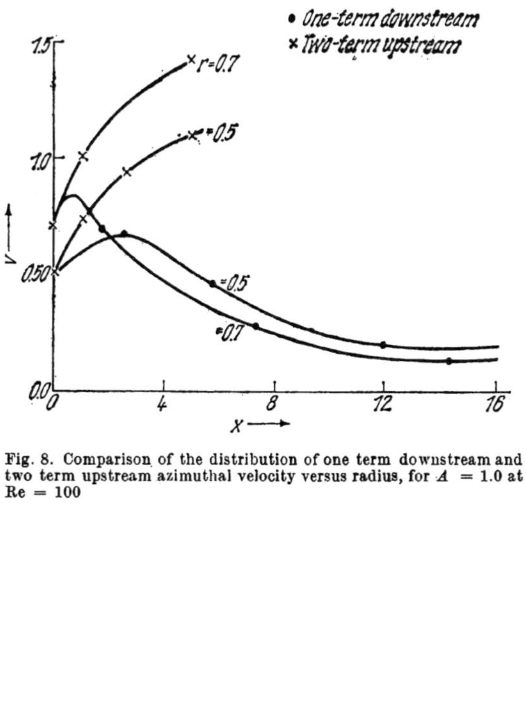

Fig. 8. Comparison of the distribution of one term downstream and two term upstream azimuthal velocity versus radius, for $A = 1.0$ at Re = 100

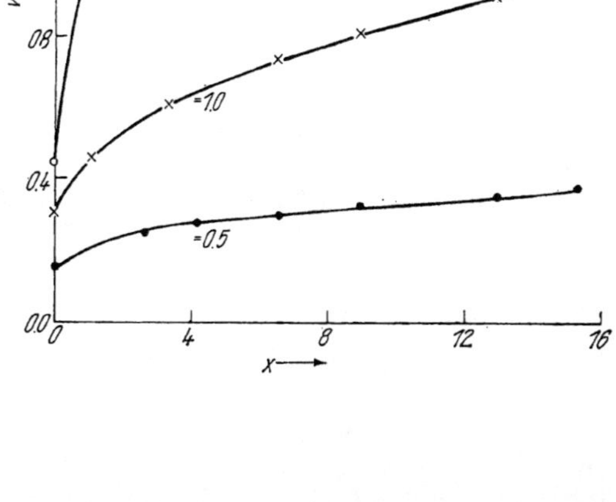

Fig. 9. Axial distribution of two term upstream azimuthal velocity for various A and $r = 0.3$

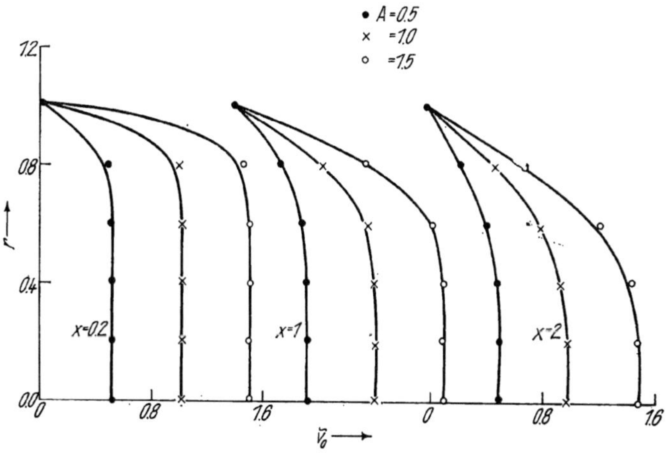

Fig. 10. Boundary layer solution for siwrl, at Re = 100

Fig. 9 shows how the azimuthal velocity increases with the swirl parameter in the core near the entrance region. It shows the accelerating effect in the growing boundary layer the rate of increase becomes larger as A increases. Fig. 10 represents how the azimuthal velocity develops in a growing boundary layer.

Acknowledgement

The authors wish to acknowledge the facilities avaited of under the grants on Bio-Fluid Dynamics sanctioned by the Departement of Science and Technology, during the preparation of this work.

References

1 KIYA, M., FUKUSAKO SHOICHIRO and ARIE, MIKIO, Laminar Swirling flow in the entrance region of a circular pipe, Bull. JSME **14** 73, 659 (1971).
2 BERGEL, D. H., Cardiovascular Fluid Dynamics (Academic Press London and New York) 141 (1972).
3 TAYLOR, G. I., The boundary layer in the converging nozzle of a swirl atomizer, QJMAM, **3**, 129 (1950).
4 BINNIE, A. M. and HARRIS, D. P., The application of boundary layer theory to Swirling liquid flow through a nozzle, QJMAM **3**, 89 (1950).
5 WILKS, G., Swirling flow through a convergent funnel, J. Fluid Mech. **34**, 575 (1968).
6 HOULIHAN, T. M. and HORNSTRA, D. J., Boundary layer velocity profiles in Swirling convergent flow field, J. Fluid Mech. **52** 2, 357 (1972).
7 BACK, L. H., Flow and heat transfer in laminar boundary layers with swirl, AIAA Journal **7**, 1781 (1969).
8 (Miss) VIMLA, C. S., Flow problems in laminar compressible boundary layers, A thesis, I.I.Sc. Bangalore (1974).
9 PAO, H. P., A numerical computation of a confined rotating flow, J. Appl. Mech. **37**, 1–4, 480 (1970).
10 VAN DYKE, M., Entry flow in a channel, J. Fluid. Mech. **44**, 813 (1970).
11 WILSON, S. D. R., Entry flow in a channel, Part 2, J. Fluid Mech. **46**, 4, 787 (1970).
12 SINGH, M. P., Entry flow in a curved pipe, J. Fluid Mech. **65**, 3, 517 (1974).
13 SCHROTER, R. C. and SUDLOW, M. F., Flow patterns in models of the Human Bronchial Airways, Respir. Physiol. **7**, 341 (1969).
14 BOSSEL, H. H., Vortex breakdown flow field, Phys. Fluids. **12**, 3, 498 (1969).

Eingereicht am 29. 11. 1978

Anschrift: Dr. P. C. SINHA, Department of Mathematics, Indian Institute of Technology, Delhi, Hauz Khas, New Delhi 110029 India

ZAMM 60, 437 – 442 (1980)

H. WILKE

Zur numerischen Behandlung grenzflächendynamischer Probleme mittels Projektions-Iterationsverfahren

Das Problem der Marangoni-Instabilität führt auf eine nichtlineare Anfangs-Randwertaufgabe. Ein Teilproblem für die Strömungsgeschwindigkeiten wird mit Hilfe eines Projektions-Iterationsverfahrens numerisch gelöst. Ein Vergleich der benötigten Rechenzeiten zeigt gegenüber dem Differenzenverfahren ganz erstaunliche Vorteile der neuen numerischen Methode, so daß ihre Anwendung auf kompliziertere Probleme dieser Art sinnvoll erscheint.

The following paper is concerned with the cellular convection driven by surface-tension gradients. Under some simplifications the corresponding nonlinear initial value problem can be solved numerically by means of a projection-iteration method. In comparison with a finite difference method this new method needs much less computer running-time. Therefore it seems to be possible to extend this method to more complicated problems of this kind.

Проблема неустойчивости по Марангони приводит к нелинейной задаче с начальными и граничными условиями. Частичная проблема для скоростей потока решается численно с помощью проекционно-итерационного метода.
Сравнение необходимого времени вычисления показывает значительное преимущество нового численного метода по ставнению с конечно-разностным методом, так что имеет смысл использовать новый метод при решении сложных проблем подобного рода.

1. Einleitung

Die Grenzflächendynamik als Folge des MARANGONI-Effektes führt zu einer hydrodynamischen Instabilität, die zu den dissipativen Strukturen gehört. Die MARANGONI-Instabilität beeinflußt wesentlich Vorgänge mit Stoff und/oder Wärmeaustausch an fluiden Phasengrenzen in der chemischen Verfahrenstechnik, aber auch bei Trocknungsprozessen und in der Polarographie spielt sie eine bedeutende Rolle. In jüngster Zeit ist diese Bedeutung noch gestiegen, da bei Weltraumexperimenten ihr Einfluß auf Kristallschmelzprozesse nachgewiesen werden konnte.

Von H. LINDE wurde in [1] umfangreiches Material zur Beschreibung dieses Effektes zusammengestellt. Eine theoretische Behandlung des Gesamtproblems mittels Differenzenverfahren wurde in [2] durchgeführt, jedoch mußten wegen des zu erwartenden enormen Rechenaufwandes tiefgreifende Vereinfachungen eingeführt werden. Es ist das Anliegen der vorliegenden Arbeit, ausgehend von einem Teilproblem der MARANGONI-Instabilität, durch Anwendung eines neuen numerischen Verfahrens hier wesentliche Fortschritte zu erzielen.

2. Mathematische Beschreibung

Bezüglich des vollständigen mathematischen Modells wird auf [2] oder [3] verwiesen. Hier wird davon ausgegangen, daß auf Grund der Tangentialspannungen entlang der Phasengrenze der Antrieb der Strömung in *einer* fluiden Phase erfolgt, d. h. der Geschwindigkeitsgradient $\frac{\partial u}{\partial y}$ einer Phase wird als bekannte Funktion $f(x) \not\equiv 0$ vorausgesetzt.

Das mathematische Problem ergibt sich dann in Form der folgenden Anfangs-Randwertaufgabe:
NAVIER-STOKES*sche-Gleichungen*:

$$\begin{aligned} u_t - \nu\,\Delta u + u u_x + v u_y &= -\frac{1}{\varrho} p_x\,, \\ v_t - \nu\,\Delta v + u v_x + v v_y &= -\frac{1}{\varrho} p_y\,, \end{aligned} \tag{2.1}$$

Kontinuitätsbedingung:

$$u_x + v_y = 0\,, \tag{2.2}$$

Rand- und Anfangsbedingungen:

$$\begin{aligned} &u(0, y) = u(Z, y) = v(x, 0) = v(x, D) = 0\,, \\ &v_x(0, y) = v_x(Z, y) = 0\,, \\ &u_y(x, D) = 0\,, \qquad u_y(x, 0) \stackrel{!}{=} f(x)\,, \\ &u = v = 0 \quad \text{für} \quad t = 0\,, \qquad t \in [0, \tau] \end{aligned} \tag{2.3}$$

im Gebiet G mit dem Rand S und der Außennormalen n (Bild 1).

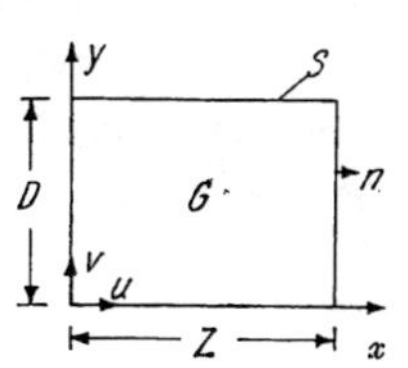

Bild 1

Auf das vorliegende Problem kann ein von GAJEWSKI [4] entwickeltes Projektions-Iterationsverfahren angewendet werden.

Wir projizieren die Lösung u, v mit Hilfe von Basisfunktionen $\{h_1, h_2, h_3, \dots\}$ für die Stromfunktion auf einen endlichdimensionalen Unterraum.

Für die Reihendarstellung

$$u = \sum_{i=1}^{n} c_i(t)\, h_{iy}(x, y)\,, \qquad v = -\sum_{i=1}^{n} c_i(t)\, h_{ix}(x, y) \tag{2.4}$$

mit den GALERKIN-Koeffizienten $c_i(t)$ ist dann Gl. (2.2.) automatisch erfüllt. Skalare Multiplikation mit h_{jy} bzw. $-h_{jx}$ und Addition der Gln. (2.1) führt auf:

$$(u_t, h_{jy}) - (v_t, h_{jx}) - \nu\big((\Delta u, h_{jy}) - (\Delta v, h_{jx})\big) = -(uu_x + vu_y, h_{jy}) + (uv_x + vv_y, h_{jx})\,. \tag{2.5}$$

Nach [4] läßt sich diese nichtlineare Evolutionsgleichung (2.5) iterativ lösen. Nach Anwendung des 1. GREENschen Satzes und unter Berücksichtigung von (2.4) erhält man die folgende Iterationsvorschrift:

$$\begin{aligned}\sum_{i=1}^{n} \Bigg[c'_{i,l} \int_G (h_{iy}h_{jy} + h_{ix}h_{jx})\, \mathrm{d}G + \nu c_{i,l} \int_G (h_{ixx}h_{jxx} + h_{iyy}h_{jyy} + 2h_{ixy}h_{jxy})\, \mathrm{d}G \\ = -c_{i,l-1} \Bigg\{ F_1 \int_G \sum_{k=1}^{n} c_{k,l-1} h_{kyx}(h_{iy}h_{jy} - h_{ix}h_{jx})\, \mathrm{d}G - F_2 \int_G \sum_{k=1}^{n} c_{k,l-1} h_{kyy} h_{ix} h_{jy}\, \mathrm{d}G + \\ + F_3 \int_G \sum_{k=1}^{n} c_{k,l-1} h_{kxx} h_{iy} h_{jx}\, \mathrm{d}G \Bigg\} \Bigg] + \nu \int_S (v_n h_{jx} + u_n h_{jy})\, \mathrm{d}S\,, \quad j = 1, 2, 3, \dots, n;\ l = 1, 2, 3, \dots\end{aligned} \tag{2.6}$$

Mit dem Anfangsvektor $c_{i,l}(0) = 0$ liefert diese Iterationsfolge die zur Darstellung der Lösung notwendigen Koeffizienten $c_i(t)$, wenn für jedes l gilt:

$$F_1 = \begin{cases} 1, & \text{wenn } (u_x, u_x) \leqq C\,, \\ \dfrac{C}{(u_x, u_x)} & \text{sonst; } F_2 \text{ und } F_3 \text{ sinngemäß}\,. \end{cases} \tag{2.7}$$

Wegen (2.3) ist das Randintegral und damit die rechte Seite von Gl. (2.6) bekannt. Es muß also bei jedem Iterationsschritt ein System von n linearen gewöhnlichen Differentialgleichungen für die c_i gelöst werden.

Ein wichtiger Punkt ist die Auswahl der Basisfunktionen. Hier bietet sich folgender Separationsansatz an:

$$h_j := h_{\alpha\beta} = F_{\alpha\beta}\varphi_\alpha(x)\,\psi_\beta(y)\,,$$

mit

$$\varphi_\alpha = \sin\left(\frac{\pi\alpha x}{Z}\right) \quad \text{und} \quad \varphi_\beta = \sin\left(\frac{\pi\beta y}{D}\right). \tag{2.8}$$

Wählt man den Normierungsfaktor $F_{\alpha\beta}$ in geeigneter Weise, so gilt:

$$-\nu\,\Delta h_{\alpha\beta} = \lambda_{\alpha\beta} h_{\alpha\beta}\,, \qquad \lambda_{\alpha\beta} > 0\,,$$

und

$$(h_{\alpha\beta}, h_{ab}) = \delta_{\alpha,a}\delta_{\beta,b} \quad \text{für } \alpha = 1, 2, 3, \dots, m; \quad \beta = 1, 2, 3, \dots, n\,. \tag{2.9}$$

Bemerkung: Die Basis (2.8) erfüllt nicht die Randbedingung

$$u_y(x, 0) = f(x) \not\equiv 0!$$

Unter Beachtung von (2.8) und (2.9) kann das Gleichungssystem (2.6) dann entkoppelt werden:

$$c'_{\alpha\beta,l} + c_{\alpha\beta,l}\lambda_{\alpha\beta} = R_{\alpha\beta,l-1}\,,$$

$R_{\alpha\beta,l-1}$ steht für die rechte Seite von Gl. (2.6).

Eine Lösung dieser Gleichungen läßt sich sofort angeben (vgl. z. B. [4]). Da diese eine komplizierte Struktur aufweist, wurde hier ein implizites Differenzenverfahren der folgenden Art angewendet:

$$c^k_{\alpha\beta,l} = \frac{c^{k-1}_{\alpha\beta,l} + \Delta t\, R^k_{\alpha\beta,l-1}}{1 + \Delta t\,\lambda_{\alpha\beta}}, \qquad \tau = N_\tau \cdot \Delta t\,, \qquad k = 1, 2, 3, \dots, N_\tau\,.$$

Für hinreichend kleine Zeitschritte Δt konvergiert dieses zeitlich diskretisierte GALERKIN-Verfahren ebenfalls (vgl. [5], [6]).

3. Numerische Realisierung

Die numerische Realisierung lehnte sich stark an die schon in [2] gemachten Erkenntnisse sowie die dort verwendeten Stoff- und Systemparameter an. Als Erreger-Test-Funktion wurde der Ansatz (vgl. (2.3))

$$f(x) = A \sin\left(\frac{\pi x}{Z}\right)$$

gewählt. Für die Konstante C nach (2.7) erhält man dann, da $\max_G \{|u_x|, |u_y|, |v_x|\} = |A|$ ist,

$$C = \int_G u_{y\,\max}^2 \, dG = A^2 \cdot D \cdot Z .$$

Nach (2.8) gilt $h_{\alpha\beta,yy} \equiv 0$. Da aber $f(x) \not\equiv 0$, waren zur Realisierung einer ausreichenden Genauigkeit der Lösung $n \geqq 250$ Basisfunktionen erforderlich. Die Einführung einer homogenisierenden Funktion u_0 brachte hier eine wesentliche Verbesserung. Es gilt:

$$\bar{u} = u - u_0 ,$$

wobei u_0 alle Randbedingungen (2.3) erfüllt (Eine entsprechende Geschwindigkeit v_0 erhält man dann aus den Bedingungen (2.2) und (2.3)). Weiter folgt:

$$\bar{u} = \sum_{\alpha=1}^{m} \sum_{\beta=1}^{\bar{n}} \bar{c}_{\alpha\beta} h_{\alpha\beta,y}$$

mit

$$\bar{c}_{\alpha\beta} = c_{\alpha\beta} - c_{0,\alpha\beta} .$$

Für eine günstig gewählte Funktion u_0 gilt jetzt bei gleicher Genauigkeit der Lösung $\bar{n} \ll n$ für $\beta = 1, 2, 3, \ldots$ In Bild 2 sind zwei Testfunktionen $g(y)$ und die schon nach [2] bekannte Lösung dargestellt. Die praktische Erprobung hatte das überraschende Ergebnis, daß die einfache Kosinusfunktion besser geeignet ist. Offensichtlich spielt hier die bessere Approximation der Lösung in der Umgebung des Punktes $y = 0$ die entscheidende Rolle. Im konkreten Fall war $\bar{n} \geqq 25$, was einer Beschleunigung der Rechnung um den Faktor 100 gleichkommt.

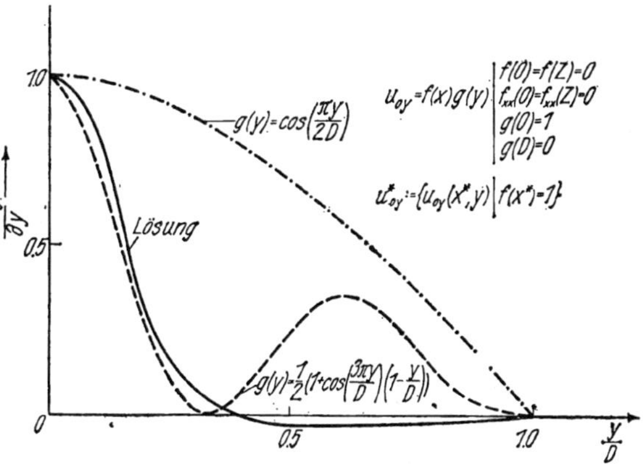

Bild 2. Vergleich von zwei möglichen homogenisierenden Funktionen mit der Lösung

4. Gegenüberstellung der Ergebnisse

Um einen Effektivitätsvergleich mit dem in [2] benutzten Differenzenverfahren zu ermöglichen, mußte eine asymmetrische zeitabhängige Erregung simuliert werden:

$$f(x, t) = A\left(2 \sin\left(\frac{\pi x}{Z}\right) - \sin\left(\frac{2\pi x}{Z}\right) \arctan\left(\frac{10t}{\tau}\right)\frac{2}{\pi}\right) K_A \quad \text{mit} \quad \max_{x,t} \{|f|\} = |A| \quad \text{für} \quad x = \frac{2}{3} Z,$$

$$t = \tau , \qquad K_A = 0.385 .$$

Ein Vergleich der Geschwindigkeitsverteilungen von zwei unterschiedlichen fluiden Stoffsystemen zeigt hervorragende Übereinstimmung (Bild 3, 4, 5). Zur Erreichung des stationären Zustandes sind 20 sek. BESM6-CP-TIME notwendig, während das Differenzenverfahren nach [2] hierzu noch ca. 1/2 Stunde benötigte.

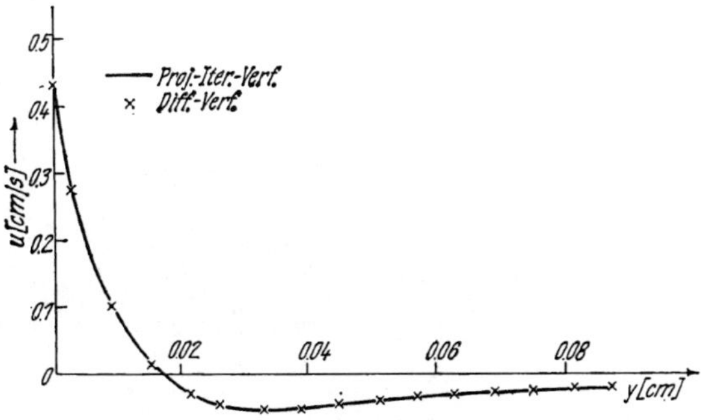

Bild 3. Vergleich der errechneten Geschwindigkeiten $u(y)$ entlang der Linie durch das Drehzentrum einer Rollzelle (Stoffsystem: Diphenyl-N_2)

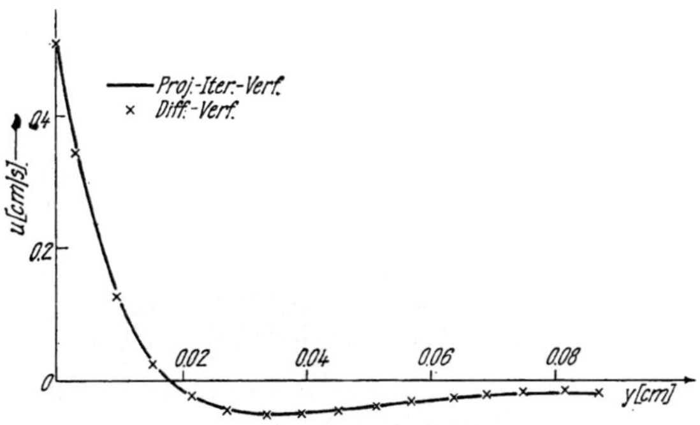

Bild 4. Vergleich der errechneten Geschwindigkeiten $u(y)$ entlang der Linie durch das Drehzentrum einer Rollzelle (Stoffsystem: n-Octan-N_2)

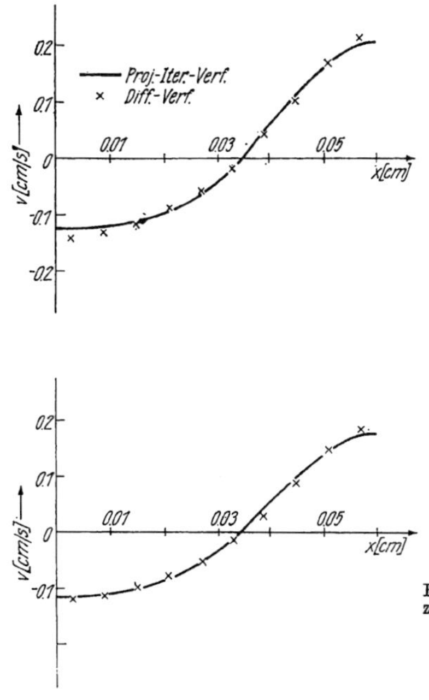

Bild 5. Vergleich der errechneten Geschwindigkeiten $v(x)$ entlang der Linie durch das Drehzentrum einer Rollzelle (Stoffsysteme: Diphenyl-N_2, oben, n-Octan-N_2, unten)

5. Simulation des oszillatorischen Regimes der Marangoni-Instabilität

Der Behandlung der Oszillation in [2] waren durch das Auftreten von Diskretisierungsfehlern Grenzen gesetzt, da eine Verfeinerung der Approximationsbedingungen eine unverhältnismäßig große Rechenzeit zur Folge gehabt hätte. Dies bezieht sich besonders auf den Umschlagspunkt der Drehrichtung der Konvektionszelle wegen der hierbei auftretenden komplizierten Strömungsstrukturen. Mit Hilfe der diesen Verhältnissen entsprechenden Erregerfunktion

$$A(x, t) = A\left[2 \sin\left(\frac{\pi x}{Z}\right)\sin\left(\frac{2\pi t}{\tau}\right) - \sin\left(\frac{2\pi x}{Z}\right) abs\left(\sin\left(\frac{2\pi t}{\tau}\right)\right)\right]K_A\,, \qquad \tau - \text{Oszillationsperiode}\,,$$

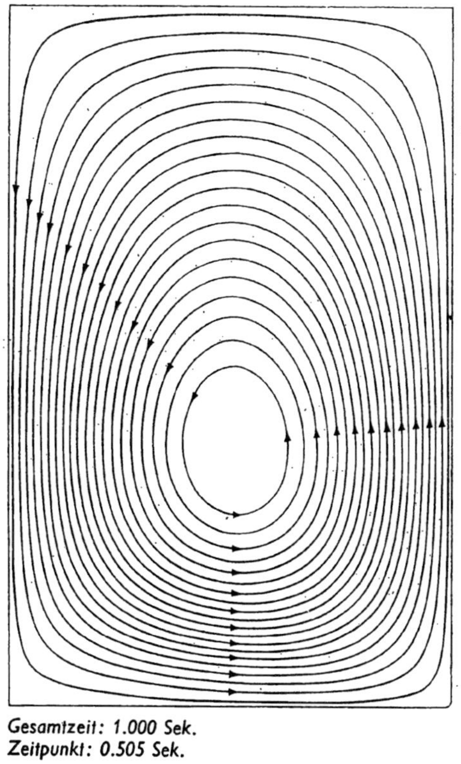

Bild 6

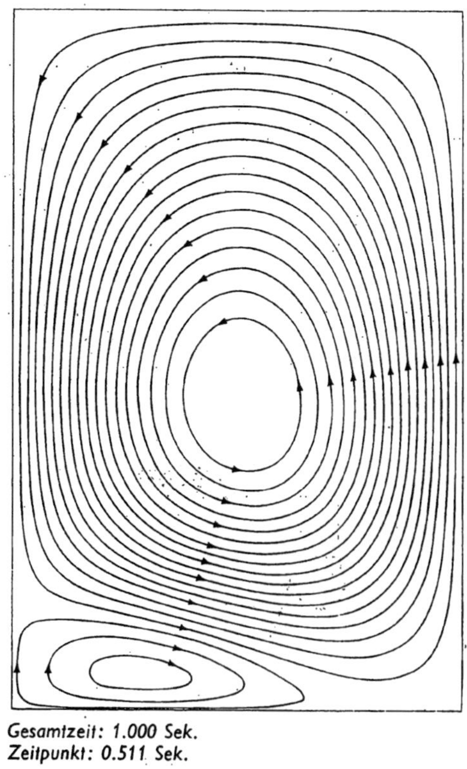

Bild 7

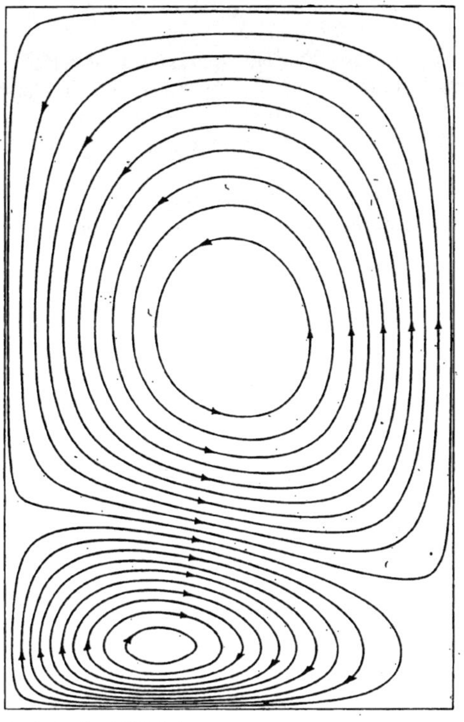

Gesamtzeit: 1.000 Sek.
Zeitpunkt: 0.517 Sek.

Bild 8

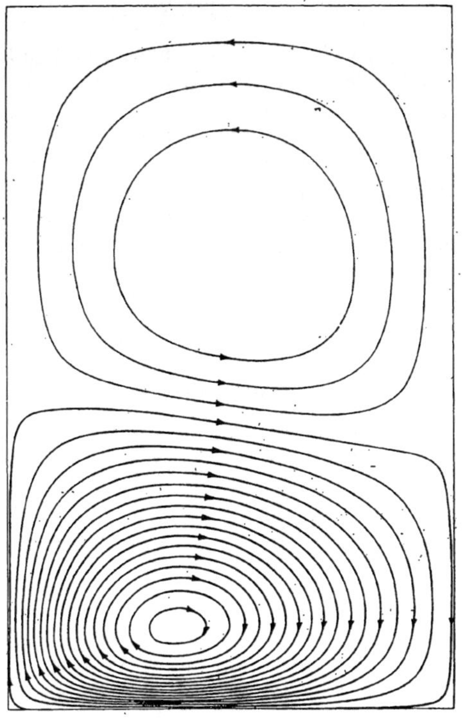

Gesamtzeit: 1.000 Sek.
Zeitpunkt: 0.523 Sek.

Bild 9

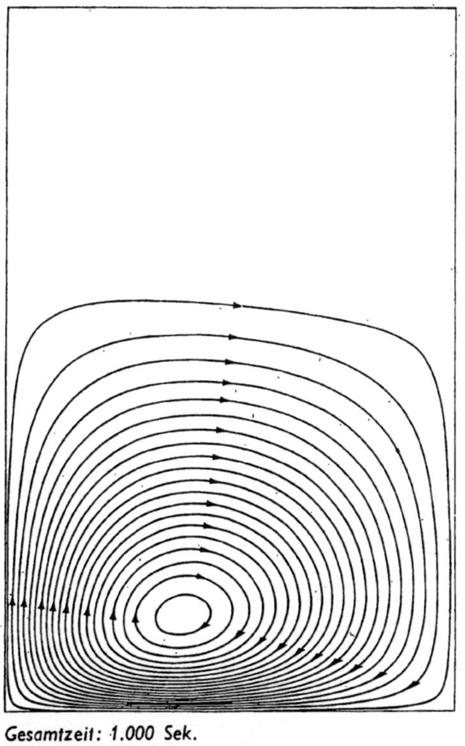

Gesamtzeit: 1.000 Sek.
Zeitpunkt: 0.529 Sek.

Bild 10

konnte dieser Vorgang in anschaulicher Weise sichtbar gemacht werden. Die Bilder 6—10 zeigen deutlich die Verdrängung der „alten" durch die „neue" Konvektionszelle. Es existiert also kein Zeitpunkt absoluter Ruhe. Da sich dieser schrittweise Umschlag in der sehr kurzen Zeitspanne von ca. $\frac{1}{40}$ sek. vollzieht, konnte er in den Experimenten [1] nicht beobachtet werden.

6. Schlußbemerkungen

Ein Vergleich der Testrechnungen hat gezeigt, daß die Anwendung des Projektions-Iterationsverfahrens auf das vorliegende Problem völlig neue Perspektiven eröffnet, die auf Grund der noch zu geringen Rechenleistung bisher verschlossen waren.

So wird es möglich sein, die selbstregulierende Einstellung der Wellenzahl von Konvektionszellen zu berechnen. Es werden ferner die sehr interessierenden Vorgänge bei der Überlagerung von Wärme- und Stoffaustauschprozessen, die zu MARANGONI- und/oder RAYLEIGH-Instabilität führen, einer Berechnung zugänglich gemacht.

Durch Anwendung einer speziellen Zeichensoftware für Strömungsprobleme wurde eine auch visuell ansprechende Präsentation der Ergebnisse (Bild 6—10) erreicht.

Der Autor dankt den Herren Prof. Dr. H. LINDE und Dr. sc. K. GRÖGER für anregende Diskussionen und wertvolle Hinweise.

Literatur

1 LINDE, H., Dissipative Strukturen der Grenzflächendynamik, Fortschritte der exp. u. theor. Biophysik **21**, S. 46—62 (1977).
2 WILKE, H., Ein numerisches Verfahren zur Behandlung grenzflächendynamischer Probleme beim gekoppelten Impuls- und Wärmetransport über fluide Phasengrenzen, Diss., AdW Berlin 1973.
3 WILKE, H., Zur Anwendung der SMAC-Methode bei der Behandlung hydrodynamischer, insbesondere grenzflächendynamischer Probleme, Chem.-Techn. **26**, Heft 8, S. 456—457 (1974).
4 GAJEWSKI, H., Zur globalen Konvergenz eines modifizierten KATO-FUJITA-Iterationsverfahrens, ZAMM **58**, S. 61—65 (1978).
5 GRÖGER, K., Discrete-time GALERKIN methods for nonlinear evolution equations, Math. Nachr. **84**, S. 247—275 (1978).
6 WILKE, H., Zur Anwendung des zeitlich diskretisierten GALERKIN-Verfahrens auf eine nichtlineare Evolutionsgleichung, ZAMM **58**, S. 240—241 (1978).

Eingereicht am 25. 10. 1979

Anschrift: Dr. HERMANN WILKE, Akademie der Wissenschaften der DDR, Zentralinstitut für physikalische Chemie, 1199 Berlin, Rudower Chaussee 5, DDR

KLEINE MITTEILUNGEN

ZAMM 60, 443 – 444 (1980)

J. Schneider

Pauschale Einschließung der Eigenwerte von Polynommatrizen durch multiplikative Normen

Meinem verehrten Lehrer, Herrn Prof. Dr.-Ing. habil. S. Falk, zur Vollendung des 60. Lebensjahres am 6. Mai 1980 gewidmet.

1. Multiplikative Normen

Als *multiplikative Norm* [1] einer beliebigen Matrix $\boldsymbol{A}$ bezeichnet man ein skalares Größenmaß $N(\boldsymbol{A})$, das die vier Bedingungen

$$N(\boldsymbol{A})\begin{cases} > 0\,, & \boldsymbol{A} \neq \boldsymbol{0} \\ = 0\,, & \boldsymbol{A} = \boldsymbol{0}\,' \end{cases} \tag{1.1}$$

$$N(\lambda \boldsymbol{A}) = |\lambda|\, N(\boldsymbol{A}) \quad \text{für alle } \lambda \in \mathbb{C}\,, \tag{1.2}$$

$$N(\boldsymbol{A} + \boldsymbol{B}) \leqq N(\boldsymbol{A}) + N(\boldsymbol{B})\,, \quad \boldsymbol{A}, \boldsymbol{B} \text{ gleichformatig}\,, \tag{1.3}$$

$$N(\boldsymbol{AB}) \leqq N(\boldsymbol{A}) \cdot N(\boldsymbol{B})\,, \quad \boldsymbol{A}, \boldsymbol{B} \text{ verkettbar} \tag{1.4}$$

erfüllt; dies tun für $\boldsymbol{A} = (a_{ij})$ $(i = 1, 2, \ldots, m;\ j = 1, 2, \ldots, n)$ insbesondere die gebräuchlichen und hier nach steigendem Rechenaufwand geordneten Normen

Gesamtnorm $$N_1(\boldsymbol{A}) = \sqrt{mn}\, \max_{i,j} |a_{ij}|\,, \tag{2.1}$$

Zeilennorm $$N_2(\boldsymbol{A}) = \max_i \sum_j |a_{ij}|\,, \tag{2.2}$$

Spaltennorm $$N_3(\boldsymbol{A}) = \max_j \sum_i |a_{ij}|\,, \tag{2.3}$$

Euklidische Norm $$N_4(\boldsymbol{A}) = \Big(\sum_{i,j} |a_{ij}|^2\Big)^{1/2} = (\operatorname{spur} \boldsymbol{A}^*\boldsymbol{A})^{1/2}\,, \tag{2.4}$$

Spektralnorm $$N_5(\boldsymbol{A}) = \max \{\sqrt{\bar{\lambda}};\ \boldsymbol{A}^*\boldsymbol{A}\boldsymbol{x} = \lambda \boldsymbol{x}\}\,. \tag{2.5}$$

Aus der Multiplikativität (1.4) folgt dann für die Eigenwerte Λ der Aufgabe

$$\boldsymbol{A}\boldsymbol{z} = \Lambda \boldsymbol{z} \tag{3.1}$$

eine für unser Ziel besonders wichtige Schrankeneigenschaft [2]

$$|\Lambda| \leqq N(\boldsymbol{A})\,, \tag{3.2}$$

wobei die Schärfe dieser Einschließung wesentlich von der gewählten Norm abhängt.

2. Einschließung

Zur Einschließung sämtlicher Eigenwerte λ_j $(j = 1, 2, \ldots, \varrho n)$ der Aufgabe

$$[\lambda^\varrho \hat{\boldsymbol{A}}_\varrho + \lambda^{\varrho-1}\hat{\boldsymbol{A}}_{\varrho-1} + \cdots + \lambda \hat{\boldsymbol{A}}_1 + \hat{\boldsymbol{A}}_0]\,\boldsymbol{z} = \boldsymbol{0} \tag{4}$$

mit $\varrho + 1$ quadratischen Matrizen $\hat{\boldsymbol{A}}_\sigma$ der Ordnung n und definiter Leitmatrix $\hat{\boldsymbol{A}}_\varrho$ benutzen wir einen bekannten Satz über die Einschließung von Polynomnullstellen [3]: *Sei*

$$f(z) = \sum_{\sigma=0}^{\varrho} a_\sigma z^\sigma\,, \quad z, a_\sigma \in \mathbb{C}\,, \quad a_\varrho = 1\,, \quad a_0 \neq 0\,, \tag{5.1}$$

ein beliebiges Polynom, so gilt für jede Nullstelle $\hat{z}$ von $f(z)$ die Abschätzung $|\hat{z}| \leqq r$ (5.2), wenn r die (einzige) positive Lösung der Gleichung

$$r^\varrho - \sum_{\sigma=0}^{\varrho-1} |a_\sigma|\, r^\sigma = 0 \tag{5.3}$$

ist.

Mit den Abkürzungen

$$\boldsymbol{A}_\sigma := \hat{\boldsymbol{A}}_\varrho^{-1}\hat{\boldsymbol{A}}_\sigma\,, \tag{6}$$

$$\Lambda := \lambda^\varrho\,, \tag{7}$$

$$\boldsymbol{A}(\lambda) := -\sum_{\sigma=0}^{\varrho-1} \lambda^\sigma \boldsymbol{A}_\sigma \tag{8}$$

läßt sich nun (4) als zweiparametriges Eigenwertproblem (λ, Λ)

$$\boldsymbol{A}(\lambda)\, \boldsymbol{z} = \Lambda \boldsymbol{z} \tag{9}$$

auffassen, dessen Eigenwertbeträge $|\Lambda_j|$ wegen (3) beschränkt sind,

$$|\Lambda| \leqq N(\boldsymbol{A}(\lambda))\,, \tag{10.1}$$

und sich mit (1.2, 3) erneut abschätzen lassen:

$$|\Lambda| \leqq \sum_{\sigma=0}^{\varrho-1} N(\lambda^\sigma \boldsymbol{A}_\sigma) = \sum_{\sigma=0}^{\varrho-1} |\lambda^\sigma|\, N(\boldsymbol{A}_\sigma)\,. \tag{10.2}$$

Für $\lambda = r\, e^{i\varphi}$ wird daraus eine Ungleichung ϱ-ten Grades in r,

$$r^\varrho - \sum_{\sigma=0}^{\varrho-1} r^\sigma N(\boldsymbol{A}_\sigma) \leqq 0\,, \tag{11}$$

deren Koeffizienten wegen (1.1) einmal das Vorzeichen wechseln und in der deshalb nach einem Satz von Descartes [3] für höchstens ein positiv reelles r das Gleichheitszeichen gilt. Nach (5) existiert also genau ein Kreis mit dem positiv reellen Radius $r = r_{\max}$ um den Ursprung der komplexen Zahlenebene, in dem sämtliche Eigenwerte liegen müssen:

$$r_{\max}^\varrho - \sum_{\sigma=0}^{\varrho-1} r_{\max}^\sigma N(\boldsymbol{A}_\sigma) = 0\,. \tag{12}$$

Er kann durch geschickte Wahl der Normen (z. B. nach [2]) verkleinert werden, wobei für verschiedene Matrizen $\boldsymbol{A}_\sigma$ durchaus verschiedene Normen verwendet werden dürfen; da Ungleichung (11) für die kleinste Norm gilt, ist sie für größere Normen erst recht erfüllt.

Im Sonderfall $\varrho = 2$ läßt sich mit (12)

$$2r_{\max} = N(\boldsymbol{A}_1) + (N^2(\boldsymbol{A}_1) + 4N(\boldsymbol{A}_0))^{1/2} \tag{13}$$

direkt angeben und stimmt bei Verwendung der Spektralnorm N_5 mit einer von Falk [4] auf andere Weise gewonnenen Einschließung für die Eigenwerte gedämpfter Schwingungen überein.

3. Beispiel

Einzuschließen seien die Eigenwerte der Aufgabe (4) mit $\varrho = 3$ und

$$\hat{\boldsymbol{A}}_0 = \begin{bmatrix} 3{,}7 & 0{,}1 & 0{,}0 \\ 0{,}1 & 2{,}7 & 0{,}1 \\ 0{,}0 & 0{,}1 & 1{,}5 \end{bmatrix}, \quad \hat{\boldsymbol{A}}_1 = \begin{bmatrix} -7{,}0 & 0{,}0 & 0{,}0 \\ 0{,}0 & -4{,}0 & -0{,}3 \\ 0{,}0 & -0{,}3 & -4{,}0 \end{bmatrix}, \tag{14.1, 2}$$

$$\hat{\boldsymbol{A}}_2 = \boldsymbol{0}\,, \quad \hat{\boldsymbol{A}}_3 = \begin{bmatrix} 4{,}1 & 0{,}3 & 0{,}0 \\ 0{,}3 & 4{,}1 & 0{,}0 \\ 0{,}0 & 0{,}0 & 0{,}5 \end{bmatrix}. \tag{14.3, 4}$$

Die Matrizen (6),

$$\boldsymbol{A}_0 = \begin{bmatrix} 0{,}906 & -0{,}024 & -0{,}002 \\ -0{,}042 & 0{,}660 & 0{,}025 \\ 0{,}000 & 0{,}200 & 3{,}000 \end{bmatrix}, \tag{15.1}$$

$$\boldsymbol{A}_1 = \begin{bmatrix} -1{,}717 & 0{,}072 & 0{,}005 \\ 0{,}126 & -0{,}981 & -0{,}074 \\ 0{,}000 & -0{,}600 & 8{,}000 \end{bmatrix}, \tag{15.2}$$

$$\boldsymbol{A}_2 = \boldsymbol{0}\,, \quad \boldsymbol{A}_3 = \boldsymbol{I} \tag{15.3, 4}$$

liefern die in Tabelle 1 eingetragenen Normen und nach Lösung einer Gleichung (12) dritten Grades die Radien $r_{\max i}$ der zugehörigen Kreise, in denen sämtliche in Bild 1 eingezeichneten exakten Eigenwerte

$\lambda_1 = -3{,}0011\,, \quad \lambda_2 = -1{,}5247\,, \quad \lambda_3 = -1{,}2237\,,$

$\lambda_4 = 0{,}3819\,, \quad \lambda_5 = 2{,}6192\,, \quad \lambda_{6,7} = 0{,}6118 \pm i0{,}4004\,,$

$\lambda_{8,9} = 0{,}7624 \pm i0{,}1235$

liegen; die hohe Genauigkeit der Einschließung folgt hier aus der starken Diagonaldominanz der Matrizen $\hat{\boldsymbol{A}}_\sigma$.

Tabelle 1. Einschließungsradien r_{maxi} bei Verwendung verschiedener Normen nach (2)

i	$N_i(A_0)$	$N_i(A_1)$	r_{maxi}
1	9,000	24,000	5,077
2	3,200	8,600	3,013
3	3,026	8,079	3,014
4	3,209	8,264	3,052
5	3,007	8,022	3,004

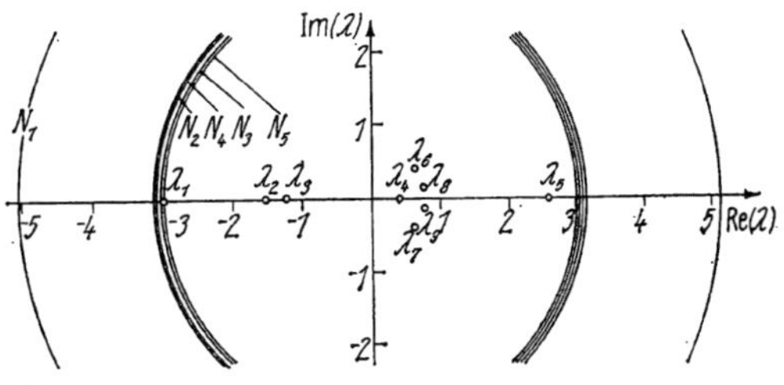

Abb. 1

Literatur

1 Ostrowski, A., Über Normen von Matrizen, Math. Z. **63**, 2–18 (1955).

2 Zurmühl, R., Matrizen und ihre technischen Anwendungen, Berlin-Göttingen-Heidelberg 1964, S. 202–208.

3 Obreschkoff, N., Verteilung und Berechnung der Nullstellen reeller Polynome, Berlin 1963.

4 Falk, S., Klassifikation gedämpfter Schwingungssysteme und Eingrenzung ihrer Eigenwerte, Ing.-Arch. **29**, 436–444 (1960).

Eingereicht am 26. 9. 1979, korrigierte Fassung am 30. 11. 1979

Anschrift: Dipl.-Ing. Jörg Schneider, Lehrstuhl für Mechanik und Festigkeitslehre im Mechanikzentrum der TU Braunschweig, Pockelsstraße 4, D-3300 Braunschweig, BRD

BUCHBESPRECHUNGEN

Werner, H. / Schaback, R., Praktische Mathematik. II: Methoden der Analysis. Nach Vorl. an d. Univ. Münster, Göttingen. 2., neubearb. u. erweit. Auflage. Hochschultext. Berlin-Heidelberg-New York, Springer-Verlag 1979. VIII, 388 S., 36 Abb., DM 38,–, US $ 20.90. ISBN 3-540-09193-9

Die stürmische Entwicklung der Numerischen Mathematik in den letzten Jahren hat die Autoren der 1972 erschienenen Erstauflage veranlaßt, eine neubearbeitete und erweiterte zweite Auflage ihrer „Praktischen Mathematik II" herauszubringen; der erste Teil ist bereits 1975 in zweiter Auflage erschienen. Durch Streichung von inzwischen als nicht mehr so wesentlich angesehenen Themen und straffere, z. T. exemplarische Darstellung von Gebieten, die in der Erstauflage mit größerem technischen Aufwand beschrieben wurden, konnte Raum für die Aufnahme wichtiger neuer Ergebnisse wie z.B. der schnellen Fourier-Transformation einschließlich einiger Anwendungen und der B-Splines geschaffen werden.

Während die Beschränkung auf gewöhnliche Differentialgleichungen im Rahmen einer Einführung zu verstehen ist, kann die Behandlung steifer Systeme vom Standpunkt des Jahres 1979 nicht befriedigen: Wenn von ca. 130 Seiten, die für die Numerik der gewöhnlichen Differentialgleichungen bereitgestellt werden, eine Seite für die übersichtsartige Schilderung dieser Problematik verwendet wird, stimmen die Proportionen nicht mehr. Zur Abrundung hätte auch ein Abschnitt über Randwertaufgaben bei gewöhnlichen Differentialgleichungen beigetragen, wobei zumindest die Schießverfahren durch den umfangreichen Teil über Anfangswertprobleme gut vorbereitet gewesen wären.

Insgesamt entsteht beim Rezensenten der Eindruck, daß sich trotz der Bemühungen der Autoren der Erkenntniszuwachs gegenüber dem Zeitpunkt der Erstauflage nicht in allen Abschnitten in wünschenswerter Weise niedergeschlagen hat.

Als Positivum bleibt zu erwähnen, daß — wie bei der Erstauflage — neben den algorithmischen auch qualitative Aspekte der behandelten Gebiete dargestellt worden sind.

Halle H. Schwetlick

Verhulst, F. (Hrsg.), Asymptotic Analysis. From Theory to Application. Lecture Notes in Mathematics 711. Berlin-Heidelberg-New York, Springer-Verlag 1979. III, 240 S., 47 Abb., 1 Tab., DM 25,–. US $ 13.80. ISBN 3-540-09245-5

This book is a collection of papers on the treatment of singular perturbed problems by the methods of asymptotic analysis. It gives some insight into the power of asymptotic analysis in various fields like singular perturbed eigenvalue problems, free boundary problems, control problems. For a number of applications in mechanics, plasma-physics, biology and ocean circulation the construction of asymptotic approximations and their validity are outlined. By this way the book is a valuable contribution in propagating the methods of asymptotic analyis.

Berlin G. Lippold

Nashed, M. Z. (Ed.), Functional Analysis Methods in Numerical Analysis. Special Session, American Mathematical Society, St. Louis, Missouri 1977. Lecture Notes in Mathematics 701. Berlin-Heidelberg-New York, Springer-Verlag 1979. VII, 333 S., 1 Abb., 4 Tab., DM 32,–, US $ 17.60. ISBN 3-540-09110-6

Der Organisator der Tagung und Herausgeber des vorliegenden Bandes will diesen als Beitrag zur Bestandsaufnahme und Weiterentwicklung der Anwendung der Funktionalanalysis in der Numerischen Mathematik verstehen. Seinem Anliegen entsprechen Übersichtsarbeiten zu Fragestellungen, die gleichermaßen für Funktionalanalysis und Numerische Mathematik interessant sind (Existenz von Lösungen und Lösungsverfahren für nichtlineare Operatorgleichungen, Eigenwertprobleme. Störungen in linearen Problemen) und eine Reihe von Vorträgen zu speziellen Problemen der Numerischen Mathematik, in denen der Einfluß der Funktionalanalysis zumindest teilweise sichtbar wird. Zur Beschreibung des Inhalts muß hier die Angabe von Autoren und Überschriften genügen: Altmann: A Strategy Theory of Solving Equations, Anselone/Lee: A Unified Approach to the Approximate Solution of Linear Integral Equations, Barrow: The Topological Degree Applied to Some Problems in Approximation Theory, Blum: Numerical Solution of Eigentuple-eigenvector Problems in Hilbert Space, De Pillis: Improved Convergence for Linear Systems Using Three-Part Splittings, Kolata/Osborn: Nonselfadjoint Spectral Approximation and the Finite Element Method, Kramarz: Hermite Methods for the Numerical Solution of Ordinary Initial Value Problems, Locker/Prenter: On Least Squares Methods for Linear Two-Point Boundary Value Problems, Mann: Averaging to Improve Convergence of Iterative Processes, Nashed: On the Perturbation Theory for Generalized Inverse Operators in Banach Spaces, Neuberger: Boundary Value Problems for Systems of Nonlinear Partial Differential Equations, Petryshyn: On the Solvability of Nonlinear Equations Involving Abstract and Differential Operators, Rall: Perturbation Methods for the Solution of Linear Problems, REDDIEN: Difference Approximations to Boundary Value Problems with Deviating Arguments, SCOTT: Applications of BANACH Space Interpolation to Finite Element Theory, STRANG: A Minimax Problem in Plasticity Theory.

Berlin G. LIPPOLD

Goldstine, H. H., A History of Numerical Analysis from the 16th through the 19th Century. (Studies in the History of Mathematics and Physical Sciences 2) Berlin-Heidelberg-New York, Springer-Verlag 1977. XIV, 348 S., 23 Abb., DM 54,—. US $ 27.00

In jeder geschichtlichen Epoche hat die Frage der Bewältigung numerischer Probleme, insbesondere solcher, die der Astronomie entstammen, auf das Entstehen neuer mathematischer Ideen und Vorstellungen einen bedeutenden Einfluß ausgeübt. Das betrifft nicht nur die Entwicklung der vorzugsweise arithmetisch-algebraischen Richtung im Altertum und Mittelalter, sondern in hohem Maße auch den im wesentlichen erst in der Neuzeit begonnenen Aufbau der Analysis. Der in dem vorliegenden Buch unternommene Versuch einer „Geschichte der Numerischen Analysis vom sechzehnten bis zum neunzehnten Jahrhundert" vermittelt davon ein eindrucksvolles Bild. Es ist allerdings, was anders vielleicht von Vorteil gewesen wäre, nicht so sehr problemgeschichtlich orientiert, sondern teilt die darzustellende Epoche nach den hervorragenden Persönlichkeiten ein, die die Entwicklung der Analysis maßgebend bestimmt haben, und zeigt auf, welche Rolle bei ihren wissenschaftlichen Bemühungen numerische Probleme und deren Lösung gespielt haben. Dementsprechend gliedert sich die Darstellung in folgende Kapitel (mit je einer eine Übersicht vermittelnden Einleitung): I. Das sechzehnte und das frühe siebzehnte Jahrhundert (NAPIER und die Logarithmen; BRIGGS und seine Logarithmen; BÜRGI und seine Antilogarithmen; Interpolation; VIETA und BRIGGS; KEPLER). II. Das Zeitalter NEWTONS (Logarithmen und Differenzen; trigonometrische Tafeln; das NEWTON-RAPHSON-Verfahren und andere iterative Methoden; Differenzen und Interpolation; MACLAURIN über die EULER-MACLAURINsche Formel; STIRLING; LEIBNITZ). III. EULER und LAGRANGE (Summierung von Reihen, EULER über die EULER-MACLAURINsche Formel; Anwendungen der Summenformel; EULER über Interpolation; Mondtheorie; LAGRANGE über: Differenzengleichungen, Funktionalgleichungen, FOURIER-Reihen, partielle Differenzengleichungen, Differenzen und Interpolation, verborgene Periodizitäten, trigonometrische Interpolation)-IV. LAPLACE, LEGENDRE und GAUSS (LAPLACE über: Interpolation, Differenzen, Summenformel, Funktionalgleichungen, endliche Summen und Integrale, Differenzengleichungen; LAPLACE-Transformation; Methode der kleinsten Quadrate; GAUSS über: die Methode der kleinsten Quadrate, numerische Integration, Interpolation, Rundungsfehler). V. Andere Gestalten des neunzehnten Jahrhunderts (JACOBI über: numerische Integration, die EULER-MACLAURINsche Formel, lineare Gleichungen; CAUCHY über: Interpolation, das NEWTON-RAPHSON-Verfahren, Operatorenmethoden; andere Resultate des neunzehnten Jahrhunderts; Integration von Differentialgleichungen); Methoden der schrittweisen Näherung; HERMITE; Summen).

Die Ausführlichkeit, mit der — vor allem in den ersten Kapiteln — auf kleinste Details der Überlegungen der einzelnen Mathematiker und die Art der von ihnen gewählten Darstellung (einschl. der originalen Bezeichnungen) an Hand der von ihnen veröffentlichten Werke eingegangen wird, ist streckenweise erdrückend und läßt oft die problemgeschichtlichen Zusammenhänge in den Hintergrund treten, was die Lektüre mitunter mühsam macht. Das Ergebnis der Darstellung ist eine Geschichte der klassischen Analysis, soweit sie in numerischen Problemen ihren Ursprung hat, und zeigt, wie schwierig es ist, innerhalb der Analysis eine Numerische Analysis abzugrenzen. Es wäre reizvoll gewesen, unter diesem Gesichtspunkt darauf einzugehen, wie die historisch „alten" numerischen Probleme bis in die Gegenwart ausstrahlen.

Von großem Wert ist die umfangreiche Bibliographie, die die Werke der klassischen Meister der Analyis aufweist.

Dresden H. HEINRICH

Collatz, L. / Meinardus, G. / Werner, H. (Hrsg.), Numerische Methoden der Approximationstheorie. Band 4. Vortragsauszüge. Tagung Oberwolfach, 13.—19. 11. 77. ISNM Vol. 42. Basel-Boston-Stuttgart, Birkhäuser Verlag 1978. 344 S., sFr. 54.—. ISBN 3-7643-1025-1

Seit 1971 findet alle 2 Jahre eine Tagung über Numerische Methoden der Approximationstheorie im Forschungsinstitut Oberwolfach (Schwarzwald) statt, deren Vorträge in der Internationalen Schriftenreihe zur Numerischen Mathematik (ISNM) veröffentlicht werden. Der vorliegende 4. Band über Numerische Methoden der Approximationstheorie bringt die Beiträge der Tagung von 1977. Wie schon bei den vorangegangenen Tagungen gehörte auch bei dieser Prof. COLLATZ zu den Tagungsleitern. Er ist eine der Persönlichkeiten, die das Profil einer solchen Veranstaltung weitgehend bestimmen.

Die Beiträge zeigen die Breite der aktuellen Forschung auf dem Gebiet der Approximationstheorie, und jeder Versuch, eine Einordnung vorzunehmen, muß unvollständig bleiben, da die meisten Arbeiten Komponenten verschiedener Forschungsrichtungen enthalten. Doch folgende Stichworte können zur Orientierung gegeben werden:

Splines (ARNDT, H.: Konvexe Zerlegung von Differenzenquotienten mit Anwendung auf die Splineinterpolation, HORNUNG, U.: Monotone Spline-Interpolation, MEINARDUS, G. und MERZ, G.: Zur periodischen Spline-Interpolation II, SCHEMPP, W: Approximation und Transformationsmethoden, STRAUSS, H.: Untersuchungen über Quadraturformeln); Exponentialsummen (BESTEHORN, M.: Tschebyscheff-Approximation mit Exponentialsummen mit polynomialen Exponenten, ROBITZSCH, H. und SCHABACK, R.: Die numerische Berechnung von Startnäherungen bei der Exponentialapproximation, ZENCKE, P.: Zur Parametrisierung reeller Exponentialsummen durch lineare Differentialgleichungen mit Parameterrestriktion); Rationale Approximationen (BLATT, H.-P. und KLOTZ, V.: Zur Anzahl der Interpolationspunkte polynomialer Tschebyscheff-Approximationen im Einheitskreis, BRASS, H.: Über die Koeffizienten der Polynome bester Approximationen, FERGUSON, LE BARON, O: Numerical Aspects of Approximation by Polynomials with Integral Coefficients, RAHMAN, Q. I. und SCHMEISSER, G.: Speed of Convergence of Certain Rational Approximation, SAFF, E. B. und VARGA, R. S.: On Incomplete Polynomials); Numerische Verfahren (GUTKNECHT, M. H.: Ein Abstiegsverfahren für nicht-diskrete Tschebyscheff-Approximationsprobleme, MEINARDUS, G.: Schnelle Fourier-Transformation); Mehrdimensionale Probleme (ALLGOWER, E. und GEORG, K.: Triangulations by Reflections with Applications to Approximation, DELVOS, F. J. und POSDORF, H.: A Representation Formula for Reduced Hermite Interpolation).

Es ist zu vermerken, daß viele Arbeiten praktische Aspekte der Approximationstheorie berücksichtigen oder zumindest die Anwendung auf verschiedene andere Gebiete der Mathematik demonstrieren. Doch typisch für die Tagung scheint ihr „Querschnittscharakter" zu sein, wie der abschließende Hinweis auf drei weitere Arbeiten unterstreichen soll, die von der Theorie (BOHL, E.: P-Boundedness of Inverses of Nonlinear Operators) über klassische Untersuchungen (GERVAIS, R., RAHMAN, Q. I. and SCHMEISSER, G.: Simultaneous Interpolation and Approximation by Entire Functions of Exponential Type) bis zur praktischen Anwendung der Darstellung von Funktionen bei Minicomputern und Taschenrechnern (PEDERSEN, P. W.: Some Approximations and Algorithms for Calculators and Microcomputers) reichen.

Dresden H. MÜHLIG

Bergh, J. / Löfström, J., Interpolation Spaces. An Introduction. Grundlehren der mathematischen Wissenschaften 223. Berlin-Heidelberg-New York, Springer-Verlag 1976. X, 207 S., 5 Abb., DM 60,—, US $ 24,60. ISBN 3-540-07875-4

This book contains an interesting description of the abstract interpolation theory in BANACH spaces (and quasi-BANACH spaces) and of some of its most important applications. In the fifties, concrete interpolation theorems (such as the RIESZ-THORIN theorem or the MARCINKIEWICZ theorem) have been a tool for studying concrete properties of operators in L_p-spaces. In the sixties, the situation changed essentially, abstract interpolation has been created as a self-contained branch of functional analysis. It has many applications in function spaces, harmonic analysis, partial differential equations, approximation theory etc.

The book has seven chapters. Ch. 1 (Some classical theorems) describes concrete classical examples. Ch. 2 (General properties of interpolation spaces) contains the general background of abstract interpolation methods. Ch. 3 (The real interpolation method) and Ch. 4 (The complex interpolation method) give a detailed description of the two most important interpolation methods, the real method by LIONS-PEETRE and the complex method by LIONS-KREJN-CALDERÓN. Ch. 5 (Interpolation of L_p-spaces), Ch. 6 (Interpolation of SOBOLEV and BESOV spaces) and Ch. 7 (Applications to approximation theory) deal with some applications: Concrete interpolation theorems in several types of L_p-spaces (inclusively LORENTZ-spaces), interpolation of function spaces of BESOV-SOBOLEV-BESSEL-potential type, approximation procedures via interpolation. The book contains exercises, valuable comments and historical remarks.

Jena H. TRIEBEL

Bohl, E. / Collatz, L. / Hadeler, K. P., (Hrsg.), Numerik und Anwendungen von Eigenwertaufgaben und Verzweigungsproblemen, Basel-Stuttgart. Birkhäuser Verlag. 1977 218 S. (ISNM 38)

Die Beschreibung vieler Erscheinungen in Natur und Technik führt auf Eigenwert- und Verzweigungsprobleme, deren Behandlung in jüngster Zeit Gegenstand einer aktiven Forschungstätigkeit ist. Die vorliegende Sammlung von Vortragsauszügen einer Tagung des Mathematischen Forschungsinstituts Oberwolfach beinhaltet sowohl theoretische als auch numerische und auf Anwendungen bezogene Untersuchungen dieser Probleme, wobei z. T. sehr bemerkenswerte Zugänge aufgezeigt werden. Die Arbeiten erstrecken sich über eine Interpretation von Verzweigungen als Hypergraphen, die zahlreiche interessante Beispiele zulässt, über Spektraleigenschaften für mehrparametrige Probleme, Stabilitäts- und Verzweigungsaussagen für konkrete Aufgaben. Die numerischen Untersuchungen umfassen Eigenwertprobleme, die im Parameter nichtlinear sind, Einschlußsätze, Homotopie- und Alternativmethoden und eine neue Approximationstheorie für Eigenwertaufgaben bei elliptischen Differentialgleichungen, die auf übliche Verfahren angewandt wird. Im einzelnen sind folgende Arbeiten enthalten: Verzweigungsdiagramme und Hypergraphen (L. COLLATZ), A Review of Numerical Methods for Eigenvalue Problems Nonlinear in the Parameter (P. LANCASTER), Ein Quotienteneinschluss bei Spline-Eigenwertaufgaben (W. MACKENS), Stability of the Positive Equilibrium Solution for a Class of Quasilinear Diffusion Equations (P. DE MOTTONI), Über Intermediateprobleme erster Art (W. R. RICHERT), Variational Methods for Multiparametric Eigenvalue Problems I (G. E. ROACH), Approximation Methods for Eigenvalue Problems in Elliptic Differential Equations (F. STUMMEL), Asymptotic Stability Results for a System of Diffusion Equations (A. TESEI), Bemerkungen zur Aufwandminimierung bei Stetigkeitsmethoden sowie Alternativen bei der Behandlung der singulären Situation (HJ. WACKER), Verzweigungsprobleme bei kreisförmigen elastischen Platten (H. J. WEINITSCHKE), Quotienteneinschliessung bei Eigenwertaufgaben mit partieller Differentialgleichung (W. WETTERLING).

Berlin B. WEGNER

Tutschke, W., Vorlesungen über partielle Differentialgleichungen. Teubner-Texte zur Mathematik. Leipzig, BSB B. G. Teubner Verlagsgesellschaft 1978. 240 S., 31 Abb., 19,50 M. Best.-Nr. 6658916

Das Buch behandelt, anders als es der Titel vermuten läßt, einen relativ engen Ausschnitt aus der Theorie der partiellen Differentialgleichungen. Die Kapitelüberschriften lauten: 1. Grundbegriffe über partielle Differentialgleichungen, 2. Zurückführung partieller Differentialgleichungen auf gewöhnliche, 3. Kriterien der eindeutigen Bestimmtheit von Lösungen partieller Differentialgleichunge, 4. Sachgemäße Existenzprobleme bei partiellen Differentialgleichungen, 5. Klassifikation partieller Differentialgleichungen, 6. Die komplexe Schreibweise von partiellen Differentialgleichungen in der Ebene, 7. Lösungen von Differentialgleichungen im SOBOLEVschen Sinn, 8. Regularitätssätze, 9. Differenzierbarkeitseigenschaften von Lösungen partieller Differentialgleichungen, 10. Der Π_G-Operator, 11. Die DIRICHLETsche Randwertaufgabe für Systeme erster Ordnung in der Ebene. Um beim Schwerpunkt des Buches zu beginnen: Die Kapitel 6—11 sind vor allem den Systemen elliptischer Differentialgleichungen 1. Ordnung in der Ebene gewidmet. Zunächst werden in Kapitel 6 die komplexen Ableitungen $\partial/\partial z$ und $\partial/\partial z^*$ (z^* konjugiert komplexe Zahl) eingeführt und dann zur Transformation reeller Systeme vom CAUCHY-RIEMANN-Typ in entsprechende komplexe Gleichungen bzw. Systeme benutzt. In Kapitel 7 werden insbesondere komplexe SOBOLEV-Ableitungen und der Integraloperator T_G

$$w(z) = T_G\, g(z) = -\frac{1}{\pi}\int_G \frac{g(\zeta)}{\zeta - z}\, d\xi\, d\eta \qquad (\zeta = \xi + i\eta)$$

behandelt. Es wird gezeigt, daß $T_G\, g$ eine schwache Lösung der inhomogenen CAUCHY-RIEMANN-Differentialgleichung $\partial w/\partial z^* = g$ ist. [Hier wie auch an anderen Stellen hat man gelegentlich Mühe, die in den Sätzen nicht genannten Voraussetzungen aus dem Text zu rekonstruieren. In den beiden Sätzen von 7.6 wird nur festgestellt, daß $T_G\, g$ stetig und SOBOLEV-Lösung ist. Die Bedingungen werden auf der vorhergehenden Seite eher beiläufig genannt: „Ist G etwa ein beschränktes Gebiet, g in G definiert, stetig und beschränkt ($|g| \leqq C$), so existiert das Integral ...“]. In Kapitel 8 wird das WEYLsche Lemma für harmonische Funktionen (eine in G definierte (!) Funktion heißt harmonisch, wenn die Mittelwertgleichung gilt) bewiesen und auf schwache Lösungen von $\partial w/\partial z^*$ angewandt. Das notwendigerweise mit einigem Aufwand an hard analysis verbundene Studium des Randverhaltens harmonischer Funktionen ist (für den Fall des Kreises) dem nächsten Kapitel vorbehalten. Schließlich werden in Kapitel 10 die Operatoren T_G und Π_G

$$\Pi_G f = -\frac{1}{\pi}\int_G \frac{f(\zeta)}{(\zeta - z)^2}\, d\xi\, d\eta \qquad \text{(CAUCHYscher Hauptwert)},$$

im Raum $\bar{C}_\lambda\,(G)$ der HÖLDER-stetigen Funktionen studiert. Insbesondere wird gezeigt, daß diese Operatoren im Raum $C_\lambda(\bar{G})$ beschränkt sind. [Auch hier ist die Formulierung der Sätze nicht immer glücklich, etwa (S. 198): „Der T_G-Operator ist ein beschränkter Operator, der im Fall $0 < \lambda < 1$ den Raum $C_\lambda\,(G)$ in sich abbildet.“] Damit sind alle Hilfsmittel bereitgestellt, um als Höhepunkt im letzten Kapitel die DIRICHLETsche Randwertaufgabe für das elliptische System

$$\frac{\partial w}{\partial z^*} = F\left(z, w, \frac{\partial w}{\partial z}\right), \qquad w = (w_1, \ldots, w_n)$$

zu lösen. Unter Verwendung der Operatoren T_G und Π_G wird das Problem auf eine Fixpunktgleichung zurückgeführt, auf die das Kontraktionsprinzip anwendbar ist.

Insgesamt stellt dieser Teil des Buches eine gelungene, in sich abgeschlossene Darstellung eines bedeutenden Problems aus der Theorie der elliptischen Differentialgleichungen dar. Hier schreibt ein Kenner der Materie, und das methodische Vorgehen ist auch durch eigene Forschungsergebnisse des Autors geprägt. Begriffe, die dem Studenten erfahrungsgemäß Schwierigkeiten bereiten, werden behutsam und mit entsprechender Motivation eingeführt (das gilt für das ganze Buch).

Die übrigen Teile des Buches fallen dagegen ab. Das hat sowohl formale als auch sachliche Gründe. Von der Vektorschreibweise und ebenso von der Matrizenschreibweise bei der Behandlung von quadratischen Formen (3.4) wird kaum Gebrauch gemacht. Parabolische Differentialgleichungen wurden, abgesehen von einem Hinweis auf S. 115, nicht erwähnt.

Der GAUSSsche Integralsatz und die entsprechenden Integralumformungen sind in der Bezeichnungsweise der alternierenden Differentialformen geschrieben, wodurch bei manchem Leser wohl Verständnisschwierigkeiten und auch langwierige Integralumformungen (Ableitungen des POISSON-Integrals in 4.2) entstehen. Es überrascht auch, daß in einem Buch, dessen Schwerpunkt bei den elliptischen Differentialgleichungen liegt, die differentiellen Maximumprinzipien à la PARAF-HOPF keine Erwähnung finden. Der Teil über elliptische Systeme in der Ebene ist von diesen Bermerkungen wenig berührt.

Karlsruhe W. WALTER

Albrecht, P., Die numerische Behandlung gewöhnlicher Differentialgleichungen. Eine Einführung unter besonderer Berücksichtigung zyklischer Verfahren. Mathematische Grundlagen für Mathematiker, Physiker und Ingenieure. München-Wien, Carl Hanser Verlag 1979. 208 S., 8 Abb., DM 32,—. ISBN 3-446-12661-9 und Berlin, Akademie-Verlag 1979. 193 S., 8 Abb., M 32,—. BN 6547

Die Tatsache, daß in den letzten neun Jahren mindestens neun Bücher über die numerische Behandlung gewöhnlicher Differentialgleichungen erschienen sind — allerdings ist nur das vorliegende auch im DDR-Buchhandel erhältlich — deutet an, welches Interesse diesem Gegenstand sowohl seitens der Grundlagenforschung als auch seitens der praktischen Anwendung entgegengebracht wird. Beiden Seiten in wohlausgewogenem Maße

Rechnung zu tragen, ist der große Vorzug des zu besprechenden Buches.

Neuesten Erkenntnissen der Grundlagenforschung zur $(h \to 0)$-Stabilität und Konvergenz von Diskretisierungsverfahren sind die Anfangskapitel des Buches gewidmet. Die Einführung der Notation der $\hat{A}$-Verfahren (in diese Klasse lassen sich u. a. Einschritt-, klassische und zyklische lineare Mehrschrittverfahren, Prädiktor-Korrektor- und block-implizite Verfahren einordnen) ermöglicht eine einheitliche, transparente theoretische Behandlung all dieser Verfahren und führt zudem unmittelbar auf ein angepaßtes Optimalitätskriterium für die Wahl eines Stabilitätsfunktionals, mit dessen Hilfe sowohl aus Konsistenz auf Konvergenz geschlossen werden kann als auch die Angabe optimaler unterer und oberer Fehlerschranken möglich ist. Die dabei erzielten Resultate gehen über diejenigen von SPIJKER und STETTER hinaus. Als zentrales Ergebnis des Arbeitens mit dem optimalen Stabilitätsfunktional erhält man einen Satz, der notwendige und hinreichende Bedingungen dafür angibt, daß die Konvergenzordnung eines $\hat{A}$-Verfahrens höher als eine Konsistenzordnung ist. Dieser Satz ist die Grundlage für einen neuartigen, systematischen Zugang zur Klasse der zyklischen linearen Mehrschritt- und block-impliziten Verfahren und führt einerseits zu konkreten Konstruktionsvorschriften und andererseits zu Aussagen über die Konvergenz der genannten Methoden.

In den weiteren Kapiteln des Buches wird ein Überblick über Einschrittverfahren (TAYLOR-Entwicklung, RUNGE-KUTTA- und ROSENBROCK-Verfahren) und lineare Mehrschrittverfahren gegeben, wobei neben der Frage der Konvergenz ihr Stabilitätsverhalten bei fester Schrittweite $h > 0$ im Blickpunkt steht. Der Autor verzichtet hier — leider — auf Vollständigkeit und fast gänzlich auf Beweise; vielmehr ist ihm daran gelegen, die einzelnen Verfahren durch Aussagen aus klassischer und neuerer Literatur so zu charakterisieren, daß der Leser zu einer zweckentsprechenden, gezielten Anwendung der Verfahren befähigt wird. Besondere Aufmerksamkeit gilt den zyklischen Methoden, und die in den früheren Kapiteln bereitgestellten theoretischen Ansätze werden nun direkt zur Konstruktion steif-stabiler Verfahren hoher Konvergenzordnung genutzt.

Da das Buch keine speziellen Kenntnisise der numerischen Mathematik voraussetzt, methodisch geschickt aufgebaut und bemerkenswert gut lesbar ist, da es andererseits sowohl neue theoretische Entwicklungen präsentiert als auch viele praktisch nützliche Hinweise enthält, wird es gewiß bei einem großen Leserkreis eine dankbare Aufnahme finden.

Dresden S. SCHOLZ

Graf Finck von Finckenstein, K., Einführung in die numerische Mathematik. Band 2 mit 52 Übungsaufgaben. Mathematische Grundlagen für Mathematiker, Physiker und Ingenieure. München, Carl Hanser Verlag 1978. 247 S., 16 Abb., DM 32,–. ISBN 3-446-12556-6

Der Verf. gibt im zweiten Band seines Werkes eine Einführung in die wichtigsten numerischen Methoden zur Lösung von gewöhnlichen und partiellen Differentialgleichungen. Bei den Anfangswertproblemen gewöhnlicher Differentialgleichungen werden die RUNGE-KUTTA-Methoden, Mehrschritt-Verfahren, Prädictor-Corrector-Verfahren und die RICHARDSONsche Extrapolation behandelt. Auf die Konvergenz und die numerische Stabilität der Verfahren wird eingegangen. Für die Lösung von Randwertproblemen gewöhnlicher Differentialgleichungen werden die ein- und mehrfache Schießmethode, Differenzenverfahren, Integralgleichungsmethode und Variationsmethoden beschrieben, bei den Eigenwertproblemen die von STURM-LIOUVILLE. Bei den Randwertproblemen partieller elliptischer Differentialgleichungen werden die Differenzenverfahren für die DIRICHLET-Probleme, die Lösung der Differenzengleichungen, die Eigenwertprobleme für den LAPLACE-Operator und die Variationsmethoden beschrieben, bei den Anfangs-Randwertproblemen partieller hyperbolischer bzw. parabolischer Differentialgleichungen die Charakteristiken-Verfahren und Differenzenverfahren bzw. die GALERKIN-Verfahren und Differenzenverfahren. Stabilitätsuntersuchungen nach der Theorie von LAX und RICHTMYER für die Verfahren werden vorgenommen. —

Bei der Darstellung der Verfahren steht wiederum, wie bereits im ersten Band, die klare und analytische Herleitung der Verfahren im Vordergrund. Auf algorithmische und rechentechnische Fragen bei der Implementation der Verfahren wird, entsprechend der Zielstellung des Verfassers, weniger eingegangen. — Das gut lesbare Buch kann allen empfohlen werden, die sich für die numerische Lösung von Differentialgleichungen interessieren.

Berlin F. GRUND

Törnig, W., Numerische Mathematik für Ingenieure und Physiker. Band 1: Numerische Methoden der Algebra. XIV, 272 S., 14 Abb., 9 Tab., DM 48,–, US $ 26.40. ISBN 3-540-09269-9. Bd. 2: Eigenwertprobleme und numerische Methoden der Analysis. XIII, 350 S., DM 54,–. US $ 29.70. ISBN 3-540-09376-1 Berlin-Heidelberg-New York, Springer-Verlag 1979.

Das zweibändige Werk bietet dem Leser eine Auswahl numerischer Methoden zur Lösung wesentlicher Aufgabenklassen der numerischen Mathematik. Beide Bände sind in insgesamt sieben Teile bzw. achtzehn Kapitel gegliedert, dadurch wird eine sehr übersichtliche Stoffanordnung erreicht. Außer der ansprechenden drucktechnischen ist auch die inhaltliche Darstellung des Lehrstoffes klar, durchsichtig und verständlich und betont den Lehrbuch- und Nachschlagwerkcharakter des zweibändigen Werkes. Es ist hier eine gelungene Verbindung zwischen theoretischen Ergebnissen und in der Praxis z. Zt. gängigen Verfahren erzielt, wenn man berücksichtigt, daß in vielen Teilgebieten der numerischen Mathematik seit vielen Jahren eine rasche Entwicklung vor sich geht. Die prinzipielle Arbeitsweise der Verfahren wird an einfachen Aufgabenklassen demonstriert, dabei wird dem Leser die Tragfähigkeit funktionalanalytischer Begriffe und Ergebnisse gezeigt. Ein aufmerksamer Leser wird damit in die Lage versetzt, die Verfahren modifiziert auch auf schwierigere Aufgaben erfolgreich anzuwenden; Hinweise auf weiterführende Literatur leisten hierzu wertvolle Hilfe. Die eingefügten implementierten Algorithmen sind in FORTRAN IV geschrieben. — Teil 1 trägt Einführungscharakter. Hier werden Hilfsmittel aus Algebra und Analysis bereitgestellt sowie lineare und nichtlineare Gleichungssysteme wie auch Iterationsverfahren zu ihrer Lösung eingeführt. Auf Rechnerarithmetik, Rundungsfehler und Kondition von Aufgaben wird kurz eingegangen. Daran schließen sich Methoden zur Nullstellenberechnung bei reellen Funktionen einer reellen Veränderlichen an: Intervallschachtelungs-, NEWTON-, Sekanten-, STEFFENSEN-Verfahren, Regula Falsi. Die Ausführungen über reelle und komplexe Polynome spiegeln nicht ganz den heutigen Entwicklungsstand wider. Hier vermißt man die auch praktisch bewährte Kopplung von global- mit lokalkonvergenten Verfahren einschließlich automatischer Fehlerabschätzung mit Rundungsfehlererfassung. — Im Teil 2 wird ausführlich die Auflösung linearer (reeller) Gleichungssysteme mit direkten und iterativen Verfahren einschließlich Fehlerabschätzung behandelt. Schwerpunkte sind der GAUSSsche Algorithmus mit Pivotisierung, das GAUSS-JORDAN-Verfahren, die Idee der Nachiteration und das CHOLESKY-Verfahren. Für Gleichungssysteme mit symmetrischer Matrix, Tridiagonalmatrix und Block-Tridiagonalmatrix werden spezielle direkte Verfahren angeführt; oft entstehen solche Systeme bei der Diskretisierung von Anfangs-Randwert- und Randwertaufgaben für gewöhnliche und partielle Differentialgleichungen. Bei den iterativen Verfahren stehen Relaxationsverfahren im Vordergrund: OR-, SOR- und ADI-Verfahren; auch die Berechnung des optimalen Relaxationsparameters wird erörtert. Auf komplexe Gleichungssysteme wird kurz eingegangen. Für den GAUSSschen Algorithmus mit Nachiteration, die Berechnung der inversen Matrix, das CHOLESKY-Verfahren und das SOR-Verfahren sind Programme angegeben. — Teil 3 ist den iterativen Verfahren zur Lösung nichtlinearer reeller Gleichungssysteme gewidmet. Im Mittelpunkt steht das NEWTON-Verfahren mit geeigneten Modifikationen: GAUSS-NAWTON-, SOR-NEWTON-, nichtlineare SOR— und JACOBI-Verfahren. Für das SOR-NEWTON-Verfahren und NEWTON-Verfahren (mit tridiagonaler Funktionalmatrix) sind je ein Programm mitgeteilt.—

Band 2 umfaßt: Eigenwertaufgaben bei reellen und komplexen Matrizen, Interpolation, Approximation und numerische Integration bestimmter (einfacher und mehrfacher) Integrale und numerische Lösung gewöhnlicher und partieller Differentialgleichungen. Im Teil 4 werden Methoden zur Abschätzung von Eigenwerten (Gerschgorin-Kreise), zur Berechnung einzelner Eigenwerte und Eigenvektoren (Vektoriteration nach v. MISES und inverse Iteration) und zur Berechnung aller Eigenwerte (JACOBI-Verfahren, Verfahren von GIVENS und LR-Verfahren nach RUTISHAUSER) vorgestellt. Für das JACOBI-Verfahren und das Verfahren von GIVENS sind Programme angefügt. — Im Teil 5 werden klassische Interpolation, Approximation durch Polynome (Orthogonalpolynome) und auch trigonometrische Approximation sowie numerische Integration behandelt. Ein besonderer Abschnitt ist der Interpolation durch (lineare und) kubische Spline gewidmet; hierfür wird ein Programm angegeben. Zur numerischen Integration bestimmter Integrale werden NEWTON-COTES-Formeln, ROMBERG-Integration (mit Programm) und das GAUSSsche Quadraturverfahren vorgestellt. Außerdem werden einige Hinweise zur Quadratur von Doppelintegralen und zur numerischen Berechnung uneigentlicher einfacher Integrale wie auch von Integralen mit singulärem Integranden gegeben. — Teil 6 ist der Erörterung grundlegender Begriffe und einfacher Methoden zur numerischen Lösung von gewöhnlichen Differentialgleichungen vorbehalten. Für Anfangswertaufgaben bei Systemen reeller expliziter Differentialgleichungen 1. Ordnung werden Einschrittdifferenzenverfahren (nach EULER, HEUN, RUNGE-KUTTA (mit Programm)) herangezogen. Rundungsfehlereinflüsse und Fehlerabschätzungen werden kurz diskutiert. Mancher Leser wird einen Hinweis zur Behandlung impliziter bzw. Algebro-Differentialgleichungen vermissen. Differenzenverfahren, Variationsmethoden, RITZsches Verfahren und die Methode der finiten Elemente werden zur Lösung von (2-Punkt-)Randwertaufgaben vorgestellt. Zur Lösung von Eigenwertaufgaben wird ein einfaches Differenzenverfahren betrachtet. — Teil 7 skizziert das umfangreiche Gebiet der numerischen Lösung partieller Differentialgleichungen. Hierzu werden Differenzenverfahren und einfache Variationsmethoden erläutert. Für lineare parabolische Anfangs-Randwertaufgaben 2. Ordnung werden explizite und implizite Differenzenverfahren und für hyperbolische Systeme 1. Ordnung werden das Charakteristikenverfahren und mehrere Differenzenverfahren auf Rechteckgittern besprochen. Randwertaufgaben elliptischer Differentialgleichungen 2. Ordnung werden mit Differenzenverfahren, dem RITZschen Verfahren und der Methode der finiten Elemente behandelt. In diesem Zusammenhang werden nur solche elliptische Gleichungen betrachtet, die als EULERsche Gleichungen eines Variationsproblems auftreten. Die Verfahren werden an zweidimensionalen Aufgaben erläutert. — Damit bieten die beiden Bände eine Fülle sehr übersichtlich dargestellter mathematischer Ergebnisse und auch zahlreiche praktisch einsetzbare Verfahren. Die Erörterungen bleiben stets im Bereich der Mathematik und halten sich erfreulicherweise von Implementierungsfragen fern, ermöglichen jedoch eine solide Zurüstung allen, die sich mit numerischen Methoden für Digitalrechner beschäftigen. Eine geschickte Beschränkung des gebotenen Stoffes verdeutlicht scharf die wesentlichen Grundgedanken der mathematischen Argumentation. Leicht überschaubare und weitgehend ausgeführte Beispiele unterstützen die Ausführungen. An zahlreichen Aufgaben kann der Leser seinen Erkenntnisstand überprüfen. Jeder Band schließt mit einem gediegenen Literatur- und einem sparsamen Sachverzeichnis, das das bereits sehr eng gegliederte Inhaltsverzeichnis sinnvoll ergänzt.

Berlin H. SANDMANN

Meißner, J.-D., Heuristische Programmierung. Wiesbaden, Akademische Verlagsgesellschaft 1978. 270 S., DM 22,80 ISBN 3-400-00274-7

Heuristische Programmierung ist eine Sammelbezeichnung für die Erzeugung von Algorithmen, die anhand gewisser als heuristisch bezeichneter Prinzipien Probleme bearbeiten, über deren Lösung im allgemeinen nur wenig bekannt ist oder deren exakte Lösung zu aufwendig ist. Beispiele für derartige Probleme sind etwa das Rundreiseproblem, das Schachspiel, Formelmanipulationen oder das Führen mathematischer Beweise. In der Literatur sind derartige Bemühungen um eine algorithmische (rechentechnische) Problembearbeitung hauptsächlich für Optimierungsprobleme und Fragen der künstlichen Intelligenz zu finden. Im vorliegenden Buch wird versucht, eine einheitliche Darstellung zu konzipieren. In einem einführenden ersten Kapitel sind allgemeine Betrachtungen über die zu behandelnden Probleme enthalten, die als Wegprobleme (bei bekanntem Ziel) oder als Ziel-Wegprobleme (bei nur unvollständig bekanntem Ziel) klassifiziert werden. Eine weitere Einteilung ist die in schlecht definierbare, schlecht repräsentierbare und schlecht lösbare Probleme. Für schlecht definierbare Probleme ist eine mathematische Modellierung schwierig. Als schlecht repräsentierbare Probleme werden solche bezeichnet, für die eine präzise Formulierung möglich ist, jedoch die rechentechnische Realisierung auf Schwierigkeiten stößt. Schlecht lösbare Probleme sind Probleme, für die abbrechende Lösungsalgorithmen bekannt sind, die aber zu praktisch nicht realisierbaren Rechenzeiten führen.

Im zweiten Kapitel werden Konzepte und Prinzipien der heuristischen Programmierung behandelt, zuerst das sogenannte Zustandsraumkonzept. Abstrakt kann ein Zustandsraum als algebraische Struktur angesehen werden. Mittels spezieller Suchalgortihmen werden akzeptable Transformationen in der Trägermenge dieser Struktur gesucht. Als zweites Konzept wird das Problemreduktionskonzept zur Zerlegung eines Problems in Teilprobleme betrachtet. Methoden, durch Abstraktion oder Analogiebildung zu einfacher zu behandelnden Problemen überzugehen, werden im Planungskonzept zusammengefaßt. Schließlich wird das Verbesserungskonzept betrachtet, das darin besteht, mit einer der erwähnten Methoden nach einer Verbesserung einer Näherungslösung zu suchen. Es entspricht dem in der Mathematik üblichen iterativen Vorgehen. Das Zusammenfügen einer Lösung aus verschiedenartig behandelten Teilen führt zum Verbundkonzept.

Ein drittes Kapitel ist Anwendungen gewidmet. Hier werden die im zweiten Kapitel eingeführten und teilweise bereits an Beispielen erläuterten Methoden auf konkrete Probleme angewandt. Dazu gehören Fragen der künstlichen Intelligenz, wobei speziell der Problemlösungsansatz von NEWELL, SHAW und SIMON erörtert wird. Im weiteren werden symbolische Integration, Beweise elementarer geometrischer Sätze, Spielprobleme, Reihenfolge- und Zuordnungsprobleme mit heuristischen Methoden behandelt.

Das Buch gibt einen guten Überblick über die zum behandelten Problemkreis vorhandene Literatur. Der Leser wird durch Stellen von Übungsaufgaben zu eigenen Überlegungen angeregt. Allerdings sind auch Ungenauigkeiten in der Formulierung, Druckfehler und andere Fehler zu registrieren. Ein umfangreiches Literaturverzeichnis und ein Sachregister bereichern das Buch, das insgesamt als Einführung in die heuristischen Methoden und ihre Systematik interessant ist.

Leipzig K.-H. BACHMANN

Hämmerlin, G. (Hrsg.), Numerische Integration. Tagung im Mathematischen Forschungsinstitut Oberwolfach vom 1. bis 7. Oktober 1978. International Series of Numerical Mathematics ISNM 45. Basel-Boston-Stuttgart, Birkhäuser-Verlag 1979. 320 S., sFr. 56,—. ISBN 3-7643-1014-6

Dieser Tagungsbericht gibt einen guten Überblick über aktuelle Fragestellungen der numerischen Integration. Er enthält 24 Ausarbeitungen von Vorträgen der folgenden Autoren: P. M. ANSELONE, CH. T. H. BAKER, D. L. BARROW, P. W. SMITH, B. D. BOJANOV, H. BRASS, H. ENGELS, H. ESSER, I. GATTESCHI, W. GAUTSCHI, G. HEINDL, K. JETTER, D. KERSHAW, G. LANGE, F. LOCHER, J. MEINGUET, H. MÖLLER, G. MONEGATO, G. OPFER, W. RICHERT, R. SCHERER, K. ZELLER, G. SCHMEISSER, H. J. SCHMIDT, A. VAN DER SLUIS, J. R. ZWEERUS, A. SPENCE, H. STRAUSS.

Die Beiträge befassen sich schwerpunktmäßig mit dem Studium optimaler Quadraturformeln, Untersuchungen zur numerischen Integration singulärer Integrale, Gaußschen Quadraturen, der numerischen Integration in n Dimensionen und der Fehlerkontrolle.

Die einzelnen Beiträge zeigen den gegenwärtigen Entwicklungstand und die Grenzen der Erkenntnis in dieser wichtigen und interessanten Disziplin. Hervorzuheben ist ein Anhang, in dem offene Probleme der numerischen Integration formuliert sind.

Berlin W. ZIELAS

Schmidt, V. et al., Digitalschaltungen mit Mikroprozessoren. Leitfäden der angewandten Informatik. Stuttgart, B. G. Teubner 1978. 205 S., 97 Abb., 12 Tab., DM 22,80. ISBN 3-519-09056-4

Das Buch vermittelt zunächst Kenntnisse über den Aufbau und die Eigenschaften von Mikroprozessoren und ihren Bestandteilen. Darauf aufbauend wird erläutert, wie Mikroprozessoren in Digitalschaltungen eingesetzt werden können. Im einzelnen werden zunächst Speicherbausteine, und zwar adressierbare Speicher (RAM), Totspeicher (ROM), Warteschlangenspeicher (FIFO) und programmierbare Schaltnetze (PLA) beschrieben.

Danach wird der prinzipielle Aufbau von Mikroprozessoren behandelt. Wesentlich ist hier das Sammelschienenkonzept (Bus-Konzept) für den Informationstransport. Speziell werden Prozessorscheiben (Bit-Slice-Processor) vorgestellt, und es wird erläutert, wie daraus und aus weiteren Schaltelementen Rechner aufgebaut werden können. Die Steuerung dieser Rechner erfolgt meist über Mikroprogramme. Dazu wird detailliert auf den Aufbau von Leitwerken eingegangen, die Mikroprogramme verarbeiten können. Bei höher integrierten Ein-Chip-Mikroprozessoren ist meistens ein umfangreicher Befehlsvorrat vorhanden, daher entfällt hier für den Nutzer im allgemeinen der Aufbau eines mikroprogrammierten Leitwerks. Da die Ein-Chip-Prozessoren nicht mit größeren Speichern ausgestattet sind und mit relativ kleiner Wortlänge (meistens 8 Bits) arbeiten, sind beim Aufbau von Geräten Verbindungen zwischen dem Prozessor und anderen Einheiten wie Speichern oder peripheren Geräten vorzunehmen. Weiter sind spezielle Programmteile für die Verarbeitung längerer Worte zu entwickeln. Entsprechend dem speziellen Verwendungszweck eines so aufgebauten Gerätes sind jeweils noch Programme für seinen Betrieb zu schreiben und zu erproben. Dafür geschaffene Hilfsmittel werden ebenfalls beschrieben. Am Beispiel der Entwicklung eines optisch gesteuerten Strich-Code-Lesers wird gezeigt, wie die vorgestellten Methoden konkret angewendet werden können. Das Buch ist insgesamt ein sehr interessanter Beitrag für das Verständnis der Arbeitsweise von Mikroprozessoren und zur Erläuterung der dadurch geschaffenen Möglichkeiten.

Leipzig K.-H. Bachmann

Maciejowski, J. M., The Modelling of Systems with Small Observation Sets. Lecture Notes in Control and Information Sciences 10. Berlin-Heidelberg-New York, Springer-Verlag 1978. VI, 242 S., 9 Abb., 6 Tab., DM 25,–, US $ 12.50. ISBN 3-540-09004-5

Die vorliegende Monographie versteht sich als Beitrag zur Modelltheorie diskreter Systeme. Das darzustellende Systemverhalten wird durch endliche Mengen von Eingangs- und Ausgangszuständen beschrieben. Insbesondere betrachtet der Autor die Identifikation solcher Systeme, bei denen nur kleine Mengen von Eingangs- und Ausgangszuständen verfügbar sind. Die Modelle selbst werden als Algorithmen bzw. Rechnerprogramme aufgefaßt, die zu gegebenen Eingangszuständen die entsprechenden Mengen von Ausgangszuständen des betrachteten Systems erzeugen. Nach einer ausführlichen Begründung des gewählten Standpunktes wird im Zusammenhang mit der Beurteilung der Modelle auf andere Auffassungen, wie z.B. Kolmogorov-Komplexität, oder die Theorie von Chaitin und Schnorr, hingewiesen. Der Autor selbst beurteilt die Modelle nach den Eigenschaften ihrer Programmbeschreibungen. Dabei sind als Gütekriterien u. a. die Länge der Programme, die Anzahl der auszuführenden Operationen sowie Genauigkeitsfragen von Interesse. Die Güte der Modelle ist dann natürlich abhängig von der gewählten Programmiersprache, die damit ihrerseits eine a priori-Kenntnis über das System repräsentiert. Diese Abhängigkeit von der Sprache wird mit zunehmender Verfügbarkeit der Ein- und Ausgangszustände der Systeme kleiner. Der Autor gibt Bedingungen an, unter denen ein Vergleich von Modellen sinnvoll ist und führt dies an einem Beispiel durch. Es wird demonstriert, daß die vorgeschlagenen Gütekriterien für eine große Modellklasse, nichtlineare dynamische und stochastische Modelle eingeschlossen, anwendbar sind.

Weiter diskutiert der Autor den Einfluß der Kodierung der Ein- und Ausgangszustände auf die Güte des Modells und konstruiert minimale Unterscheidungscodes. Unter Anwendung der Wiener Methode wird in einem Anhang die Syntax und die Semantik einer abstrakten Programmiersprache angegeben, die zur Notation der Modelle herangezogen werden kann. Am Beispiel werden die Sprache expliziert, verschiedene Modelle in dieser Sprache als Programme beschrieben und hinsichtlich ihrer Güte verglichen.

Leipzig S. Gerber

Curtain, R. F. / Pritchard, A. J., Infinite Dimensional Linear Systems Theory. Lecture Notes in Control and Information Sciences 8. Berlin-Heidelberg-New York, Springer-Verlag 1978. VII, 297 S., DM 29,50, US $ 14.80. ISBN 3-540-08961-6

Das Buch vermittelt eine moderne, streng mathematische Theorie über lineare dynamische – d. h. gesteuerte – zeitstetige Systeme, einschließlich stochastischer (Stör-)Effekte. Die Darstellung ist weitgehend durch die Forschung am Control Theory Centre der Universität Warwick bestimmt, dessen Mitarbeiter wesentlichen Anteil an der Entwicklung des Gebietes haben. Spezielles Anliegen ist die Verallgemeinerung der Ergebnisse des endlichdimensionalen Falles auf unendliche Dimensionen, wofür die Beschreibung der dynamischen Systemgrößen mittels starkstetiger Halbgruppen auf Banach-Räumen vorgenommen wird. So bringt nach einem vorbereitenden ersten Kapitel über endlichdimensionale lineare Systeme (mit quadratischem Zielfunktional) das zweite Kapitel eine kurze abgerundete Einführung in die Halbgruppentheorie. Das dritte Kapitel befaßt sich, sodann für das durch die Gleichung $\dot{z} = Az + Bu$, $z(0) = z_0$, gegebene dynamische System – wobei A der Generator einer starkstetigen Halbgruppe auf einem Banach-Raum und B ein beschränkter Operator ist – mit den zentralen Begriffen der Kontrollierbarkeit, Beobachtbarkeit und Stabilität. Kapitel 4 bezieht sich speziell auf quadratische Kostenfunktionale und behandelt u. a. die Bestimmung optimaler feed-back-Steuerungen für den linearen Regulator sowie Verfolgungsprobleme. In den beiden folgenden Kapiteln 5 und 6 werden, vorbereitend für das weitere, theoretische Grundlagen bereitgestellt über stochastische Prozesse und stochastische Differentialgleichungen sowie über Filtration, Glättung und Vorhersage. Kapitel 7 bringt mit dem Separationsprinzip den Hauptsatz für lineare stochastische Steuerprobleme bei unvollständigen Beobachtungen und quadratischem Kostenfunktional: Behandlung de Aufgabe, indem zunächst eine Filtration und dann anschließend ein deterministisches Steuerproblem gelöst wird, wobei die optimale Steuerung eine feed-back-Steuerung der besten Zustandsschätzung ist. In Ergänzung zum thematisch geschlossenen und auch ausführlich dargestellten Inhalt der ersten 7 Kapitel, der z.B. als Vorlage zu einer Einführungsvorlesung für höhere Semester über lineare dynamische Systeme geeignet ist, bringen die beiden letzten Kapitel noch einige wichtige Erweiterungen, die vor allem auch durch Belange seitens der Anwendungen motiviert sind: Systeme mit unbeschränkten Operatoren sowie zeitabhängigen Koeffizienten in den (linearen) Differentialgeichungen. In diesem Buche, das eine gelungene Synthese in der Darstellung aktueller Forschungsergebnisse und vorlesungsgemäßer Aufbereitung darstellt, sind insbesondere auch die zahlreichen Literaturhinweise und die graße Anzahl instruktiver und vielfach konkret anwendungsbezogener Beispiele hervorzuheben.

Dresden P. H. Müller

Chow, Y. Sh. / Teicher, H., Probability Theory. Independence, Interchangeability, Martingales. Berlin-Heidelberg-New York, Springer-Verlag 1978. XV, 455 S., DM 55,– US $ 30.30. ISBN 3-540-90331-3

Bei der Vielzahl an Monographien über Wahrscheinlichkeitstheorie ist eine Neuerscheinung eigentlich wohl nur dann gerechtfertigt, wenn der üblicherweise gebotene Stoff durch modernes, allgemeininteressierendes Wissensmaterial bereichert werden kann oder die Darstellung neuartige, aufschlußreiche Aspekte enthält. Das vorliegende Buch der namhaften Autoren Chow und Teicher wird beiden Ansprüchen in hervorragender Weise gerecht. Außer einer Fülle von Ergebnissen der jüngeren Entwicklung der Wahrscheinlichkeitstheorie werden verschiedene neue Beweisführungen und auch eigene Forschungsergebnisse sowie Interpretationen der Verfasser gebracht. Somit ist insgesamt ein Buch entstanden, das vorzüglich für einen Fortgeschrittenenkurs im Anschluß an eine Einführungsvorlesung über Wahrscheinlichkeitstheorie geeignet ist. Um die als zentral herausgestellten Themen „Unabhängigkeit", „Austauschbarkeit" und „Martingale" gliedert sich der in die folgenden 12 Kapitel zusammengefaßte Inhalt. (Einige Einzelheiten sind in Klammern angeführt). 1. Mengenklassen, Maße, Wahrscheinlichkeitsräume (Produkträume, meßbare Transformationen, Verteilungsfunktionen). 2. Binomiale zufällige Variable (austauschbare Ereignisse und deren Grenzwahrscheinlichkeiten, Gesetze großer Zahlen und zentraler Grenzwertsatz, große Abweichungen). 3. Unabhängigkeit (Borel-Cantelli- und Null-Eins-Gesetz). 4. Integration in Wahrscheinlichkeitsräumen (unbestimmtes Integral, gleichmäßige Integrierbarkeit). 5. Summen unabhängiger zufälliger Veränderlicher (3-Reihen-Satz, Stopp-Zeiten, elementarer Erneuerungssatz). 6. Erweiterung von Maßen, Lebesgue-Stieltjes-Maß, Kolmogorovsches Konsistenz-Theorem (Sätze von Fubini und Radon-Nikodym). 7. Bedingte Erwartungen, Bedingte Unabhängigkeit, Einführung in die Martingale (austauschbare zufällige Variable). 8. Verteilungsfunktionen und charakteristische Funktionen. 9. Zentraler Grenzwertsatz (unabhängige, austauschbare Komponenten; der Martingal-Fall). 10. Grenzwertsätze für unabhängige zufällige Veränderliche (Gesetze großer Zahlen, Satz vom iterierten Logarithmus, Ergodensätze, Maxima des zufälligen Wanderns). 11. Martingale (Konvergenzsätze, Martingalungleichungen). 12. Unendlichteilbare Gesetze (Grenzwerteigenschaften, stabile Verteilungen). — Trotz der beträchtlichen Fülle des Stoffes konnten aufgrund anderweitiger spezieller Interessenrichtungen der Autoren u. a. MARKOVsche oder auch stationäre Prozesse nicht berücksichtigt werden. Alles in allem ist ein Werk gelungen, das, ergänzt durch zahlreiche Übungsaufgaben (vielfach mit Hinweisen) sowie Literaturangaben (zu jedem Kapitel), dem fortgeschrittenen Lernenden sowie dem in der Wahrscheinlichkeitstheorie arbeitenden Mathematiker von hohem Werte ist.

Dresden P. H. MÜLLER

Feinsilver, P. J., Special Functions, Probability Semigroups, and Hamiltonian Flows. Lecture Notes in Mathematics 696. Berlin-Heidelberg-New York, Springer-Verlag 1978. VI, 112 S., DM 18,–, US $ 9.90. ISBN 3-540-09100-9

Das Buch besteht aus drei Teilen. Im ersten Teil werden eingangs die für das Weitere notwendigen Formeln des Funktionalkalküls für die beiden nichtkommutierenden Operatoren x, Ortsoperator, und d/dx, Impulsoperator, zusammengestellt und bewiesen. Auf dieser Grundlage werden dann die Erzeugenden von Prozessen untersucht. Als Beispiele werden dazu die folgenden Standartprozesse ausführlich durchgerechnet: BERNOULLI-Prozeß, Exponentialprozeß, POISSON-Prozeß, BROWNsche Bewegung. Im zweiten Teil des Buches werden weitere wahrscheinlichkeitstheoretische Aspekte untersucht. Zuerst wird gezeigt, in welcher Weise die einzelnen Standardprozesse durch die Grenzübergänge einzelner Parameter gegen Null ineinander übergehen. Der BROWNschen Bewegung kommt dabei eine besondere Rolle zu. Im gewissen Sinne steht sie am Ende all dieser Grenzübergänge. Im dritten Teil werden die Betrachtungen auf vektorwertige Wahrscheinlichkeitsprozesse ausgedehnt. Abschließend werden verschiedene Formulierungen der FEYNMAN-KAC-Formel angegeben.

Leipzig G. LASSNER

Maravall, A., Identification in Dynamic Shock-Error-Models. Lecture Notes in Economics and Mathematical Systems 165. Berlin-Heidelberg-New York, Springer-Verlag 1979. VIII, 158 S., DM 21,50, US $ 11.90. ISBN 3-540-09112-2

The book handles the nonstandard situation of identification in error-in-variables models of econometrics. As a specific assumption we have a dynamic within the relation of variables whereas two types of dynamic structures are used, namely the distributed lag model and the ARMA process as explanation for autocorrelation between the exogenous variables. To promote identification, a specific definition of admissibility as well as the use of prior information are necessary.

Berlin H. TOUTENBURG

Sawaragi, Y. / Soeda, T. / Omatu, S., Modelling, Estimation, and Their Applications for Distributed Parameter Systems. Lecture Notes in Control and Information Sciences 11. Berlin-Heidelberg-New York, Springer-Verlag 1978. VI, 269 S., 4 Abb., DM 28,50, US $ 15.70. ISBN 3-540-09142-4

Das vorliegende Buch wendet sich an den mathematisch anspruchsvollen Leser. Es trägt dem zunehmendem Interesse an Schätzproblemen für lineare Systeme mit verteilten Parametern Rechnung. In systematischer und übersichtlicher Form wird eine Reihe von wichtigen Resultaten zur Schätzung und Modellierung solcher Systeme dargestellt, die bisher vorwiegend nur in der Originalliteratur publiziert und zu einem großen Teil von den Autoren selbst erhalten wurden. Die betrachteten Systeme werden durch lineare ITÔ-Gleichungen für HILBERTraumwertige stochastische Prozesse beschrieben. In Kapitel 2 werden die benötigten Grundlagen aus der Theorie stochastischer Differentialgleichungen im HILBERT-raum vermittelt. Die beiden folgenden Kapitel sind der optimalen Filtration, Interpolation und Vorhersage linearer Systeme mit verteilten Parametern gewidmet. Unter Verwendung der WIENER-HOPF-Technik und der Methode der Parameteroptimierung werden die zugehörigen Optimalitätsgleichungen hergeleitet. Im Anschluß hieran wird die Existenz von Lösungen dieser Schätzgleichungen untersucht. Neuere Ergebnisse der Autoren zur besten Wahl der Beobachtungspunkte (sensor location problem) werden in Kapitel 5 vorgestellt. Im abschließenden sechsten Kapitel wird kurz auf Fragen der optimalen Steuerung von Systemen mit verteilten Parametern eingegangen. Die Ergebnisse werden anhand einiger numerisch durchgerechneter Beispiele illustriert.

Berlin J. GÄRTNER

Klimow, G. P., Bedienungsprozesse. Eine Einführung. In deutscher Sprache herausgeg. von D. König. Mathematische Lehrbücher und Monographien, I. Abteilung: Mathematische Lehrbücher, Band 32. Berlin, Akademie-Verlag 1978. XI, 244 S., 48.— M. Best.-Nr. 7622682 (6331)

Das vorliegende Lehrbuch zur Bedienungs- (Warteschlangen-Theorie widmet sich einerseits den Grundlagen aus dem Gebiet der stochastischen Prozesse (Kap. 1, 2, 55 Seiten) und den grundlegenden Eigenschaften der bekanntesten Bedienungsmodelle (Kap. 3, 4, 110 Seiten) als auch andererseits einem spezielleren Problem der optimalen Auswahl der zu bedienenden Phase bei einem Modell mit mehrphasiger Bedienung (Kap. 5, 6, 35 Seiten) und der Bestimmung optimaler Schätzer für die Zuverlässigkeit eines Systems (Kap. 7, 12 Seiten). Ein Anhang (27 Seiten) bringt verschiedene mathematische Grundlagen und Beweise. Das Buch enthält 130 Aufgaben.

Das Buch wendet sich wohl in erster Linie an Mathematiker, ist aber wegen seines geschickten Aufbaus auch für Ingenieure geeignet. Der Autor verfolgt das didaktische Prinzip, zunächst mit den einfachsten Modellen zu beginnen und dann stufenweise zu allgemeineren und komplizierteren Modellen fortzuschreiten. Dabei werden in der Regel zunächst das Modell vorgestellt und daraufhin die Hauptergebnisse beschrieben. Bis zu diesem Stadium kann wohl auch ein mathematisch weniger versierter Leser folgen. Dann schließen sich die Beweise an. Wenn möglich werden diese mit wahrscheinlichkeitstheoretischen Mitteln geführt, wozu auch die Methode des Zusatzereignisses (etwa einer „Explosion" des Modells) dient. Doch werden auch Methoden aus der Funktionentheorie und der Maßtheorie benutzt. Nur wenige Sätze werden ohne Beweis aus der Literatur übernommen (wie der Erneuerungssatz von BLACKWELL). Die Darstellung ist ausgereift, wie sie einem Autor nur nach einer intensiven Beschäftigung mit der Materie möglich ist. An manchen Stellen bringen Anmerkungen des Herausgebers zusätzliche nützliche Informationen. Bedauerlich ist, daß sich das Buch nicht der KENDALLschen Terminologie bedient, die ihm eine übersichtlichere Gliederung gebracht hätte. Auch die übrige Terminologie bedeutet manchmal für den an die englischsprachige Literatur gewöhnten Leser eine Umstellung.

Kapitel 1 und 2 widmen sich Erneuerungsprozessen, insbesondere dem POISSON-Prozeß und dessen Verallgemeinerungen (inhomogene und zusammengesetzte Prozesse) als Modelle für den Ankunftsstrom. Daneben werden Eigenschaften von Prozessen mit Regenerationspunkten (wie MARKOFF-Ketten und regenerativen Prozessen) untersucht. Kapitel 3 und 4 behandeln Warteschlangenmodelle mit einem und mehreren Bedienern. Dabei werden auch Gruppenankünfte und Kundenklassen mit unterschiedlichen Prioritäten zugelassen. Neben der natürlichen Bedienungsreihenfolge (FIFO) wird auch die inverse Bedienungsreihenfolge (LIFO) betrachtet. Im Mittelpunkt stehen Größen wie Warteschlangenlänge, (virtuelle) Wartezeit, verlorengegangene Ankünfte, Zuverlässigkeit bei Modellen mit Ausfall und anschließender Reparatur des Bedieners sowie Limesaussagen für eingebettete Prozesse nnd deren Beziehungen zueinander. Kapitel 5 und 6 gehen auf ein Spezialgebiet des Autors ein, das sogenannte Bedienungsysteme mit Zeitteilung zum Gegenstand hat. Dabei durchläuft eine Bedienung zufallsabhängig mehrere Phasen. Die Zeitteilung besteht darin, daß jeweils nur ein Kunde in einer bestimmten Phase bedient werden kann. In Abhängigkeit von den Warteschlangenlängen von den einzelnen Phasen soll die Bedienung optimal gesteuert werden. Kapitel 7 beschäftigt sich mit Schätzproblemen. Betrachtet werden erwartungstreue Schätzer, die über eine vollständige, suffiziente Statistik vom Beobachtungsmaterial abhängen, also optimal im Sinne des Satzes von LEHMANN-SCHEFFÉ sind. Solche Schätzer werden für die Zuverlässigkeit verschiedener Modelle ermittelt.

Bonn M. SCHÄL

Hwang, Ching-Lai / Masud, A. S. Md., Multiple Objective Decision Making – Methods and Applications. A State-of-the-Art Survey. In Collaboration with S. R. Paidy and Kwangsun Yoon. Lecture Notes in Economics and Mathematical Systems 164. Berlin-Heidelberg-New York, Springer-Verlag 1979. XII, 351 S., 39 Abb., 35 Tab., DM 35,50, US $ 19.60. ISBN 3-540-09111-4

Entscheidungsprobleme mit mehreren Zielfunktionen waren in den siebziger Jahren Gegenstand intensiver Bemühungen. Die dabei erzielten (verstreut publizierten und z. T. schwer zugänglichen) Ergebnisse lassen eine Bestandsaufnahme als sehr wünschenswert erscheinen. Eine solche haben die Verfasser des vorliegenden Buches hinsichtlich der Entwicklung von Verfahren sowie der Anwendungen vorgenommen.

Nach einer einleitenden Übersicht werden Grundbegriffe und Bezeichnungen eingeführt (Kap. I und II). Die Autoren fassen Entscheidung bei mehrfacher Zielsetzung als Oberbegriff auf und konzentrieren sich gegenüber Entscheidung bezüglich mehrerer Attribute (d. h. Merkmale, Qualitäten oder Leistungsparameter von Alternativen) auf Entscheidung bei mehreren Zielfunktionen. Entsprechende Probleme werden durch (1) eine Menge quantifizierbarer Ziele, (2) eine Menge wohldefinierter Nebenbedingungen und (3) einen Prozeß der Gewinnung einer gewissen Trade-off-Information charakterisiert. Aus der Literatur bekannte Verfahren werden in Abhängigkeit von der Artikulierung einer Präferenzinformation im Entscheidungsprozeß (1. keine, 2. a proiri, 3. fortschreitende und 4. a posteriori Artikulierung) und von der Informationsart klassifiziert. Im Kapitel III erfolgt unter einheitlichen Gesichtspunkten auf über 260 Seiten die Darstellung von rund 20 Verfahren (Grundkonzept, Algorithmus, Diskussion von Vor- und Nachteilen, ausführliche Wiedergabe des Lösungsweges für ein Illustrationsbeispiel). Dabei treten Verfahren mit fortschreitender Artikulierung einer Präferenzinformation (Dialogverfahren) stark in Erscheinung. Kap. IV (19 Seiten) ist den Anwendungen gewidmet. Rund 90 Arbeiten werden 12 Anwendungsgebieten — wie Hochschulwesen, Finanzplanung, Gesundheitswesen, Produktionsplanung, Verwaltung, Transport und Verkehr — zugeordnet und kurz referiert. Bislang scheinen allerdings Berichte über die tatsächliche Lösung realer Probleme gegenüber vorgeschlagenen Lösungskonzepten selten zu sein. Im Kapitel V werden neben einer zusammenfassenden Übersicht einige Bemerkungen über künftig zu klärende Probleme gebracht. Das Buch schließt mit einer Bibliographie, die 26 Monographien, Sammelbände und Konferenzberichte sowie 437 Beiträge (einschließlich Reports, Dissertationen und Vorankündigungen) umfaßt, wobei — abgesehen von einigen ins Englische übersetzten Artikeln aus Avtomatika i telemechanika, Doklady bzw. Izvestija AN SSSR — nur in englischer Sprache verfaßte Arbeiten berücksichtigt wurden. Zur Vervollständigung des Literaturüberblicks sei deshalb hier auf die in Math. OF u. Statistik, Ser. Optimization, **10** (1979) erschienene Bibliographie zur Vektoroptimierung von Achilles, Elster und Nehse verwiesen.

Unbeschadet einer gelegentlichen Breite und einiger Wiederholungen zeichnet sich die vorliegende Darstellung insgesamt durch gute Gliederung, Lesbarkeit und Anschaulichkeit aus. Zu ihren Vorzügen gehören zahlreiche informative Übersichten in Tabellenform. Das Buch ist Interessenten an der Lösung von Entscheidungsproblemen mit mehreren Zielfunktionen sehr zu empfehlen.

Halle J. Hirche

Bensoussan, A. / Lions, J. L. (Hrsg.), International Symposium on Systems Optimization and Analysis. Rocquencourt, December 11–13, 1978, IRIA LABORIA, Institut de Recherche d'Informatique et d'Automatique Rocquencourt — France. Lecture Notes in Control and Information Sciences 14. Berlin-Heidelberg-New York, Springer-Verlag 1979. VIII, 332 S., 16 Abb., 10 Tab., DM 32,–, US $ 17.60. ISBN 3-540-09447-4

Dieses Symposium über Analysis und Optimisation war das dritte innerhalb einer Serie von Symposien, die nunmehr regelmäßig alle zwei Jahre im Dezember stattfinden sollen. Es wurde vom IRIA (Institut de Recherche d' Informatique et d'Automatique) unter Beteiligung der AFCET (Association Française pour la Cybernétique Économique et Technique) und der IFAC (International Federation of Automatic Control) organisiert und hatte über 200 Teilnehmer aus 18 Ländern. Die Veranstalter wählen aus dem großen Komplex Analysis und Optimisation jeweils Schwerpunktgebiete aus. Derartige Schwerpunktgebiete waren diesmal: 1. economic models; 2. identification, estimation, filtering; 3. adaptive control; 4. numerical methods in optimization; 5. distributed systems. In den fünf diesen Gebieten gewidmeten Sektionen des Symposiums wurden die folgenden, im vorliegenden Band vollständig enthaltenen Vorträge gehalten: Sektion 1: M. A. Keyzer, An international agreement as a complementarity problem; L. S. Lasdon, A. Meeraus, Solving nonlinear economic planning models using GRG algorithms; K. D. Wall, Specification and estimation of econometric models with generalized expectations; A. Drud, Implementation of the model in codes for control of large econometric models; P. Nepomiastchy, B. Oudet, F. Rechemann, MODULECO, aide à la construction et à l'utilisation de modèles macroéconomiques; Sektion 2: E. Wong, A calculus of multiparameter martingales and its applications; T. Kailath, A. Vieira, M. Morf, Orthogonal transformation (square root). Implementations of the generalized Chandrasekhar and generalized Levinson algorithms; J. Rissanen, Shortest data description and consistency of order estimates in arma-processes; E. A. Jánckheere, L. M. Silvermann, Spectral theory of linear control and estimation problems; M. Clerget, F. Germain, Un algorithme de lissage; H. K. Khalil, B. F. Gardner Jr., J. B. Cruz Jr., P. V. Kokotovic, Reduced order modeling of closed-loop nash games; S. K. Mitter, S. K. Young, Quantum estimation theory; Sektion 3: K. J. Åström, Piece-wise deterministic signals; V. Borkar, P. Caraiya, Adaptive control of Markov chains; Y. C. Ho, R. Suri, Resource management in an automated warehouse; Y. Landau, Dualité asymptotique entre les systèmes de commande adaptative avec modèle et les régulateurs à variance minimale auto-ajustables; Sektion 4: B. T. Poljak, On the Bertsekas method for minimization of composite functions; E. A. Nurminski, On ε-subgradient methods of non-differentiable optimization; J. F. Shapiro, Non-differentiable optimization and large scale linear programming; D. P. Bertsekas, Algorithms for non-linear multicommodity network flow problems; J. Hald, K. Madsen, A 2-stage algorithm for minimax optimization; Sektion 5: A. G. Butkovskiy, Certain control problems in distributed systems; D. G. Lainiotis, Partitioning: the multi-model framework for estimation; D. L. Russel, R. M. Reid, Water waves and problems of finite time control; R. Triggiani, Boundary stabilizability for diffusion processes; H. T. Banks, J. A. Burns, E. M. Cliff, Spline based approximation methods for control and identification of hereditary systems; J. Zabczyk, Stabilization of boundary control systems.

Berlin H. Gajewski

Fiebig, M. / Jamal, K. / Mitra, N. K., Untersuchungen zum Gasdynamik-Laser. Forschungsberichte des Landes Nordrhein-Westfalen. Nr. 2845, Fachgruppe Physik, Chemie, Biologie. Opladen, Westdeutscher Verlag 1979. VI, 75 S., 38 Abb., 4 Tab., DM 18,–. ISBN 3-531-02845-6

Für die Konzipierung von Gasdynamiklasern sind Kenntnisse über den Einfluß derDüsenwand auf die Laserparameter wichtig. Von den Autoren wurde eine Methode entwickelt, die es gestattet, die Reibungseinflüsse zu bestimmen. Die theoretischen Untersuchungen zeigen, daß bei kleinen Reynoldszahlen (10^4) und nahezu adiabatischer und katalytischer Wand die Verluste an Laserleistung bis über 30% betragen können. Für den Laserbetrieb sind daher hohe Reynoldszahlen und kalte, nichtkatalytische Wände am günstigsten. Darüber hinaus werden in der Arbeit experimentelle Resultate zum Koeffizienten der Kleinsignalverstärkung im CO_2:N_2:He Gemisch als Funktion der Ruhetemperatur, des Ruhedrucks und der Gaszusammensetzung vorgestellt und mit Rechnungen zur reibungsfreien Strömung verglichen. Die Experimente wurden an einem Stoßwellenkanal durchgeführt (quasistationäre Gasdynamiklaser). Die Übereinstimmung von Theorie und Experiment befindet sich im Rahmen der experimentellen Unsicherheit. Der Koeffizient der Kleinsignalverstärkung liegt zwischen 0,2 und 1,1 m^{-1}. Hier wäre ein Vergleich mit aus der Literatur bekannten Gasdynamiklasern wünschenswert gewesen. Dem Leser wird durch diese Arbeit sehr anschaulich und ausführlich das Prinzip des CO_2-Gasdynamiklasers, sowohl hinsichtlich des theoretischen Modells (reibungsbehaftete und reibungsfreie Strömung) als auch der experimentellen Methodik (quasistationäre Gasdynamiklaser), vermittelt.

Berlin H. Albrecht

Böhm, A., Quantum Mechanics, Texts and Monographs in Physics. Berlin-Heidelberg-New York, Springer-Verlag 1979. XVII, 522 S., 105 Abb., 7 Tab., DM 58,–, US $ 31.90. ISBN 3-540-08862-8

Die „Quantenmechanik" von ARNO BÖHM, hervorgegangen aus einer Vorlesung für Fortgeschrittene und vom Autor selbst auf eine Mittelstellung zwischen Lehrbuch und Monographie plaziert, gehört mit Sicherheit zu den Neuerscheinungen auf diesem Gebiet, welche neben der angestrebten Wissensvermittlung auch zu interessanten Diskussionen anregen. Die Behandlung spezieller quantenmechanischer Systeme ist von großer und sehr informativer Ausführlichkeit bei den Rotations- und Schwingungsspektren zwei- und mehratomiger Moleküle sowie bei Streu- und Resonanzprozessen. Bis zu experimentellen Detailergebnissen geführt, erleichtert die Darbietung des Stoffs den Übergang zu der entsprechenden Fachliteratur erheblich.

Hinsichtlich der mathematischen Formulierung weist die Quantenmechanik von ARNO BÖHM folgende Besonderheit auf: Die mathematische Struktur der Quantenmechanik — assoziative Algebren linearer Operatoren in linearen Räumen — ist in Form von Grundannahmen (Axiomen) an den Anfang gestellt. Deren Kenntnis wird beim Lesen also vorausgesetzt, leicht, aber gezielt unterstützt durch einführende Erläuterungen und Definitionen bzw. kurze Zusammenfassungen von Ergebnissen der Theorie. Kennzeichnend für diesen Stil ist vielleicht die Analogie, welche der Autor sieht in der Kenntnis der Analysis als Voraussetzung für ein tiefgreifendes Verständnis der klassischen Mechanik.

Das bei der Formulierung der Grundlagen der Quantenmechanik angewandte Verfahren — Aufsuchen und Anwendung der jeweils effektivsten mathematischen Verfahren — wird auch bei der Behandlung spezieller quantenmechanischer Systeme und Prozesse fortgesetzt: LIPPMAN-SCHWINGER-Gleichung, Streu-Operatoren und MØLLERsche Wellen-Operatoren in der formalen Streutheorie, graphische Darstellung der Streuamplituden durch ARGAND-Diagramme, gebundene Zustände und Pole auf der positiv imaginären Impulsachse, Kausalität und Analytizität der S-Matrixelemente, Resonanzstreuung und BREIT-WIGNER-Formel, Resonanzen in Mehrkanalsystemen und ARGAND-Diagramme usw.

Die Darbietung des Stoffs ist auf diese Weise sehr gestrafft, dessen Aneignung durch einleitende Bemerkungen jeweils zu einem neuen Abschnitt erleichtert. Auf die Überprüfung des Erlernten wird durch geschickt ausgewählte Übungsaufgaben hingewiesen. Für weiterführende Überlegungen bzw. mathematische und experimentelle Details sind die zahlreichen Literaturhinweise durch ihre Beschränkung auf das wesentliche sehr geeignet.

Insgesamt kann eingeschätzt werden, daß in der langen Reihe von Lehrbüchern der Quantenmechanik ein Werk vorgelegt wurde, welches die moderne Entwicklung der theoretischen Physik erfolgreich auszuwerten weiß, nicht unbeeinflußt von den jüngsten Fortschritten der Elementarteilchen- und Feldtheorien (worauf der Autor ausdrücklich hinweist). So ergibt sich eine Darstellung, welche die Quantenmechanik weniger als Erweiterung oder gar Abschluß der klassischen Mechanik betrachtet, sondern als Modell für kompliziertere Systeme und Ausgangspunkt bedeutender mathematischer und begrifflicher Weiterentwicklungen.

Berlin G. WALLIS

In der DDR beziehbar im Rahmen des Kontingents.

EINGEGANGENE BÜCHER

Bei der Schriftleitung sind folgende Bücher eingegangen (ausführliche Besprechung bleibt vorbehalten).

Großmann, C. / Kaplan, A. A., Strafmethoden und modifizierte Lagrangefunktionen in der nichtlinearen Optimierung. Teubner-Texte zur Mathematik. Leipzig, BSB B. G. Teubner Verlagsgesellschaft 1979. 200 S., 10 Abb., M 18,–. BN 6659177

Mazja, W., Einbettungssätze für Sobolewsche Räume. Teil 1. Teubner-Texte zur Mathematik. Leipzig, BSB B. G. Teubner Verlagsgesellschaft 1979. 204 S., 8 Abb., M 19,50. BN 6659580

Levin, M. / Girshovich, J., Optimal Quadrature Formulas. Teubner-Texte zur Mathematik. Leipzig. BSB B. G. Teubner Verlagsgesellschaft 1979. 122 S., M 13,–. BN 6659572

Duduchava, D., Integral Equations with Fixed Singularities. Teubner-Texte zur Mathematik. Leipzig, BSB B. G. Teubner Verlagsgesellschaft 1979, 172 S., 10 Abb., M 16,– BN 6659601

Steiner, H.-G. (Hrsg.), Didaktik der Mathematik. Wege der Forschung CCCLXI. Darmstadt, Wissenschaftliche Buchgesellschaft 1978. XLVIII, 478 S., DM 86,00. ISBN 3-534-06005-9

Feichtinger, G., Demographische Analyse und populationsdynamische Modelle. Grundzüge der Bevölkerungsmathematik. Wien-New York, Springer-Verlag 1979. XVI, 367 S., 45 Abb., S 690,–. DM 96,–. US $ 53.80. ISBN 3-221-81340-6

Hoffmeister, M. (Hrsg.), Forschungsarbeiten zur Strömungsturbulenz. Zwei- und dreidimensionale Austauschvorgänge. Schriftenreihe des ZIMM 28. Berlin, Akademie-Verlag 1979. 189 S., 165 Abb., M 48,–. BN 7626908 (2069/28)

de Ruijter, W. P. M., On the Asymptotic Analysis of Lagrange-Scale Ocean Circulation. Mathematical Centre Tracts 120. Amsterdam, Mathematisch Centrum 1980. 116 S., Dfl. 14.–. ISBN 9061961939

Scholz, Ch., Handbuch der Magnetbandspeichertechnik. Berlin, VEB Verlag Technik 1979. 392 S., 415 Abb. M 30,–. BN 5526268

Horváth, A. J. T., Der Pumpvorgang von Verdichtern und Kreiselpumpen als nichtlineare Schwingungen. Communication de l'institut de thermique appliquée 3. Zürich, Juris-Verlag 1977. 136 S., ISBN 3-260-04139-7

Browne, B. T. / Miller, J. J. H., Numerical Analysis of Semiconductor Devices. Proceedings of the NASECODE I Conference held at Trinity College, Dublin, June 1979. Dublin, Boole Press 1979. XI, 303 S., £ 20.00. ISBN 0-906783-00-3

Pedley, T. J., The Fluid Mechanics of Large Blood Vessels. Cambridge Monographs on Mechanics and Applied Mathematics. Cambridge-New York-Melbourne, Cambridge University Press 1980. XV, 446 S., ISBN 0-521-22626-0

FSC
www.fsc.org
MIX
Papier | Fördert gute Waldnutzung
FSC® C083411

Zeitfracht Medien GmbH
Ferdinand-Jühlke-Straße 7
99095 Erfurt, Deutschland
produktsicherheit@kolibri360.de